PLANEJAMENTO E CONTROLE DA PRODUÇÃO:
teoria e prática

O GEN | Grupo Editorial Nacional – maior plataforma editorial brasileira no segmento científico, técnico e profissional – publica conteúdos nas áreas de ciências exatas, humanas, jurídicas, da saúde e sociais aplicadas, além de prover serviços direcionados à educação continuada e à preparação para concursos.

As editoras que integram o GEN, das mais respeitadas no mercado editorial, construíram catálogos inigualáveis, com obras decisivas para a formação acadêmica e o aperfeiçoamento de várias gerações de profissionais e estudantes, tendo se tornado sinônimo de qualidade e seriedade.

A missão do GEN e dos núcleos de conteúdo que o compõem é prover a melhor informação científica e distribuí-la de maneira flexível e conveniente, a preços justos, gerando benefícios e servindo a autores, docentes, livreiros, funcionários, colaboradores e acionistas.

Nosso comportamento ético incondicional e nossa responsabilidade social e ambiental são reforçados pela natureza educacional de nossa atividade e dão sustentabilidade ao crescimento contínuo e à rentabilidade do grupo.

PLANEJAMENTO E CONTROLE DA PRODUÇÃO:
teoria e prática

Com exercícios resolvidos e propostos com respostas

Murís Lage Júnior

Doutor em Engenharia de Produção
Universidade Federal de São Carlos (UFSCar)
Departamento de Engenharia de Produção

O autor e a editora empenharam-se para citar adequadamente e dar o devido crédito a todos os detentores dos direitos autorais de qualquer material utilizado neste livro, dispondo-se a possíveis acertos caso, inadvertidamente, a identificação de algum deles tenha sido omitida.

Não é responsabilidade da editora nem do autor a ocorrência de eventuais perdas ou danos a pessoas ou bens que tenham origem no uso desta publicação.

Apesar dos melhores esforços do autor, do editor e dos revisores, é inevitável que surjam erros no texto. Assim, são bem-vindas as comunicações de usuários sobre correções ou sugestões referentes ao conteúdo ou ao nível pedagógico que auxiliem o aprimoramento de edições futuras. Os comentários dos leitores podem ser encaminhados à **LTC — Livros Técnicos e Científicos Editora** pelo e-mail faleconosco@grupogen.com.br.

Direitos exclusivos para a língua portuguesa
Copyright © 2019 by
LTC — Livros Técnicos e Científicos Editora Ltda.
Uma editora integrante do GEN | Grupo Editorial Nacional

Reservados todos os direitos. É proibida a duplicação ou reprodução deste volume, no todo ou em parte, sob quaisquer formas ou por quaisquer meios (eletrônico, mecânico, gravação, fotocópia, distribuição na internet ou outros), sem permissão expressa da editora.

Travessa do Ouvidor, 11
Rio de Janeiro, RJ – CEP 20040-040
Tels.: 21-3543-0770 / 11-5080-0770
Fax: 21-3543-0896
faleconosco@grupogen.com.br
www.grupogen.com.br

Capa: design Monnerat
Imagem de capa: © goir | iStockphoto.com

Editoração Eletrônica: Edel

CIP-BRASIL. CATALOGAÇÃO NA PUBLICAÇÃO
SINDICATO NACIONAL DOS EDITORES DE LIVROS, RJ

L17p

Lage Júnior, Murís
Planejamento e controle da produção : teoria e prática / Murís Lage Júnior. - 1. ed. - Rio de Janeiro : LTC, 2019.
; 28 cm.

Inclui bibliografia e índice
ISBN 978-85-216-3628-1

1. Administração da produção. 2. Planejamento da produção. I. Título.

19-56690	CDD: 658.5
	CDU: 658.5

Vanessa Mafra Xavier Salgado - Bibliotecária - CRB-7/6644

Dedicatória

Para minha amada esposa Michele e para minhas amadas filhas Mel e Malú, que sejam aperfeiçoadas em Jesus Cristo, o Senhor.

Epígrafe

"não que, por nós mesmos, sejamos capazes de pensar alguma coisa, como se partisse de nós; pelo contrário, a nossa suficiência vem de Deus".

(2 Coríntios 3:5)

Prefácio

Em Engenharia de Produção, na área de conhecimento de Gestão da Produção, uma das principais subáreas é o Planejamento e Controle da Produção (PCP). Dada essa importância, em quase todos os cursos de graduação ou pós-graduação em Engenharia de Produção há pelo menos uma disciplina de PCP. Além disso, o PCP é tema importante em outros cursos de graduação e pós-graduação em Administração de Empresas, Engenharia Industrial, Engenharia de Manufatura e Matemática Industrial.

Para auxiliar o ensino de PCP, muitos livros estão à disposição dos alunos e professores. No entanto, a maioria dos livros disponíveis não detalha a resolução dos problemas e tem poucos ou nenhum exercício proposto. Alguns livros, em vez de listarem exercícios para a prática de modelos e métodos de PCP, propõem apenas questões para reflexão ou discussão sobre os conceitos teóricos. Ainda, muitos livros não oferecem as respostas dos exercícios propostos, o que dificulta a aprendizagem autônoma por parte dos alunos.

Portanto, o objetivo do presente livro é suprir essas lacunas. Espera-se que os exemplos resolvidos passo a passo sirvam como guias para a solução dos exercícios propostos. Outrossim, espera-se que o empenho dos alunos em solucionar os exercícios propostos ajude-os a desenvolver a capacidade de aplicar os métodos e modelos quantitativos em situações reais e variadas. Por fim, com a disponibilização das respostas dos exercícios propostos, espera-se que os alunos possam avaliar sua aprendizagem verificando seus erros e acertos.

As ementas de PCP normalmente são compostas pelas diversas atividades que fazem parte dessa disciplina, a saber, previsão da demanda, planejamento agregado, planejamento mestre, planejamento das necessidades de materiais, gestão e controle de estoques e *scheduling*. Por isso, decidiu-se por dividir o livro justamente em capítulos que tratam separadamente cada uma dessas atividades.

No capítulo de previsão da demanda são apresentados alguns dos principais métodos de previsão das abordagens quantitativas, a saber, regressão linear, regressão curvilínea, regressão múltipla, média simples, média móvel, média móvel ponderada, suavização exponencial simples, dupla e tripla e para demandas sazonais com permanência. Ao final do capítulo, medidas para cálculo de erros de previsão também são apresentadas: desvio absoluto médio, somatório acumulado dos erros de previsão, porcentagem média absoluta e sinal de rastreamento.

No capítulo sobre planejamento agregado da produção, duas formas básicas de elaboração desse plano são abordadas, primeiramente por meio de um modelo de otimização e, em seguida, por meio de métodos de planilha. Para o modelo de otimização utiliza-se a programação linear e, para os métodos de planilha, utilizam-se as abordagens de acompanhamento da demanda, força de trabalho constante com faltas, força de trabalho constante sem faltas e força de trabalho constante utilizando horas extras ou subcontratação. Ao final do capítulo é apresentado o cálculo do tempo de esgotamento para a desagregação do plano agregado e também o cálculo de capacidade utilizando o método conhecido por *Resource Requirements Planning*.

No capítulo que trata do planejamento mestre da produção também são apresentados métodos exatos e não exatos para a elaboração desse plano. Para o método exato utiliza-se a programação linear inteira mista; para os métodos não exatos, utilizam-se as abordagens de produção nivelada e acompanhamento da demanda. Neste capítulo, o cálculo do disponível para promessa e o cálculo para análise de capacidade no nível do plano mestre (*Rough-Cut Capacity Planning*) também são apresentados.

O Capítulo 4, sobre planejamento das necessidades de materiais, traz o modelo do *Material Requirements Planning* e todos os seus cálculos associados. Traz também o cálculo para análise de capacidade no nível desse plano, conhecido como *Capacity Requeriments Planning*.

O capítulo que trata da gestão e do controle de estoques está dividido em três partes: inicialmente são tratados conceitos básicos de gestão de estoques, a classificação ABC, giro e cobertura; em seguida são apresentadas diversas formas de determinação de tamanho de lote, o lote econômico de compra, o lote econômico de produção, heurística de *Silver-Meal*, heurística *Least Unit Cost*, heurística *Part Period Balancing* e o lote de pedido único; por fim são apresentados cinco sistemas para coordenação de ordens de produção e compra: o sistema de revisão contínua, o sistema de revisão periódica, o sistema *kanban*, o sistema CONWIP e o sistema DBR.

O último capítulo aborda a atividade de *scheduling*. São apresentadas as regras básicas de sequenciamento de tarefas FIFO, SPT, WSPT, EDD e CR. Em seguida, o gráfico de Gantt como ferramenta para programação de operações é abordado e, por fim, são apresentadas algumas soluções para problemas típicos da área: minimização do tempo total de fluxo, minimização do tempo total de fluxo ponderado, minimização do número de tarefas atrasadas, minimização do tempo total de *setup* dependente da sequência, para uma máquina; minimização do *makespan* para duas máquinas com fluxo *flow-shop*, minimização do *makespan* para duas máquinas com fluxo *job-shop* e minimização do tempo médio de fluxo para máquinas paralelas idênticas.

Os resumos teóricos visam apenas oferecer a conceituação básica para fundamentar a solução dos exercícios. Dessa forma, sugere-se que os leitores consultem textos mais aprofundados para obterem um detalhamento maior sobre os assuntos tratados e outros assuntos não abordados. Alguns desses textos são sugeridos na Bibliografia.

Para um bom aproveitamento do livro, é desejável que o leitor tenha um conhecimento prévio de uso de planilhas eletrônicas, por exemplo, o Microsoft Excel®, e de conceitos básicos de probabilidade e estatística. No primeiro caso, para resolução dos problemas de previsão da demanda, planejamento agregado, planejamento mestre e planejamento das necessidades de materiais. No segundo caso, principalmente para os capítulos de previsão da demanda e de controle de estoques.

Sumário

1 PREVISÃO DA DEMANDA, 1

1.1 Resumo teórico, 2

- 1.1.1 Regressão linear, 3
- 1.1.2 Regressão curvilínea, 6
- 1.1.3 Regressão múltipla, 6
- 1.1.4 Média simples, 7
- 1.1.5 Média móvel, 7
- 1.1.6 Média móvel ponderada, 8
- 1.1.7 Suavização exponencial simples, 8
- 1.1.8 Suavização exponencial dupla (método de Holt), 9
- 1.1.9 Método para séries com sazonalidade e permanência, 10
- 1.1.10 Suavização exponencial tripla (método de Winters), 11
- 1.1.11 Desvio absoluto médio (DAM), 12
- 1.1.12 Somatório acumulado dos erros de previsão, 12
- 1.1.13 Porcentagem média absoluta (PMA), 12
- 1.1.14 Sinal de rastreamento (SR), 13

1.2 Exemplos, 13

1.3 Exercícios propostos, 27

2 PLANEJAMENTO AGREGADO, 34

2.1 Resumo teórico, 35

- 2.1.1 Método exato, 35
- 2.1.2 Método de planilhas, 37
- 2.1.3 Análise de capacidade no nível do planejamento agregado, 39
- 2.1.4 Desagregação do planejamento agregado, 39

2.2 Exemplos, 40

2.3 Exercícios propostos, 56

3 PLANEJAMENTO MESTRE DA PRODUÇÃO, 66

3.1 Resumo teórico, 67

3.1.1 Método exato, 67

3.1.2 Métodos não exatos, 69

3.1.3 Disponível para promessa, 69

3.1.4 Análise de capacidade no nível do planejamento mestre, 70

3.2 Exemplos, 71

3.3 Exercícios propostos, 85

4 PLANEJAMENTO DAS NECESSIDADES DE MATERIAIS, 94

4.1 Resumo teórico, 95

4.2 CRP, 97

4.3 Exemplos, 97

4.4 Exercícios propostos, 128

5 GESTÃO E CONTROLE DE ESTOQUES, 138

5.1 Resumo teórico, 139

5.1.1 Classificação ABC, 139

5.1.2 Giro e cobertura do estoque, 140

5.1.3 Determinação do tamanho de lote, 140

    5.1.3.1 *Lote econômico de compra, 140*

    5.1.3.2 *Lote econômico de produção, 142*

    5.1.3.3 *Heurística de Silver-Meal, 142*

    5.1.3.4 *Heurística Least Unit Cost (LUC), 143*

    5.1.3.5 *Heurística Part-Period Balancing (PPB), 143*

    5.1.3.6 *Lote de pedido único, 144*

5.1.4 Determinação dos níveis de estoque e momento de pedir, 145

    5.1.4.1 *Sistema de revisão contínua, 145*

    5.1.4.2 *Sistema de revisão periódica, 147*

    5.1.4.3 *Sistema kanban, 149*

    5.1.4.4 *Sistema Constant Work In Process (CONWIP), 151*

    5.1.4.5 *Sistema Drum-Buffer-Rope (DBR), 152*

5.2 Exemplos, 154

5.3 Exercícios propostos, 170

6 SCHEDULING, 176

6.1 Resumo teórico, 77

6.1.1 Gráfico de Gantt, 178

6.1.2 Regras básicas de sequenciamento, 179

6.1.3 Problemas de *scheduling*, 179

6.1.3.1 *Máquina única, minimizar o tempo total de fluxo, 180*

6.1.3.2 *Máquina única, minimizar o tempo total de fluxo ponderado, 181*

6.1.3.3 *Máquina única, minimizar o número de tarefas atrasadas, 181*

6.1.3.4 *Máquina única, minimizar o tempo total de* setup *dependente da sequência, 181*

6.1.3.5 *Duas máquinas,* flow-shop, *minimizar o* makespan, *181*

6.1.3.6 *Duas máquinas,* job-shop, *minimizar o* makespan, *182*

6.1.3.7 *Máquinas paralelas idênticas, minimizar o tempo médio de fluxo, 182*

6.2 Exemplos, 182

6.3 Exercícios propostos, 198

7 RESPOSTAS DOS EXERCÍCIOS PROPOSTOS, 205

BIBLIOGRAFIA, 223

ÍNDICE, 225

Material Suplementar

Este livro conta com os seguintes materiais suplementares:

- Ilustrações da obra em formato de apresentação, em (.pdf) (restrito a docentes);
- Apresentações dos capítulos em formato (.ppt) (restrito a docentes);
- Planos de aula em formato (.pdf) (restrito a docentes).

O acesso ao material suplementar é gratuito. Basta que o leitor se cadastre em nosso *site* (www.grupogen.com.br), faça seu *login* e clique em GEN-IO, no menu superior do lado direito. É rápido e fácil.

Caso haja alguma mudança no sistema ou dificuldade de acesso, entre em contato conosco (gendigital@grupogen.com.br).

GEN-IO (GEN | Informação Online) é o ambiente virtual de aprendizagem do
GEN | Grupo Editorial Nacional, maior conglomerado brasileiro de editoras do
ramo científico-técnico-profissional, composto por Guanabara Koogan, Santos,
Roca, AC Farmacêutica, Forense, Método, Atlas, LTC, E.P.U. e Forense Universitária.
Os materiais suplementares ficam disponíveis para acesso durante a vigência das
edições atuais dos livros a que eles correspondem.

Previsão da demanda

Previsão da demanda é uma atividade fundamental que antecede boa parte das decisões no âmbito do Planejamento e Controle da Produção (PCP). O objetivo é antever as quantidades que serão vendidas em cada período de cada um dos produtos oferecidos pelo sistema produtivo. Boas previsões de venda contribuem para um melhor atendimento dos clientes, para maiores lucros e menores perdas.

Capítulo 1

1.1 Resumo teórico

A demanda de um produto ou serviço reúne todas as necessidades originadas de pessoas que desejam um bem ou serviço e que possuem a condição de arcar com os custos dele.

A demanda de um produto pode ser **dependente** ou **independente**. A *demanda dependente* corresponde à necessidade que está diretamente relacionada com a necessidade de outro produto. A demanda dependente, portanto, pode ser *calculada* com base nas necessidades dos produtos relacionados. Por exemplo, para cada motocicleta demandada há a demanda de dois pneus. A demanda dos pneus é dependente da demanda das motocicletas. Já a *demanda independente* é a demanda futura por um produto, cuja necessidade precisa ser obrigatoriamente prevista, devido à impossibilidade de se calcular com precisão. De acordo com o exemplo anterior, a demanda de motocicletas. Essa demanda é independente da produção de outros produtos e precisa ser prevista.

Existem várias formas de prever a demanda. Basicamente, a abordagem a ser utilizada dependerá da existência e da natureza de dados sobre as vendas. Se não houver dados quantitativos ou for muito custoso obtê-los, então a abordagem mais adequada é a **abordagem qualitativa**. Dentro dessa abordagem existem diversos métodos que podem ser adotados, entre eles a pesquisa de mercado, o consenso do comitê executivo e o **método Delphi**.

Se houver dados quantitativos sobre as vendas, então é recomendável utilizar ou a **abordagem causal** ou a **abordagem baseada em séries temporais**. Para a utilização da *abordagem causal* é preciso haver algum fator causal que influencia os dados de maneira conhecida e que pode auxiliar na previsão. Exemplos de fatores causais são: preço, taxa de juros, renda *per capita*. Nessa abordagem, os métodos mais utilizados são: *regressão linear, regressão curvilínea* e *regressão múltipla*. Se não houver um fator causal conhecido, deve-se então optar pela abordagem baseada em séries temporais.

Uma **série temporal** é um conjunto de observações ordenadas regularmente no tempo, ou seja, são dados históricos colecionados acerca de uma variável. O pressuposto principal dessa abordagem é que o futuro pode ser previsto com base no histórico de dados passados sendo, portanto, uma abordagem mais adequada para previsões no curto prazo.

Inicialmente é preciso conhecer o padrão (ou processo) de comportamento da série temporal para que os métodos dentro dessa abordagem possam ser escolhidos. Os **padrões básicos de comportamento das séries temporais** são: *constante* ou *permanência, tendência* ou *trajetória, sazonalidade* e *permanência, sazonalidade* e *tendência/trajetória*. A Figura 1.1, a seguir, mostra gráficos típicos de cada um desses comportamentos.

Cada um desses comportamentos exige métodos específicos para realização de previsões. São opções de métodos dessa abordagem: *média simples, média móvel, média móvel ponderada, suavização exponencial simples, suavização exponencial dupla* (ou *método de Holt*) e *suavização exponencial tripla* (ou *método de Winters*).

> **1.1 Atenção**
>
> ***Plotando gráficos para previsão de vendas***
>
> *Ao plotar os dados em um gráfico para verificar o padrão de comportamento, a escolha da escala é muito importante. Se, escolhida equivocadamente, os dados de um processo constante podem parecer sazonais, devido às flutuações aleatórias da demanda. Também é importante que dados de períodos atípicos (enchentes, greves etc.) sejam analisados antes de comporem uma série temporal e, se for o caso, devem ser retirados.*
>
> *As empresas em geral conhecem o mercado, e alguns produtos têm demandas com comportamentos típicos e bem sabidos.*

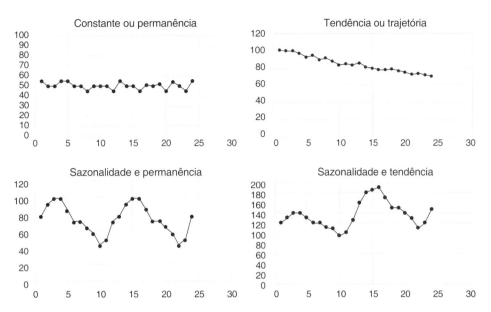

Figura 1.1 Comportamentos de séries temporais.

Constantemente, as previsões precisam ser validadas. Isso significa que deve haver um monitoramento e uma atualização frequente das previsões realizadas. Para isso, são muito úteis os cálculos de *erros de previsão*.

1.1.1 Regressão linear

Regressão linear é a obtenção de uma equação que determina a relação entre duas variáveis, as chamadas *variável independente* e *variável dependente*. A variável independente explica a alteração da variável dependente. No caso da previsão de vendas, a variável dependente sempre será a quantidade a ser vendida, e a variável independente pode ser, por exemplo, o preço do produto. Assim, para cada valor X de preço do produto, espera-se vender Y produtos.

Em se tratando de uma reta (daí o nome linear), a representação matemática da regressão linear é a seguinte:

$$Y = bX + a$$

em que:

b = coeficiente angular da reta, ou seja, a inclinação da reta;
a = coeficiente linear da reta, ou seja, valor de Y quando X = 0.

Utilizando o método dos mínimos quadrados (método que minimiza a distância entre cada valor da variável independente e a reta que irá representá-lo), tem-se que os valores dos coeficientes b e a são dados por:

$$b = \frac{n\sum_{t=1}^{n} x_t d_t - \sum_{t=1}^{n} x_t \sum_{t=1}^{n} d_t}{n\sum_{t=1}^{n} x_t^2 - \left(\sum_{t=1}^{n} x_t\right)^2}$$

$$a = \frac{1}{n}\sum_{t=1}^{n} d_t - \frac{b}{n}\sum_{t=1}^{n} x_t$$

em que:

n = número de pares ordenados;
x_t = valor da variável independente no período t, com $t = 1, 2, ..., n$;
d_t = valor da variável dependente no período t, com $t = 1, 2, ..., n$.

Para obter mais informações sobre a regressão realizada, podem-se ainda calcular os valores do *coeficiente de correlação* (r) e do *coeficiente de determinação* (r^2). O **coeficiente de correlação** mede a direção e a força da relação entre variáveis, sendo um valor entre -1 e $+1$. Quanto mais próximo de $+1$ mais forte é a *correlação positiva* entre as variáveis. Isso significa que quanto maior for o valor da variável independente maior será o valor da variável dependente e vice-versa, ou seja, ter-se-á uma reta com inclinação positiva. Quanto mais próximo de -1 mais forte é a *correlação negativa* entre as variáveis. Isso significa que quanto maior for o valor da variável independente menor será o valor da variável dependente e vice-versa. Nesse caso, ter-se-á uma reta com inclinação negativa. Um coeficiente de correlação com valor próximo de zero significa uma baixa correlação entre as variáveis consideradas. O cálculo de r é dado por:

$$r = \frac{n\sum_{t=1}^{n} x_t d_t - \sum_{t=1}^{n} x_t \sum_{t=1}^{n} d_t}{\sqrt{\left[n\sum_{t=1}^{n} x_t^2 - \left(\sum_{t=1}^{n} x_t\right)^2\right]\left[n\sum_{t=1}^{n} d_t^2 - \left(\sum_{t=1}^{n} d_t\right)^2\right]}}$$

O **coeficiente de determinação** é o quadrado do coeficiente de correlação. O r^2 mede o grau em que a linha de regressão se ajusta aos dados, ou seja, representa a fração da variação nos dados que é explicada pela linha de regressão. Valores de r^2 acima de 0,85 indicam boa previsão.

1.2 Atenção

Regressão linear usando o Microsoft Excel®

Usando uma planilha eletrônica no software Microsoft Excel®, podem-se determinar os diversos parâmetros da regressão linear conforme os seguintes passos.

1. *Para determinar o valor do **coeficiente linear**, na barra de menus, selecione a guia Fórmulas; selecione a opção "Inserir função"; em seguida, selecione a categoria "Estatística"; na sequência, selecione a opção "intercepção" ou "intercept" (se o software estiver em inglês). Na janela "argumentos da função", selecione os valores da demanda para "Val_conhecidos_y" e os valores da variável independente para "Val_conhecidos_x" e clique em "OK";*
2. *Para determinar o valor do **coeficiente angular**, na barra de menus, selecione a guia Fórmulas; selecione a opção "Inserir função"; na sequência, selecione a categoria "Estatística"; em seguida, selecione a opção "inclinação" ou ("slope"); na janela "argumentos da função", selecione os valores da demanda para "Val_conhecidos_y" e os valores da variável independente para "Val_conhecidos_x" e clique em "OK";*

3. Para determinar o valor do **coeficiente de correlação** (r), na barra de menus, selecione a guia Fórmulas; selecione a opção "Inserir função"; na sequência, selecione a categoria "Estatística"; em seguida, selecione a opção "CORREL". Na janela "argumentos da função", selecione os valores da demanda para "Matriz1" e os valores da variável independente para "Matriz2" e clique em "OK";

4. Para determinar o valor do **coeficiente de determinação** (r^2), na barra de menus, selecione a guia Fórmulas; selecione a opção "Inserir função"; adiante, selecione a categoria "Estatística"; em seguida, selecione a opção "RQUAD" ou "RSQ". Na janela "argumentos da função", selecione os valores da demanda para "Val_conhecidos_y" e os valores da variável independente para "Val_conhecidos_x" e clique em "OK".

Outra maneira de obter os mesmos parâmetros

Na barra de menus selecione a guia Dados e "análise de dados"; na janela "análise de dados", selecione a opção "regressão"; na janela "regressão", selecione para "intervalo Y de entrada" os valores da demanda; na janela "regressão" selecione para "intervalo X de entrada" os valores da variável independente e clique em "OK".

Função previsão

Existe também uma função chamada "Previsão" no Microsoft Excel®. Ela calcula, com base nos valores da variável dependente e independente, a previsão para um determinado valor. Para usá-la faça o seguinte: na barra de menus, selecione a guia Fórmulas; em seguida, selecione a opção "Inserir função"; na sequência, selecione a categoria "Estatística"; então, selecione a opção "previsão" (ou "forecast"); na janela "argumentos da função", selecione os valores da demanda para "Val_conhecidos_y", os valores da variável independente para "Val_conhecidos_x" e o valor para o qual se pretende realizar a previsão na caixa "X" e clique em "OK".

Usando gráfico e linha de tendência

Por fim, também é possível criar um gráfico e sua equação de regressão automaticamente no Microsoft Excel®. Basta plotar o gráfico de dispersão, clicar com o botão direito do mouse sobre um dos pontos do gráfico, selecionar "adicionar linha de tendência", na aba "tipo" escolher linear (neste caso) e, na aba opções, selecionar "exibir equação no gráfico" e "exibir valor de R-quadrado no gráfico".

1.3 Atenção

Regressão linear usando uma calculadora científica

Para realizar uma regressão linear usando uma calculadora do tipo científica, siga os seguintes passos:

1. Para limpar a memória da calculadora, pressione a tecla **SHIFT**, em seguida a tecla **CLR**, em seguida a opção "**ALL**" e por último a tecla de sinal de igual [=].

2. Para selecionar o modo de regressão linear, pressione a tecla **MODE**, em seguida selecione a opção "**REG**" e por último a opção "**LIN**".

3. Para informar os valores dos pares ordenados: para cada par ordenado tecle os respectivos valores separados por vírgula e em seguida pressione a tecla M+. Por exemplo, se o par ordenado (x,y) for igual a (10,25), então tecle 10,25 e depois pressione M+. A cada par ordenado incluído a calculadora deverá confirmar a quantidade de pares ordenados já armazenados.

4. Para determinar o coeficiente angular, pressione a tecla **SHIFT**, em seguida a tecla **S-VAR**. Usando teclas de navegação, identifique o número que representa o coeficiente angular (normalmente representado pela letra "B"), pressione tal número e por último a tecla de sinal de igual (=). Para apagar o que foi feito no passo 4 antes de ir para o passo 5, pressione a tecla **AC**.

5. Para determinar o coeficiente linear, pressione a tecla **SHIFT**, em seguida a tecla **S-VAR**. Usando teclas de navegação, identifique o número que representa o coeficiente linear (normalmente representado pela letra "A"), pressione tal número e por último a tecla de sinal de igual (=).

Regressão curvilínea

O método dos mínimos quadrados também pode ser utilizado para o caso de funções não lineares como funções exponenciais, logarítmicas, potenciais e polinomiais. Nesses casos, *a*, *b* e *c* são os parâmetros, Y é a variável dependente e X a variável independente.

1.4 Atenção

Regressão curvilínea usando o Microsoft Excel®

O Microsoft Excel® também fornece modelos de regressão curvilínea. Basta plotar o gráfico de dispersão, clicar com o botão direito do mouse nos dados do gráfico, selecionar "adicionar linha de tendência", na aba "tipo" escolher a curva desejada (exponencial, logarítmica, potência, polinomial) e, na aba opções, selecionar "exibir equação no gráfico" e "exibir valor de R-quadrado no gráfico".

1.1.3 Regressão múltipla

Na *regressão múltipla* duas ou mais variáveis independentes determinam o valor da variável dependente. Dessa forma, a representação matemática da equação seria:

$$Y = aX_1 + bX_2 + cX_3 + ... + nX_n$$

em que:

$a, b, c, ..., n$ = coeficientes;
X_1, X_2, X_3, X_n = variáveis independentes.

1.5 Atenção

Regressão múltipla usando o Microsoft Excel®

Para realizar os cálculos de regressão múltipla usando o Microsoft Excel®, no menu "ferramentas", escolha a opção "análise de dados"; selecione "regressão"; na janela regressão, selecione para "intervalo Y de entrada" os valores da variável dependente e para "intervalo X de entrada" os valores das variáveis independentes; clique em "OK".

1.1.4 Média simples

Se o comportamento (padrão) da série temporal for do tipo *constante* ou *permanência*, a *média simples* pode ser utilizada como método para determinar a previsão de vendas.

Nesse método, a previsão para o *k*-ésimo período à frente é igual à média dos valores que se dispõem, da seguinte maneira:

$$P_{T+k} = \frac{\sum_{t=1}^{T} d_t}{T}$$

em que:

P_{T+k} = previsão para o *k*-ésimo período à frente;
d_t = demanda no período t, com $t = 1, 2, ..., T$.

1.1.5 Média móvel

Se o comportamento (padrão) da série temporal for do tipo *constante* ou *permanência*, a *média móvel* pode ser utilizada como método para prever as vendas futuras.

A previsão para o *k*-ésimo período à frente é igual à média dos valores mais recentes que se dispõem, da seguinte forma:

$$P_{T+k} = \frac{\sum_{t=T-N+1}^{T} d_t}{N}$$

em que:

P_{T+k} = previsão para o *k*-ésimo período à frente;
d_t = demanda no período t, com $t = 1, 2, ..., T$;
N = número de períodos recentes que se deseja considerar.

O método da *média móvel* é utilizado para reduzir o efeito das flutuações aleatórias e, porque somente os dados mais recentes são usados, esse método responde mais prontamente a mudanças no processo. Para processos relativamente estáveis, devem-se escolher N maiores e para processos menos estáveis deve-se escolher N menores. Valores típicos estão entre cinco e sete pontos.

1.1.6 Média móvel ponderada

Se o comportamento (padrão) da série temporal for do tipo *constante* ou *permanência*, a *média móvel ponderada* pode ser utilizada como método para prever as vendas futuras.

A previsão para o próximo período é igual à média ponderada dos valores mais recentes que se dispõem, normalmente com pesos maiores para os mais recentes, da seguinte maneira:

$$P_{T+k} = \sum_{t=T-N+1}^{T} w_t d_t$$

em que:

P_{T+k} = previsão para o k-ésimo período à frente;
d_t = demanda no período t, com $t = 1, 2, ..., T$;
N = número de períodos recentes que se deseja considerar;
w_t = pesos dados aos valores das vendas recentes, com $\sum_{t=T-N+1}^{T} w_t = 1$.

1.1.7 Suavização exponencial simples

Se o comportamento (padrão) da série temporal for do tipo *constante* ou *permanência*, a *suavização exponencial*, ou *amaciamento exponencial simples*, pode ser utilizada como método para prever as vendas futuras.

A suavização exponencial é uma média ponderada de todos os t valores, com pesos que decrescem exponencialmente a partir do período mais recente, da seguinte maneira:

$$S_T = \alpha d_T + (1 - \alpha) S_{T-1}$$

em que:

S_T = previsão para o período T;
α = constante de suavização, com $0 \leq \alpha \leq 1$;
d_T = demanda no período T;
S_{T-1} = previsão suavizada para o período $T-1$.

A escolha do valor de α é muito importante. Se for grande, maior peso ao erro e demanda no último período; se for pequeno, maior peso ao passado. Ou seja, um α maior faz com que o modelo reaja mais às alterações recentes da demanda, e um α menor tem o efeito oposto. Tipicamente, está entre 0,1 e 0,3.

A menos que se comece com um dado histórico para S_0, não se pode fazer uma suavização para o período 1. Embora existam diversas formas de inicializar o modelo (por exemplo, calculando uma média de dados passados ao primeiro período da série), a escolha de S_0 irá se dissipar ao longo do tempo. Portanto, pode-se escolher a forma mais simples de inicializar o modelo atribuindo o valor de S_0 como igual ao valor de d_1.

A previsão para o período T é igual à suavização do período $T-1$, ou seja, $P_T = S_{T-1}$. Dessa forma, após a definição de S_0 como o próprio d_1 (como explicado acima), deve-se proceder aos cálculos da seguinte maneira:

$$P_2 = S_1 = \alpha d_1 + (1 - \alpha) S_0$$
$$P_3 = S_2 = \alpha d_2 + (1 - \alpha) S_1$$
$$P_4 = S_3 = \alpha d_3 + (1 - \alpha) S_2$$

E assim por diante, até a obtenção de $P_{T+k} = S_T$.

1.1.8 Suavização exponencial dupla (método de Holt)

Se o comportamento (padrão) da série temporal for do tipo *tendência* ou *trajetória*, a *suavização exponencial dupla* pode ser utilizada como método para prever vendas.

Neste método, a previsão é dada pela previsão suavizada exponencialmente somada a uma estimativa de tendência *T*, da seguinte maneira:

$$P_{T+k} = S_T + kT_T$$

em que:

P_{T+k} = previsão para o *k*-ésimo período à frente;
S_T = previsão suavizada exponencialmente para o período *T* (último período);
k = número de períodos à frente de *T*;
T_T = estimativa de tendência para o período *T* (último período).

Para inicializar o modelo devem-se obter os valores iniciais de *S* e *T* (S_0 e T_0). Para isso, podem-se realizar os cálculos a seguir (Sipper e Bulfin, 1997).

Para obter *T* inicial, pode-se optar por uma entre duas opções:

a. Dividir os dados reais em dois grupos de igual tamanho (mesmo número de períodos, por isso o número de períodos deve ser par); calcular as médias de cada grupo; subtrair a média do segundo grupo da média do primeiro grupo; dividir o resultado pelo número de períodos em cada grupo; ou

b. Subtrair a demanda real no último período da demanda real no primeiro período; dividir o resultado pelo número de períodos.

Para obter *S* inicial:

a. Após calcular T_0, calcular a média de todos os valores reais disponíveis; encontrar o meio do intervalo dos períodos disponíveis (por exemplo, para 12 períodos o meio é 6,5); subtrair o valor do período mais recente (atual) do valor do meio do período (por exemplo, para 12 períodos, a conta seria 12 – 6,5 = 5,5) ou equivalentemente fazer a conta $\frac{T-1}{2}$; multiplicar o resultado por T_0; somar o resultado ao valor da média encontrada anteriormente.

A conta $\frac{T-1}{2}$ deve ser usada para um número par de períodos.

Tendo-se os valores iniciais, basta calcular as previsões utilizando a equação de previsão. E, a cada valor real que se obtiver, podem-se atualizar os valores de S_T e T_T suavizando-os exponencialmente, por meio das seguintes equações:

$$S_T = \alpha d_T + (1 - \alpha)(S_{T-1} + T_{T-1})$$

$$T_T = \beta(S_T - S_{T-1}) + (1 - \beta)T_{T-1}$$

em que β é a *constante de suavização de tendência*. Usando o valor de β (entre 0 e 1), suaviza-se a estimativa, para evitar o acompanhamento da tendência às mudanças aleatórias dos dados.

Uma alternativa é por meio da realização dos seguintes cálculos (Makridakis *et al.*, 1998):

a. $S_0 = d_1$, do mesmo modo que na suavização exponencial simples;
b. $T_0 = d_2 - d_1$

Tendo-se esses valores iniciais, basta fazer as suavizações exponenciais dos períodos seguintes, um a um, por meio das seguintes equações:

$$S_T = \alpha d_T + (1 - \alpha)(S_{T-1} + T_{T-1})$$

$$T_T = \beta(S_T - S_{T-1}) + (1 - \beta)T_{T-1}$$

1.1.9 Método para séries com sazonalidade e permanência

O método apresentado a seguir é adequado para quando o comportamento da série temporal é do tipo *sazonalidade com permanência*.

A *sazonalidade* é caracterizada por dados que sofrem variações para cima e para baixo com *regularidade* (normalmente anual, mensal, semanal ou diária) associada a eventos periódicos ou ao clima.

Para ser considerado processo com sazonalidade e permanência é preciso que as variações fiquem em torno de uma linha horizontal em relação ao eixo do tempo. Dessa forma, para determinar a previsão de certo período, basta multiplicar o valor da reta horizontal (como se fosse um valor médio) por um fator que mede o quanto, no período, a demanda é superior ou inferior a esse valor. Tal fator é chamado de *fator de sazonalidade* do período t. Matematicamente, a sazonalidade e permanência tem a seguinte forma:

$$P_t = S_t + F_t$$

em que:

P_t = previsão para o período t;
S_t = previsão suavizada para o período t;
F_t = fator de sazonalidade no período t.

Para calcular o fator de sazonalidade, utiliza-se a seguinte equação:

$$F_t = \frac{d_t}{\text{demanda média do ciclo de sazonalidade}}$$

em que d_t é a demanda real no período t.

Um fator de sazonalidade de 1,2, por exemplo, significa que no período a demanda é 20% maior que a demanda média. O período t varia de 1 até o final do ciclo de sazonalidade. Por exemplo, se o ciclo for de um ano com períodos mensais, então t vai de 1 a 12; já se o ciclo for mensal com períodos semanais, então t vai de 1 a 4. Com base nisso, devem-se levar em consideração a previsão suavizada e o fator de sazonalidade no período equivalente.

Para calcular a previsão suavizada deve-se utilizar a seguinte equação:

$$S_t = \alpha \left(\frac{d_t}{F_t} \right) + (1 - \alpha) S_{t-1}$$

Suavização exponencial tripla (método de Winters)

Se o comportamento (padrão) da série temporal for do tipo *sazonalidade* e *tendência/trajetória*, a *suavização exponencial tripla*, ou *método de Winters*, pode ser utilizada como método para prever vendas futuras.

Para realizar a previsão nestes casos, é necessário (Sipper e Bulfin, 1997):

a. Calcular os valores iniciais de T_T e S_T: encontrar as demandas médias dos dois últimos ciclos de sazonalidade; calcular a diferença entre elas; dividir o resultado pelo número de variações sazonais ou períodos dentro do ciclo; o resultado é o T_T inicial. Encontrar a demanda média geral; multiplicar T_T por $\frac{T-1}{2}$; somar os dois; o resultado é o S_T inicial;

b. Calcular os valores iniciais dos fatores de sazonalidade: basta dividir a demanda do período pela demanda suavizada exponencialmente (S_T) inicial descontando a tendência ao longo dos períodos, ou seja:

$$F_t = \frac{d_t}{S_T - T_T(T-t)}$$

Com os valores de todos os fatores sazonais, deve-se calcular a média dos fatores dos períodos equivalentes, para se ter apenas um parâmetro para cada período;

c. Realizar a previsão pelo método de Winters: basta utilizar a seguinte equação:

$$P_{T+k} = (S_T + kT_T)F_{T+k-L}$$

em que L é o número de variações sazonais (sete dias em uma semana, quatro semanas em um mês, doze meses em um ano etc.);

d. Atualizar os valores de S_T, T_T e F_T com base nos valores reais disponíveis: basta utilizar as seguintes equações:

$$S_T = \alpha\left(\frac{d_T}{F_{T-L}}\right) + (1-\alpha)(S_{T-1} + T_{T-1})$$

$$T_T = \beta(S_T - S_{T-1}) + (1-\beta)T_{T-1}$$

$$F_t = \gamma\left(\frac{d_T}{S_T}\right) + (1-\gamma)F_{T-L}$$

em que γ é a *constante de suavização* ($0 < \gamma < 1$) com as mesmas características de β e α.

Uma alternativa é por meio da realização dos seguintes cálculos (Makridakis *et al.*, 1998):

a. Utilizar o primeiro ciclo de sazonalidade ($t = 1, 2, ..., L$) para calcular:

$$S_L = \frac{1}{L}(d_1 + d_2 + ... + d_L)$$

$$T_L = \frac{1}{L}\left[\left(\frac{d_{L+1}-d_1}{L}\right)+\left(\frac{d_{L+2}-d_2}{L}\right)+\ldots+\left(\frac{d_{L+L}-d_L}{L}\right)\right]$$

$$F_t = \frac{d_t}{S_0}$$

b. A partir do primeiro período do segundo ciclo de sazonalidade, e até o último período da série temporal (até $t = T$), calcular:

$$S_T = \alpha\left(\frac{d_T}{F_{T-L}}\right) + (1-\alpha)(S_{T-1}+T_{T-1})$$

$$T_T = \beta(S_T - S_{T-1}) + (1-\beta)T_{T-1}$$

$$F_t = \gamma\left(\frac{d_T}{S_T}\right) + (1-\gamma)F_{T-L}$$

1.1.11 Desvio absoluto médio (DAM)

O *erro de previsão* (e_t) pode ser definido como a diferença entre a demanda real e a previsão. Existem várias medidas baseadas nos erros de previsão para o monitoramento das previsões realizadas.

O DAM mede a dispersão dos erros. Se o DAM for pequeno a previsão está boa, se o DAM for grande a previsão está ruim. O cálculo do DAM se dá por meio da seguinte equação:

$$DAM = \frac{\sum_{t=1}^{T}|e_t|}{T}$$

1.1.12 Somatório acumulado dos erros de previsão

O *somatório acumulado dos erros de previsão* (E_T) é calculado pela seguinte equação:

$$E_T = \sum_{t=1}^{T} e_t$$

Um valor de E_T se movendo para longe de zero indica uma previsão tendenciosa. Por outro lado, se o valor de E_T estiver próximo de zero, não há garantia de que a previsão está correta, porque pode ocorrer de os erros negativos e positivos se anularem no somatório. Neste caso, o indicado seria considerar o DAM.

1.1.13 Porcentagem média absoluta (PMA)

Uma forma de relacionar os erros com os valores da demanda é utilizar a medida PMA, calculada pela seguinte equação:

$$PMA = \frac{1}{T}\sum_{t=1}^{T}\frac{|e_t|}{d_t}$$

Se o valor de PMA for, por exemplo, 0,25, significa que a previsão se afasta dos dados reais em aproximadamente 25%.

Sinal de rastreamento (SR)

O SR é uma medida para checar a aleatoriedade dos erros de previsão. Se não houver ruído na previsão e o modelo usado for ideal, então o erro de previsão deverá ser zero. Se o ruído for normalmente distribuído com média zero e desvio padrão σ, então o erro de previsão também é normalmente distribuído com média zero e desvio padrão σ.

O intervalo de controle entre –4 e +4 é definido para a suavização exponencial simples. Porém, para a maioria das situações, se o sinal de rastreamento estiver entre 4 e 6, significa que a previsão está sob controle.

O SR é calculado por meio da seguinte equação:

$$SR_t = \frac{E_t}{DAM_t}$$

 Exemplos

> **Observação**
>
> Os cálculos foram realizados utilizando-se uma planilha eletrônica, por isso os resultados, se comparados com cálculos realizados em calculadoras de mão, podem ser diferentes.

(1) Considere que o investimento em propaganda de uma fábrica de estabilizadores de energia tenha relação com as vendas em cada período. A Tabela 1.1, a seguir, mostra o valor investido em propaganda e as vendas realizadas em cada período. Encontre o modelo de regressão linear, verifique sua qualidade e calcule a previsão para o caso em que o valor de R$ 25.000,00 seja investido em propaganda no período.

Tabela 1.1 Valores Investidos em Propaganda e Vendas Realizadas

Período	Investimento em propaganda (em milhares de reais)	Vendas realizadas (em milhares)
1	28	63
2	21	50
3	18	67
4	46	109
5	145	304
6	122	239
7	108	223
8	85	173
9	107	211
10	53	104
11	17	59
12	12	24

Solução

Primeiramente, devem-se calcular os coeficientes a e b:

$$b = \frac{n\sum_{t=1}^{n} x_t d_t - \sum_{t=1}^{n} x_t \sum_{t=1}^{n} d_t}{n\sum_{t=1}^{n} x_t^2 - \left(\sum_{t=1}^{n} x_t\right)^2} = \frac{(12)(150441) - (762)(1626)}{(12)(73154) - (762)^2} = 1,90$$

$$a = \frac{1}{n}\sum_{t=1}^{n} d_t - \frac{b}{n}\sum_{t=1}^{n} x_t = \frac{1}{12}(1626) - \frac{1,9}{12}(762) = 14,51$$

Assim, o modelo fica: $Y = d_t = 1,90 x_t + 14,51$.

Portanto, se o valor de R$ 25.000,00 for investido em propaganda, a previsão de vendas será:

$$d_t = 1,90(25) + 14,51 = 62.$$

Para a verificação da qualidade do modelo, devem-se calcular os valores de r e r^2:

$$r = \frac{n\sum_{t=1}^{n} x_t d_t - \sum_{t=1}^{n} x_t \sum_{t=1}^{n} d_t}{\sqrt{\left[n\sum_{t=1}^{n} x_t^2 - \left(\sum_{t=1}^{n} x_t\right)^2\right]\left[n\sum_{t=1}^{n} d_t^2 - \left(\sum_{t=1}^{n} d_t\right)^2\right]}} =$$

$$= \frac{(12)(150441) - (762)(1626)}{\sqrt{\left[(12)(73154) - (762)^2\right]\left[(12)(311428) - (1626)^2\right]}} = 0,993$$

$$r^2 = (0,993)^2 = 0,986.$$

Como o valor de r é igual a 0,993, então pode-se concluir que a correlação entre as variáveis é altamente positiva; como o valor de r^2 é superior a 0,85, pode-se concluir que o modelo apresenta boa previsão da demanda.

1.6 Atenção

Resolvendo o Exemplo 1 usando o Microsoft Excel®

Para resolver o Exemplo 1 usando o Microsoft Excel, siga os seguintes passos:

1. Abra uma nova planilha.
2. Digite "Período" na célula A1, "Investimento em propaganda (em milhares de reais)" na célula B1 e "Vendas realizadas (em milhares)" na célula C1. Em seguida, digite os valores da Tabela 1.1

correspondentes abaixo das colunas (de 1 a 12 nas células de A2 a A13, de 28 a 12 nas células de B2 a B13, de 63 a 24 nas células de C2 a C13).

Opção de resolução 1 – encontrando os valores dos coeficientes por meio de funções

3. Para determinar o valor do coeficiente linear, na barra de menus, selecione a guia "Fórmulas", selecione a opção "Inserir função", selecione a categoria "Estatística", selecione a opção "intercepção" (ou "intercept"), na janela "argumentos da função", digite C2:C13 em "Val_conhecidos_y" e digite B2:B13 em "Val_conhecidos_x" e clique em "OK".

4. Para determinar o valor do coeficiente angular, na barra de menus, selecione a guia Fórmulas, selecione a opção "Inserir função", selecione a categoria "Estatística", selecione a opção "inclinação" (ou "slope"), na janela "argumentos da função", digite C2:C13 em "Val_conhecidos_y" e digite B2:B13 em "Val_conhecidos_x" e clique em "OK".

5. Para determinar o valor do coeficiente de correlação (r), na barra de menus, selecione a guia Fórmulas, selecione a opção "Inserir função", selecione a categoria "Estatística", selecione a opção "**CORREL**", na janela "argumentos da função", digite C2:C13 em "Matriz1" e digite B2:B13 em "Matriz2" e clique em "OK".

6. Para determinar o valor do coeficiente de determinação (r^2), na barra de menus, selecione a guia Fórmulas, selecione a opção "Inserir função", selecione a categoria "Estatística", selecione a opção "**RQUAD**" (ou "RSQ") na janela "argumentos da função", digite C2:C13 em "Val_conhecidos_y" e digite B2:B13 em "Val_conhecidos_x" e clique em "OK".

Opção de resolução 2 – encontrando os valores dos coeficientes por meio de análise de dados

7. Na barra de menus selecione a guia "Dados" e em seguida clique em "análise de dados"; na janela "análise de dados" selecione a opção "regressão".

8. Na janela "regressão" digite C2:C13 "intervalo Y de entrada" e digite B2:B13 em "intervalo X de entrada" e clique em "OK". Na tabela que for apresentada, "Interseção" corresponderá ao valor do coeficiente linear, "Variável X 1" corresponderá ao valor do coeficiente angular, "R múltiplo" corresponderá ao valor do coeficiente de correlação e "R-Quadrado" corresponderá ao valor do coeficiente de determinação.

Usando a função previsão

9. Na barra de menus, selecione a guia Fórmulas, selecione a opção " Inserir função", selecione a categoria "Estatística", selecione a opção "Previsão" (ou "forecast"), na janela "argumentos da função", digite C2:C13 em "Val_conhecidos_y", digite B2:B13 em "Val_conhecidos_x" e digite 25 na caixa "X", e clique em "OK".

Opção de resolução 3 – plotando um gráfico com linha de tendência

10. Com o botão esquerdo do mouse, selecione as células de B2 a C13 (equivalentemente, pode-se digitar na caixa de nome das células B2:C13 e pressionar Enter).

11. Na guia "Inserir" selecione gráfico de dispersão.

12. Clique com o botão direito do mouse sobre um dos pontos do gráfico, selecione "adicionar linha de tendência", na aba "tipo" escolha linear e, na aba opções, selecione "exibir equação no gráfico" e "exibir valor de R-quadrado no gráfico"; na linha de tendência que será desenhada no gráfico aparecerá a equação "y = 1,9054x + 14,51", em que 1,9054 corresponde ao coeficiente angular e 14,51 corresponde ao coeficiente linear. Também aparecerá "$R^2 = 0,9869$", que corresponde ao coeficiente de determinação da reta.

(2) A Tabela 1.2, a seguir, mostra as vendas semanais de um tipo de impressora de cupons. Preveja a demanda para a semana 17 utilizando:

a. Média simples.
b. Média móvel de quatro períodos.
c. Média móvel ponderada de quatro períodos com fatores de ponderação f_1 (para período mais recente) = 0,40; f_2 = 0,30; f_3 = 0,20; f_4 = 0,10.
d. Suavização exponencial simples com $\alpha = 0,1$.

Tabela 1.2 Vendas Semanais de Impressora de Cupons

Período	Demanda	Período	Demanda
1	240	9	240
2	254	10	244
3	237	11	236
4	250	12	250
5	234	13	262
6	256	14	247
7	248	15	243
8	239	16	235

Solução

Primeiramente, plotando-se o gráfico de vendas ao longo do tempo, percebe-se um comportamento da série do tipo constante, o que permite a utilização dos modelos de média e da suavização exponencial simples.

a. $P_{T+k} = \dfrac{\sum_{t=1}^{T} d_t}{T} \Rightarrow P_{16+1} = \dfrac{\sum_{t=1}^{16} d_t}{16} = \dfrac{240 + 254 + 237 + ... + 247 + 243 + 235}{16} = 244,69$

b. $P_{T+k} = \dfrac{\sum_{t=T-N+1}^{T} d_t}{N} \Rightarrow P_{16+1} = \dfrac{\sum_{t=16-4+1}^{16} d_t}{4} = \dfrac{\sum_{t=13}^{16} d_t}{4} = \dfrac{262 + 247 + 243 + 235}{4} = 246,75$

c. $P_{T+k} = \sum_{t=T-N+1}^{T} w_t d_t \Rightarrow P_{16+1} = \sum_{t=16-4+1}^{16} w_t d_t = \sum_{t=13}^{16} w_t d_t =$
$= (262)(0,1) + (247)(0,2) + (243)(0,3) + (235)(0,4) = 242,5$

d. A Tabela 1.3, a seguir, mostra os resultados dos cálculos pela suavização exponencial simples.

Tabela 1.3 Resultado dos Cálculos pela Suavização Exponencial Simples

Período	Demanda	Suavização exponencial simples com $\alpha = 0,1$
1	240	240,00
2	254	240,00
3	237	241,40
4	250	240,96
5	234	241,86
6	256	241,08
7	248	242,57
8	239	243,11
9	240	242,70
10	244	242,43
11	236	242,59
12	250	241,93
13	262	242,74
14	247	244,66
15	243	244,90
16	235	244,71
17		243,74

Portanto, a previsão para o período 17 é igual a 243,74.

O valor de S_0 foi definido como igual a d_1. Seguem os cálculos de alguns dos períodos, como exemplo.

$$S_0 = 240;$$
$$S_1 = (0,1)(240) + (1 - 0,1)(240) = 240;$$
$$S_2 = (0,1)(254) + (1 - 0,1)(240) = 241,40;$$
$$S_3 = (0,1)(237) + (1 - 0,1)(241,40) = 240,96;$$
$$\ldots$$
$$S_{16} = (0,1)(235) + (1 - 0,1)(244,71) = 243,74.$$

3 Calcule as medidas DAM, PMA, somatório acumulado de erros e SR dos resultados da previsão utilizando a suavização exponencial do Exercício resolvido número 2.

Solução

A Tabela 1.4, a seguir, mostra as soluções para o DAM, somatório acumulado de erros e PMA.

Tabela 1.4 Soluções para o DAM e o Somatório Acumulado de Erros e PMA

Período	Demanda	Suavização exponencial simples com $\alpha = 0,1$	Desvio absoluto	Erro	Desvio absoluto/demanda
1	240	240,00	0,00	0,00	0,000
2	254	240,00	14,00	14,00	0,058
3	237	241,40	4,40	−4,40	0,018
4	250	240,96	9,04	9,04	0,038
5	234	241,86	7,86	−7,86	0,033
6	256	241,08	14,92	14,92	0,062
7	248	242,57	5,43	5,43	0,022
8	239	243,11	4,11	−4,11	0,017
9	240	242,70	2,70	−2,70	0,011
10	244	242,43	1,57	1,57	0,006
11	236	242,59	6,59	−6,59	0,027
12	250	241,93	8,07	8,07	0,033
13	262	242,74	19,26	19,26	0,079
14	247	244,66	2,34	2,34	0,010
15	243	244,90	1,90	−1,90	0,008
16	235	244,71	9,71	−9,71	0,040
			6,99	**37,36**	**0,029**

Ou seja, o DAM é igual a 6,99; o somatório acumulado de erros é igual a 37,36; e a PMA é igual a 2,9%. Pode-se notar que os valores das medidas calculadas são altos.

A Tabela 1.5, a seguir, mostra a solução para o sinal de rastreamento (SR).

Tabela 1.5 Solução para o SR

Período	Demanda	Suavização exponencial simples com $\alpha = 0,1$	Desvio absoluto	DAM a cada período	Erros	Somatório acumulado de erros a cada período	SR a cada período
1	240	240,00	0,00	0,00	0,00	0,00	0
2	254	240,00	14,00	7,00	14,00	14,00	2,00
3	237	241,40	4,40	6,13	−4,40	9,60	1,57
4	250	240,96	9,04	6,86	9,04	18,64	2,72
5	234	241,86	7,86	7,06	−7,86	10,78	1,53
6	256	241,08	14,92	8,37	14,92	25,70	3,07

(*continua*)

Tabela 1.5 Solução para o SR (continuação)

Período	Demanda	Suavização exponencial simples com $\alpha = 0{,}1$	Desvio absoluto	DAM a cada período	Erros	Somatório acumulado de erros a cada período	SR a cada período
7	248	242,57	5,43	7,95	5,43	31,13	3,92
8	239	243,11	4,11	7,47	–4,11	27,02	3,62
9	240	242,70	2,70	6,94	–2,70	24,31	3,50
10	244	242,43	1,57	6,40	1,57	25,88	4,04
11	236	242,59	6,59	6,42	–6,59	19,29	3,01
12	250	241,93	8,07	6,56	8,07	27,37	4,17
13	262	242,74	19,26	7,54	19,26	46,63	6,19
14	247	244,66	2,34	7,16	2,34	48,97	6,83
15	243	244,90	1,90	6,81	–1,90	47,07	6,91
16	235	244,71	9,71	6,99	–9,71	37,36	5,34

Pode-se notar que os valores de SR são altos.

 A Tabela 1.6, a seguir, mostra as vendas de embalagens de 15 kg de margarina industrial de uma nova marca brasileira nos últimos 14 meses. Encontre o modelo adequado ao comportamento da série e faça a previsão da demanda para o décimo quinto mês.

Tabela 1.6 Vendas de Embalagens de 15 kg de Margarina

Período	Quantidade	Período	Quantidade
1	87	8	150
2	94	9	158
3	108	10	165
4	119	11	170
5	123	12	178
6	132	13	186
7	142	14	199

Solução

Plotando-se o gráfico da série temporal, nota-se um padrão do tipo tendência (ascendente). Dessa forma, o modelo mais adequado para realizar a previsão é o método de Holt ou suavização exponencial dupla.

Para iniciar o modelo, é preciso obter o T inicial e o S inicial. Utilizando-se primeiramente a forma apresentada em Sipper e Bulfin (1997):

T inicial – dividindo os dados em dois grupos de sete períodos, obtêm-se as seguintes médias de cada grupo:

Média do grupo 1 = (87 + 94 + 108 + 119 + 123 + 132 + 142)/7 = 115;

Média do grupo 2 = (150 + 158 + 165 + 170 + 178 + 186 + 199)/7 = 172,28.

Subtraindo essas médias e dividindo o resultado por 7, obtém-se: (172,28 – 115)/7 = 8,18. Portanto, este é o valor de T inicial (estimativa de tendência inicial).

S inicial – a média de todos os valores reais disponíveis é igual a 143,64. O resultado de $\frac{T-1}{2}$ é igual a 6,5. Multiplicando 6,5 por 8,18 obtém-se como resultado 53,19. Somando esse resultado ao valor 143,64 obtém-se o S inicial igual a 196,84.

Calculando a previsão para o período 15:

$$P_{T+k} = S_T + kT_T \rightarrow P_{14+1} = S_{14} + 1T_{14} \rightarrow P_{15} = 196,84 + (1)(8,18) = 205,02.$$

Agora, iniciando-se o modelo de acordo com o apresentado em Makridakis *et al.* (1998): De acordo com essa forma, definem-se S_0 e T_0 da seguinte maneira:

a. $S_0 = d_1 = 87$;
b. $T_0 = d_2 - d_1 = 94 - 87 = 7$.

Tendo-se esses valores iniciais, basta fazer as suavizações exponenciais dos períodos seguintes, utilizando $\alpha = \beta = 0,2$:

$S_1 = \alpha d_1 + (1 - \alpha)(S_{1-1} + T_{1-1}) = \alpha d_1 + (1 - \alpha)(S_0 + T_0) = (0,2)(87) + (0,8)(87 + 7) = 92,60$

$T_1 = \beta(S_1 - S_{1-1}) + (1 - \beta)(T_{1-1}) = \beta(S_1 - S_0) + (1 - \beta)(T_0) = (0,2)(92,6 - 87) + (0,8)(7) = 6,72$

$S_2 = \alpha d_2 + (1 - \alpha)(S_1 + T_1) = (0,2)(94) + (0,8)(92,6 + 6,72) = 98,26$

$T_2 = \beta(S_2 - S_1) + (1 - \beta)(T_1) = (0,2)(98,26 - 92,6) + (0,8)(6,72) = 6,51$

$S_3 = \alpha d_3 + (1 - \alpha)(S_2 + T_2) = (0,2)(108) + (0,8)(98,26 + 6,51) = 105,41$

$T_3 = \beta(S_3 - S_2) + (1 - \beta)(T_2) = (0,2)(105,41 - 98,26) + (0,8)(6,51) = 6,64$

Esses cálculos devem prosseguir até que se chegue em S_{14} e T_{14}. A Tabela 1.7, a seguir, mostra os resultados para cada um desses cálculos.

Tabela 1.7 Resultados dos Cálculos Realizados

t	d_t	S_{t-1}	T_{t-1}
1	87	87,00	7,00
2	94	92,60	6,72
3	108	98,26	6,51
4	119	105,41	6,64
5	123	113,44	6,91

(*continua*)

Tabela 1.7 Resultados dos Cálculos Realizados (*continuação*)

t	d_t	S_{t-1}	T_{t-1}
6	132	120,88	7,02
7	142	128,72	7,18
8	150	137,13	7,43
9	158	145,64	7,65
10	165	154,23	7,83
11	170	162,65	7,95
12	178	170,48	7,93
13	186	178,33	7,91
14	199	186,19	7,90
		195,08	8,10

Com isso, a previsão para o período 15 será:

$$P_{T+k} = S_T + kT_T \rightarrow P_{14+1} = S_{14} + 1T_{14} \rightarrow P_{15} = 195{,}08 + (1)(8{,}10) = 203{,}17$$

Percebe-se que a diferença na previsão para o período 15 entre as duas formas de iniciar o modelo é muito pequena, sendo, neste caso de aproximadamente apenas uma unidade.

5 Supondo que as vendas reais no décimo quinto mês do Problema 4 tenham sido de 207 embalagens, atualize o modelo.

Solução

Para resolver o problema, serão utilizados $\alpha = \beta = 0{,}2$.

Atualizando os valores de S_T e T_T, a partir da primeira maneira em que se resolve o Problema 4:

$$S_T = \alpha d_T + (1 - \alpha)(S_{T-1} + T_{T-1}) \rightarrow S_{15} = \alpha d_{15} + (1 - \alpha)(S_{14} + T_{14}) =$$
$$= (0{,}2)(207) + (0{,}8)(196{,}84 + 8{,}18) = 205{,}42$$

$$T_T = \beta(S_T - S_{T-1}) + (1 - \beta)T_{T-1} \rightarrow T_{15} = \beta(S_{15} - S_{14}) + (1 - \beta)T_{14} =$$
$$= (0{,}2)(205{,}42 - 196{,}84) + (0{,}8)(8{,}18) = 8{,}26$$

Assim, para as previsões dos próximos períodos, o modelo a ser usado será:

$$P_{15+k} = S_{15} + kT_{15} \rightarrow P_{15+k} = 205{,}42 + k(8{,}26)$$

6 Considere uma fábrica de aquecedores de ar residenciais. Um de seus produtos, o aquecedor a óleo com potência de 1500 W, tem demanda sazonal com permanência e periodicidade anual, vendendo mais produtos durante os meses mais frios (considerando o hemisfério sul). A Tabela 1.8, a seguir, mostra os dados de venda do último ano. Faça a previsão da demanda para o próximo ano.

Tabela 1.8 Dados das Vendas do Último Ano de Aquecedores de Ar Residenciais

Período	Demanda	Período	Demanda
Janeiro	520	Julho	710
Fevereiro	530	Agosto	730
Março	530	Setembro	610
Abril	580	Outubro	560
Maio	610	Novembro	530
Junho	660	Dezembro	500

Solução

Para resolver o problema, utiliza-se $\alpha = 0,2$.

Primeiramente, deve-se calcular a demanda média do ciclo de sazonalidade. Para isso, somam-se os valores da demanda de todos os meses e divide-se por 12, o que resulta em 589,17.

Em seguida, podem-se calcular os fatores sazonais de cada mês, dividindo o valor da demanda do período pela demanda média do ciclo de sazonalidade. Os resultados são:

$$F_1 = \frac{d_1}{d_{média}} = \frac{520}{589,17} = 0,88; \qquad F_7 = \frac{d_7}{d_{média}} = \frac{710}{589,17} = 1,21;$$

$$F_2 = \frac{d_2}{d_{média}} = \frac{530}{589,17} = 0,90; \qquad F_8 = \frac{d_8}{d_{média}} = \frac{730}{589,17} = 1,24;$$

$$F_3 = \frac{d_3}{d_{média}} = \frac{530}{589,17} = 0,90; \qquad F_9 = \frac{d_9}{d_{média}} = \frac{610}{589,17} = 1,04;$$

$$F_4 = \frac{d_4}{d_{média}} = \frac{580}{589,17} = 0,98; \qquad F_{10} = \frac{d_{10}}{d_{média}} = \frac{560}{589,17} = 0,95;$$

$$F_5 = \frac{d_5}{d_{média}} = \frac{610}{589,17} = 1,04; \qquad F_{11} = \frac{d_{11}}{d_{média}} = \frac{530}{589,17} = 0,90;$$

$$F_6 = \frac{d_6}{d_{média}} = \frac{660}{589,17} = 1,12; \qquad F_{12} = \frac{d_{12}}{d_{média}} = \frac{500}{589,17} = 0,85.$$

Em seguida, calculam-se os valores de S_t. Como inicialização, define-se S_1 como igual a d_1, ou seja, igual a 520. Para os demais, tem-se:

$$S_2 = \alpha\left(\frac{d_2}{F_2}\right) + (1-\alpha)S_1 = 0,2\left(\frac{530}{0,90}\right) + (0,8)(520) = 533,83;$$

$$S_3 = 0,2\left(\frac{530}{0,90}\right) + (0,8)(533,83) = 544,90;$$

$$S_4 = 0,2\left(\frac{580}{0,98}\right) + (0,8)(544,9) = 533,75;$$

$$S_5 = 0,2\left(\frac{610}{1,04}\right) + (0,8)(533,75) = 560,84;$$

$$S_6 = 0,2\left(\frac{660}{1,12}\right) + (0,8)(560,84) = 566,50;$$

$$S_7 = 0,2\left(\frac{710}{1,21}\right) + (0,8)(566,5) = 571,04;$$

$$S_8 = 0,2\left(\frac{730}{1,24}\right) + (0,8)(571,04) = 574,66;$$

$$S_9 = 0,2\left(\frac{610}{1,04}\right) + (0,8)(574,66) = 577,56;$$

$$S_{10} = 0,2\left(\frac{560}{0,95}\right) + (0,8)(577,56) = 579,88;$$

$$S_{11} = 0,2\left(\frac{530}{0,90}\right) + (0,8)(579,88) = 581,74;$$

$$S_{12} = 0,2\left(\frac{500}{0,85}\right) + (0,8)(581,74) = 583,23.$$

Por fim, podem-se calcular as previsões para os períodos equivalentes do próximo ano multiplicando o valor de S_t pelo valor de F_t. Assim, tem-se:

$$P_{janeiro} = S_1 F_1 = (520)(0,88) = 458,95$$
$$P_{fevereiro} = (533,83)(0,90) = 480,22$$
$$P_{março} = (544,90)(0,90) = 490,18$$
$$P_{abril} = (553,75)(0,98) = 545,14$$
$$P_{maio} = (560,84)(1,04) = 580,67$$
$$P_{junho} = (566,50)(1,12) = 634,61$$
$$P_{julho} = (571,04)(1,21) = 688,15$$
$$P_{agosto} = (574,66)(1,24) = 712,03$$
$$P_{setembro} = (577,56)(1,04) = 597,99$$
$$P_{outubro} = (579,88)(0,95) = 551,18$$
$$P_{novembro} = (581,74)(0,90) = 523,32$$
$$P_{dezembro} = (583,23)(0,85) = 494,96$$

7 Um fabricante de inseticida, após lançar uma nova marca com base em ingredientes naturais, tem observado que sua demanda, além de sazonalidade, tem apresentado tendência de crescimento nos últimos anos. A Tabela 1.9, a seguir, mostra os dados das vendas do último ano, registradas trimestralmente. Utilize o método de Winters para realizar a previsão da demanda para o próximo ano.

Tabela 1.9 Venda de Inseticida no Último Ano

Ano	Trimestre	Vendas	Ano	Trimestre	Vendas
1	1	575	3	1	677
	2	596		2	712
	3	639		3	775
	4	556		4	677
2	1	593	4	1	740
	2	620		2	775
	3	700		3	865
	4	598		4	753

Solução

Será utilizada, primeiramente, a forma de inicialização do método de acordo com Sipper e Bulfin (1997).

Primeiramente, calculam-se a demanda média geral, a demanda média do último ciclo e a demanda média do penúltimo ciclo de sazonalidade. Os resultados são 678,18, 783,25 e 710,25, respectivamente. Com isso, podem-se calcular o T_T inicial e o S_T inicial:

$$T_T = \frac{\bar{d}_{\text{último período}} - \bar{d}_{\text{penúltimo período}}}{L} = \frac{783,25 - 710,25}{4} = 18,25$$

$$S_T = \text{demanda média geral} + \left(\frac{T-1}{2}\right)T_T = 678,18 + \left(\frac{16-1}{2}\right)18,25 = 815,06$$

Após, podem-se calcular os valores iniciais dos fatores de sazonalidade. Por exemplo, para o primeiro trimestre de cada ano, tem-se:

$$F_t = \frac{d_t}{S_T - T_T(T-t)}$$

$$F_1 = \frac{d_1}{S_{16} - T_{16}(16-1)} = \frac{575}{815,06 - 18,25(16-1)} = 1,0622$$

$$F_5 = \frac{d_5}{S_{16} - T_{16}(16-5)} = \frac{593}{815,06 - 18,25(16-5)} = 0,9653$$

$$F_9 = \frac{d_9}{S_{16} - T_{16}(16-9)} = \frac{677}{815,06 - 18,25(16-9)} = 0,9850$$

$$F_{13} = \frac{d_{13}}{S_{16} - T_{16}(16-13)} = \frac{740}{815,06 - 18,25(16-13)} = 0,9733$$

A Tabela 1.10, a seguir, agrupa todos os valores dos fatores de sazonalidade.

Tabela 1.10 Fatores de Sazonalidade Calculados

	Ano 1	Ano 2	Ano 3	Ano 4	Média
Primeiro trimestre (t = 1, 5, 9, 13)	1,0622	0,9653	0,9850	0,9733	0,9965
Segundo trimestre (t = 2, 6, 10, 14)	1,0651	0,9801	1,0091	0,9954	1,0125
Terceiro trimestre (t = 3, 7, 11, 15)	1,1059	1,0756	1,0707	1,0856	1,0844
Quarto trimestre (t = 4, 8, 12, 16)	0,9328	0,8938	0,9123	0,9239	0,9157

Por fim, podem-se calcular as previsões de demanda para o próximo ano, da seguinte maneira:

$$P_{T+k} = (S_T + kT_T)F_{T+k-L}$$
$$P_{16+1} = (S_{16} + 1T_{16})F_{16+1-4} = [815,06 + (1)(18,25)](0,9965) = 830,36$$
$$P_{16+2} = (S_{16} + 2T_{16})F_{16+2-4} = [815,06 + (2)(18,25)](1,0125) = 862,17$$
$$P_{16+3} = (S_{16} + 3T_{16})F_{16+3-4} = [815,06 + (3)(18,25)](1,0844) = 943,26$$
$$P_{16+4} = (S_{16} + 4T_{16})F_{16+4-4} = [815,06 + (4)(18,25)](0,9157) = 813,19$$

Ressalta-se que o fator de sazonalidade utilizado foi o valor médio calculado. Por exemplo, para o cálculo da previsão para o período 17 o valor F_{13} utilizado não foi 0,9733 e sim 0,9965.

A outra forma de inicializar o método é com base em Makridakis *et al.* (1998):

a. O primeiro ciclo de sazonalidade termina no período 4 do primeiro ano, assim:

$$S_4 = \frac{1}{L}(d_1 + d_2 + ... + d_L) = \frac{1}{4}(d_1 + d_2 + d_3 + d_4) = \frac{1}{4}(575 + 596 + 639 + 556) = 591,5$$

$$T_4 = \frac{1}{4}\left[\left(\frac{d_{4+1} - d_1}{4}\right) + \left(\frac{d_{4+2} - d_2}{4}\right) + \left(\frac{d_{4+3} - d_3}{4}\right) + \left(\frac{d_{4+4} - d_4}{4}\right)\right] =$$

$$= \frac{1}{4}\left[\left(\frac{d_5 - d_1}{4}\right) + \left(\frac{d_6 - d_2}{4}\right) + \left(\frac{d_7 - d_3}{4}\right) + \left(\frac{d_8 - d_4}{4}\right)\right] =$$

$$= \frac{1}{4}\left[\left(\frac{593 - 575}{4}\right) + \left(\frac{620 - 596}{4}\right) + \left(\frac{700 - 639}{4}\right) + \left(\frac{598 - 556}{4}\right)\right] = 9,06$$

$$F_1 = \frac{d_1}{S_0} = \frac{575}{591,5} = 0,97; \quad F_2 = \frac{d_2}{S_0} = \frac{596}{591,5} = 1,01; \quad F_3 = \frac{d_3}{S_0} = \frac{639}{591,5} = 1,08; \quad F_4 = \frac{d_4}{S_0} = \frac{556}{591,5} = 0,94.$$

b. A partir do primeiro período do segundo ciclo de sazonalidade, e até o último período da série temporal, os valores de *S*, *T* e *F* são suavizados agora utilizando-se $\alpha = \beta = \gamma = 0{,}2$:

$$S_5 = \alpha\left(\frac{d_5}{F_{5-4}}\right) + (1-\alpha)(S_{5-1} + T_{5-1}) = 02\left(\frac{593}{0{,}97}\right) + 0{,}8(591{,}5 + 9{,}06) = 602{,}45$$

$$T_5 = \beta(S_5 - S_{5-1}) + (1-\beta)T_{5-1} = 0{,}2(602{,}45 - 591{,}5) + (0{,}8)(9{,}06) = 9{,}43$$

$$F_5 = \gamma\left(\frac{d_5}{S_5}\right) + (1-\gamma)F_{5-4} = 0{,}2\left(\frac{593}{602{,}45}\right) + (0{,}8)(0{,}97) = 0{,}97$$

$$S_6 = \alpha\left(\frac{d_6}{F_{6-4}}\right) + (1-\alpha)(S_{6-1} + T_{6-1}) = 02\left(\frac{620}{1{,}01}\right) + 0{,}8(602{,}45 + 9{,}43) = 612{,}58$$

$$T_6 = \beta(S_6 - S_{6-1}) + (1-\beta)T_{6-1} = 0{,}2(612{,}58 - 602{,}45) + (0{,}8)(9{,}43) = 9{,}58$$

$$F_6 = \gamma\left(\frac{d_6}{S_6}\right) + (1-\gamma)F_{6-4} = 0{,}2\left(\frac{620}{612{,}58}\right) + (0{,}8)(1{,}01) = 1{,}01$$

Esses cálculos devem prosseguir até que se chegue em S_{16}, T_{16} e F_{16}. A Tabela 1.11, a seguir, mostra os resultados para cada um desses cálculos.

Tabela 1.11 Resultados dos Cálculos Realizados

Ano	Trimestre	Período	d_t	S_t	T_t	F_t
1	1	1	575	–	–	0,97
	2	2	596	–	–	1,01
	3	3	639	–	–	1,08
	4	4	556	591,50	9,06	0,94
2	1	5	593	602,45	9,44	0,97
	2	6	620	612,58	9,58	1,01
	3	7	700	627,32	10,61	1,09
	4	8	598	637,58	10,54	0,94
3	1	9	677	657,43	12,40	0,99
	2	10	712	677,07	13,85	1,02
	3	11	775	695,27	14,72	1,09
	4	12	677	712,10	15,14	0,94
4	1	13	740	731,96	16,09	0,99
	2	14	775	750,83	16,64	1,02
	3	15	865	772,27	17,60	1,10
	4	16	753	791,81	17,99	0,94

Por fim, podem-se calcular as previsões de demanda para o próximo ano, da seguinte maneira:

$$P_{16+1} = (S_{16} + 1T_{16})F_{16+1-4} = [791,81 + (1)(17,99)](0,99) = 802,24$$

$$P_{16+2} = (S_{16} + 2T_{16})F_{16+2-4} = [791,81 + (2)(17,99)](1,02) = 844,46$$

$$P_{16+3} = (S_{16} + 3T_{16})F_{16+3-4} = [791,81 + (3)(17,99)](1,10) = 928,92$$

$$P_{16+4} = (S_{16} + 4T_{16})F_{16+4-4} = [791,81 + (4)(17,99)](0,94) = 815,08$$

(8) Supondo que as vendas reais no décimo sétimo período do Exemplo 7 tenham sido de 850 inseticidas, atualize o modelo.

Solução

Para resolver o problema, são utilizados $\alpha = \beta = \gamma = 0,2$ e os resultados da primeira forma como foi resolvido o Exemplo 7.

$$S_T = \alpha \left(\frac{d_T}{F_{T-L}}\right) + (1-\alpha)(S_{T-1} + T_{T-1})$$

$$S_{17} = 0,2\left(\frac{d_{17}}{F_{13}}\right) + 0,8(S_{16} + T_{16}) = 0,2\left(\frac{850}{0,9965}\right) + 0,8(815,06 + 18,25) = 837,25$$

$$T_T = \beta(S_T - S_{T-1}) + (1-\beta)T_{T-1}$$

$$T_{17} = 0,2(S_{17} - S_{16}) + 0,8T_{16} = 0,2(837,25 - 815,06) + (0,8)(18,25) = 19,04$$

$$F_t = \gamma\left(\frac{d_T}{S_T}\right) + (1-\gamma)F_{T-L}$$

$$F_{17} = 0,2\left(\frac{d_{17}}{S_{17}}\right) + 0,8F_{13} = 0,2\left(\frac{850}{837,25}\right) + (0,8)(0,9965) = 1,00$$

Ressalta-se que o fator de sazonalidade utilizado foi o valor médio calculado, ou seja, o valor F_{13} utilizado não foi 0,9733 e sim 0,9965.

1.3 Exercícios propostos

Quando não estipulado, utilize $\alpha = \beta = \gamma = 0,1$.

1. Um fabricante de cartuchos de impressora acredita que exista uma relação causal entre as vendas de computadores pessoais e as vendas de cartuchos de impressora. A Tabela 1.12, a seguir, mostra as vendas de computadores (em milhares) e as vendas de cartuchos

(em milhares). Qual a previsão de vendas de cartuchos, se forem vendidos 55.000 computadores?

Tabela 1.12 Vendas de Computadores e de Cartuchos

Computadores	Cartuchos	Computadores	Cartuchos	Computadores	Cartuchos
70	155	66	156	62	132
63	150	70	168	67	145
72	180	74	178	65	139
60	135	65	160	68	152

2. Suponha que a Tabela 1.13, a seguir (em milhares de toneladas), mostre as vendas mensais de determinada marca de cimento, para os últimos quatro meses. Qual a previsão para as semanas 17 e 18? Se a demanda real da semana 17 for 76, qual a nova previsão para a semana 18?

Tabela 1.13 Vendas de Cimento nos Últimos Quatro Meses

Semana	Vendas	Semana	Vendas	Semana	Vendas	Semana	Vendas
1	43	5	50	9	62	13	57
2	57	6	61	10	74	14	78
3	71	7	85	11	86	15	102
4	46	8	47	12	48	16	61

3. Considere a Tabela 1.14, a seguir, que mostra uma série temporal com registros de vendas de determinado produto. Qual o comportamento da série? Faça a previsão para o período 9.

Tabela 1.14 Série Temporal com Registro de Vendas

t	1	2	3	4	5	6	7	8
d_t	990	900	820	730	615	500	440	320

4. Considere a Tabela 1.15, a seguir, com dados de vendas e previsões para um determinado produto brasileiro exportado para a China. Calcule as seguintes medidas de erro: somatória de erros de previsão, desvio absoluto médio, porcentagem média absoluta e sinal de rastreamento. Faça o gráfico do SR. Os erros estão sendo causados por aleatoriedade?

Tabela 1.15 Vendas e Previsões de um Produto Exportado

	Janeiro	Fevereiro	Março	Abril	Maio	Junho	Julho
Previsão	150,00	190,00	160,00	50,00	70,00	40,00	50,00
Vendas	170,00	150,00	220,00	200,00	50,00	85,00	40,00

5. Um gerente de vendas da companhia Bags, fabricante de bolsas para *notebook*, encontrou nos relatórios da empresa uma previsão de vendas de 5580; no entanto, não havia nenhuma relação dessa previsão com o período para o qual ela fora estipulada. Nesse relatório apenas havia os seguintes dados: data da realização do relatório = maio de 2010; previsão suavizada exponencialmente mais recente = 5000; tendência linear de crescimento de vendas anual = 1392. Para qual período (mês) este relatório fazia a previsão de vendas?

6. Uma companhia de seguros deseja fazer uma projeção de vendas para o estado de Minas Gerais. O gerente geral, por acreditar que as vendas de seguros de vida são influenciadas fortemente pela renda *per capita* da região, coletou os dados da Tabela 1.16 a seguir, referentes ao estado de MG. De acordo com esses dados, qual a previsão de vendas de seguros de vida no estado, se a renda *per capita* for de R$1500,00?

Tabela 1.16 Vendas de Seguros e Renda

Renda	Vendas	Renda	Vendas	Renda	Vendas	Renda	Vendas
1160	229	790	161	1140	262	1140	237
1040	234	780	189	920	179	1070	224
1190	272	1040	226	970	204	990	209
960	196	1030	209	1100	234	1050	246

7. O gerente de produção de uma fábrica de aparelhos umidificadores de ambiente coletou uma série temporal dos últimos dois anos, conforme a Tabela 1.17 a seguir (em milhares). A partir dessa série temporal, qual a previsão de vendas de aparelhos umidificadores para agosto do próximo ano? E para dezembro do próximo ano?

Tabela 1.17 Vendas de Umidificadores de Ambiente nos Dois Últimos Anos

Meses	Vendas	Meses	Vendas	Meses	Vendas	Meses	Vendas
Janeiro	98	Julho	109	Janeiro	99	Julho	109
Fevereiro	85	Agosto	105	Fevereiro	86	Agosto	105
Março	95	Setembro	94	Março	95	Setembro	96
Abril	108	Outubro	85	Abril	111	Outubro	88
Maio	128	Novembro	85	Maio	130	Novembro	83
Junho	119	Dezembro	80	Junho	121	Dezembro	81

8. Seja a Tabela 1.18, a seguir, referente a um registro histórico de vendas das últimas dez semanas de um fabricante de ventiladores portáteis de baixa potência. Faça a previsão da demanda para os períodos 11, 12 e 13 por meio:

   a. do método da média simples;
   b. do método da média móvel, considerando os últimos cinco períodos;
   c. média móvel ponderada de três períodos com fatores de ponderação f_1 (para período mais recente) = 0,50; f_2 = 0,30; f_3 = 0,20.

Tabela 1.18 Vendas de Ventiladores Portáteis nas Últimas Dez Semanas

Semana	Vendas	Semana	Vendas
1	810	6	830
2	823	7	827
3	799	8	777
4	819	9	812
5	798	10	817

9. Considerando os dados do Exercício 8, faça agora a previsão para os períodos 11, 12 e 13 utilizando o método da suavização exponencial simples:
   a. com $\alpha = 0,1$
   b. com $\alpha = 0,2$
   c. com $\alpha = 0,3$

10. Utilizando como medida de erro o DAM, verifique qual valor da constante de suavização (0,1, 0,2 ou 0,3) melhor se adapta ao método da suavização exponencial simples do Problema 9.

11. Qual é o valor do coeficiente angular de uma reta de regressão linear que passa pelo ponto (0,0), sabendo que o número de pares ordenados que a gerou é igual a 24, que a demanda total é igual a 1920 e que a soma de todos os valores da variável independente (para os 24 pares ordenados) é igual a 240?

12. Considere a Tabela 1.19, a seguir, referente às vendas de frascos repelentes de 250 mL e o número de casos confirmados de dengue no interior do estado de São Paulo. Entre as funções exponencial, logarítmica e polinomial, qual é a regressão que mais bem representa os dados? Utilizando a equação de melhor ajuste, faça a previsão para o caso em que forem registrados 300 casos de dengue.

Tabela 1.19 Vendas de Frascos Repelentes

Casos	Vendas	Casos	Vendas
50	150	190	1780000
80	1000	120	160000
100	2000	190	1800000
30	50	10	30
30	30	150	1000000
20	15	170	2400000
140	11000	100	22000
200	3000000	160	4000000
180	660000	110	60000
150	35000	40	55

13. Um fabricante de tecidos de algodão acredita que a demanda por um tipo de tecido possa ser estimada em função de duas variáveis independentes: imposto cobrado pelo produto importado e preço do algodão no mercado interno (sem defasagem). A Tabela 1.20, a seguir,

mostra os valores dessas variáveis e a demanda ocorrida nos últimos 20 períodos. Encontre o modelo de regressão múltipla e calcule a previsão de vendas no caso em que a taxa de imposto seja de 15% e o preço do algodão seja 76.

Tabela 1.20 Preço, Taxa de Imposto e Demanda de um Tecido de Algodão

Taxa	Preço	Demanda	Taxa	Preço	Demanda
11	91	1713	21	92	5207
22	80	4439	19	82	5075
20	88	5012	19	93	4971
22	85	4741	25	86	3794
13	94	2613	14	84	4152
23	83	4436	24	90	4585
23	82	4257	24	94	4854
10	87	1520	22	81	4497
24	84	4092	12	93	2086
21	89	5040	18	88	4918

14. Uma fábrica de doces caseiros possui uma série temporal registrada das últimas 16 semanas, conforme a Tabela 1.21, a seguir. O gerente de produção recém-contratado elaborou um gráfico a partir dessa série e observou que há um ponto que destoa muito dos demais pontos da série. Ao consultar o gerente de vendas da empresa, foi-lhe informado que a semana em questão foi uma semana atípica de vendas, pois houve uma grande promoção para zerar os estoques. Que ponto é esse? Como você faria para poder utilizar a série para prever vendas futuras? Com base nessa proposta de contornar o problema, qual seria a previsão de vendas para o período 19?

Tabela 1.21 Vendas de Doces Caseiros das Últimas 16 Semanas

Semana	Demanda	Semana	Demanda
1	132	9	129
2	98	10	100
3	55	11	480
4	99	12	100
5	121	13	130
6	89	14	95
7	60	15	57
8	111	16	106

15. Considere a seguinte série temporal: 716, 682, 777, 796, 881, 845, 777, 728, 690, 701, 672, 707, 729, 688, 792, 816, 899, 868, 801, 749, 708, 713, 687, 726, 762, 750, 834, 855, 933, 892, 822, 776, 734, 742, 722, 770, 798, 755, 860, 875, 947, 916, 851, 792, 747, 754, 731, 771, 821,

771, 892, 915, 982, 966, 891, 845, 802, 809, 783, 834, 864, 809, 923, 950, 1013, 989, 929, 875, 826, 833, 801, 846. Faça um gráfico dessa série utilizando uma planilha eletrônica. Qual é o padrão de comportamento da série? Faça um gráfico de linhas separando os períodos convenientemente para visualizar de maneira diferente o comportamento da série, e comprove se sua sugestão por meio do primeiro gráfico está correta.

16. Na Tabela 1.22, a seguir, estão quatro séries temporais de quatro produtos diferentes. Faça o gráfico de cada uma das séries temporais. Quais são os padrões de comportamento de cada uma das séries correspondentes aos produtos A, B, C e D?

Tabela 1.22 Séries Temporais dos Produtos A, B, C e D

t	Produto A	Produto B	Produto C	Produto D
1	869	77	221	130
2	850	91	220	144
3	833	98	220	151
4	855	98	217	151
5	871	84	213	137
6	845	70	215	123
7	829	70	210	123
8	845	63	212	116
9	844	56	208	109
10	871	42	204	95
11	870	49	205	102
12	833	70	204	123
13	860	78	206	155
14	844	90	201	174
15	869	97	200	183
16	836	98	198	183
17	851	81	198	164
18	874	69	199	146
19	852	70	197	146
20	844	64	195	136
21	866	57	193	127
22	827	43	194	108
23	843	47	192	118
24	867	74	191	146

17. Considere o produto A da Tabela 1.22 e responda:
    a. Qual(is) método(s) é(são) adequado(s) para realizar a previsão de demanda desse produto?
    b. Utilize o(um dos) método(s) identificado(s) para realizar a previsão para os próximos três períodos. Quais são as previsões para tais períodos?

18. Considere o produto B da Tabela 1.22 e responda:
   a. Qual(is) método(s) é(são) adequado(s) para realizar a previsão de demanda desse produto?
   b. Utilize o(um dos) método(s) identificado(s) para realizar a previsão para os próximos três períodos. Quais são as previsões para tais períodos?

19. Considere o produto C da Tabela 1.22 e responda:
   a. Qual(is) método(s) é(são) adequado(s) para realizar a previsão de demanda desse produto?
   b. Utilize o(um dos) método(s) identificado(s) para realizar a previsão para os próximos três períodos. Quais são as previsões para tais períodos?

20. Considere o produto D da Tabela 1.22 e responda:
   a. Qual(is) método(s) é(são) adequado(s) para realizar a previsão de demanda desse produto?
   b. Utilize o(um dos) método(s) identificado(s) para realizar a previsão para os próximos três períodos. Quais são as previsões para tais períodos?

2

Planejamento agregado

O planejamento agregado, ou Sales & Operations Planning (S&OP), define os volumes produtivos das famílias de produtos no médio prazo. Por ser um plano de médio prazo, as unidades são agregadas; por isso os produtos são agrupados em famílias.

Uma família de produtos é o conjunto de produtos finais cujas características de processo são similares, portanto, são produtos que compartilham os mesmos recursos produtivos para serem fabricados. Além da família de produtos, outras unidades também podem e normalmente são agregadas. Para representar os produtos agregados deve-se usar uma unidade de medida comum, por exemplo, tempo ou dinheiro. Como exemplo, suponha três produtos, A, B e C, que requerem 6 horas, 2,5 horas e 0,5 hora, respectivamente, para serem produzidos.

*Para converter a demanda mensal desses produtos na demanda mensal de horas produtivas, bastaria multiplicar o tempo necessário para produzir cada unidade de cada produto pela quantidade demandada de cada um e somar os resultados. Se a demanda de A for 300, de B for 200 e de C for 1000, então a demanda para essa família de produtos em termos de horas produtivas é: 6*300+2,5*200+0,5*1000 = 2800 horas.*

As principais decisões a serem tomadas, além do quanto produzir, dizem respeito a mudanças na força de trabalho, subcontratação, horas extras e níveis de estoque. Para a elaboração deste plano são fundamentais a análise de capacidade, a formação das famílias de produtos e a determinação das unidades de agregação.

Resumo teórico

Por se tratar de um plano tático de produção, o planejamento agregado faz o elo entre as decisões da alta gerência e a manufatura para que os objetivos da empresa sejam atingidos.

Embora os objetivos de desempenho possam ser diferentes, normalmente para a elaboração do plano agregado a minimização do custo total é o objetivo almejado. Os principais custos envolvidos são: de produção, estocagem (manutenção de estoques), contratação e demissão de pessoal, horas extras, subcontratação e falta/atraso.

Para minimizar o somatório desses custos, necessariamente deve-se utilizar um método exato; por exemplo, modelos de programação linear ou inteira. Por outro lado, se a intenção é encontrar uma boa solução, não necessariamente ótima, podem-se utilizar métodos não exatos – comumente com o auxílio de planilhas.

Método exato

Nesta seção é apresentado um modelo de programação linear para encontrar o plano de produção que minimiza os custos de produção, força de trabalho (mão de obra), contratação, demissão, estocagem e horas extras.

Para isso, considere os seguintes parâmetros:

T = tamanho do horizonte de planejamento, em períodos;
t = índice dos períodos (t = 1, 2, 3, ..., T);
D_t = demanda prevista para o período t;
n_t = número de unidades que podem ser produzidas por um trabalhador no período t;
C_t^P = custo para produzir uma unidade no período t;
C_t^W = custo de um trabalhador no período t;
C_t^H = custo para contratar um trabalhador no período t;
C_t^L = custo para demitir um trabalhador no período t;
C_t^I = custo de estocagem de uma unidade no período t;
C_t^E = custo de uma unidade produzida com hora extra no período t.

Para este modelo de plano agregado, as variáveis de decisão são as seguintes:

P_t = unidades a serem produzidas no período t;
W_t = número de trabalhadores disponíveis no período t;
H_t = número de trabalhadores contratados no período t;
L_t = número de trabalhadores demitidos no período t;
I_t = número de unidades mantidas em estoque no final do período t;
E_t = número de unidades produzidas utilizando hora extra no período t.

> **2.1 Atenção**
>
> **Métodos exatos × métodos heurísticos**
>
> *Um método exato para solução de problemas é aquele que visa encontrar a melhor solução, ou seja, o resultado ótimo global. Em algumas situações a busca pela solução ótima é proibitiva, pois levar-se-ia muito tempo para encontrá-la.*
>
> *Um método heurístico para solução de problemas é aquele que visa encontrar rapidamente uma solução satisfatória. Dessa forma, por um lado um método exato garante que a solução encontrada é ótima, mas sua utilização é restrita. Por outro lado, um método heurístico não garante que a solução encontrada é ótima, mas sua utilização é abrangente.*

Para a execução do plano de produção as restrições típicas são com relação a capacidade, balanço de material e força de trabalho.

Para a produção não exceder a capacidade, deve-se considerar a quantidade máxima que o número de trabalhadores pode produzir em cada período. Matematicamente, tem-se que:

$$P_t \leq n_t W_t \qquad t = 1, 2, \ldots T$$

A *quantidade de trabalhadores* em cada período dependerá da disponibilidade inicial de trabalhadores e de quantos foram demitidos e contratados em cada período; assim, tem-se matematicamente a seguinte restrição:

$$W_t = W_{t-1} + H_t - L_t \qquad t = 1, 2, \ldots, T$$

Já com relação ao balanço de materiais, sabe-se que o *estoque* de um período será o resultado da soma do estoque do período anterior com a produção do período (produção normal ou por horas extras) e da subtração da quantidade demandada no período. Matematicamente, tem-se:

$$I_t = I_{t-1} + P_t + E_t - D_t \qquad t = 1, 2, \ldots, T$$

Por fim, deve-se definir a não negatividade das variáveis:

$$P_t, W_t, H_t, L_t, I_t, E_t \geq 0 \qquad t = 1, 2, \ldots, T$$

Com isso, a função objetivo deve minimizar o somatório dos custos, da seguinte forma:

$$\text{Minimizar } z = \sum_{t=1}^{T}(C_t^P P_t + C_t^W W_t + C_t^H H_t + C_t^L L_t + C_t^I I_t + C_t^E E_t)$$

O modelo citado pode facilmente ser implementado e resolvido por meio de *softwares* ou então por meio de solucionadores disponíveis em planilhas eletrônicas.

2.2 Atenção

Solver do Microsoft Excel®

O Microsoft Excel® possui uma ferramenta chamada Solver que pode ser utilizada para modelar e resolver problemas de programação linear e programação inteira.

Para ativar esse complemento, siga os seguintes passos:

1. *Clique em **Arquivo**, em seguida em **Opções** e depois em **Suplementos**;*
2. *Na caixa **Gerenciar**, clique em **Suplementos do Microsoft Excel**® e, em seguida, em **Ir**;*
3. *Na caixa de diálogo **Suplementos**, em Suplementos disponíveis, marque a caixa de seleção **Solver** e clique em **Ok**;*
4. *Na caixa de diálogo que se abrir clique em **sim** para instalar o complemento.*

*O botão do Solver estará disponível na guia **Dados**, no grupo **Análise**.*

2.1.2 Método de planilhas

O *método de planilhas* consiste em tomar as decisões relativas ao planejamento agregado utilizando uma abordagem do tipo tentativa e erro. Isso não significa que em todos os planejamentos serão testadas todas as possibilidades, mas que diferentes cenários serão simulados para se encontrar rapidamente uma solução satisfatória. Esses cenários normalmente estarão dentro de um conjunto de soluções possíveis e potencialmente boas, de acordo com a situação da empresa e da experiência do planejador.

Há basicamente duas abordagens para a geração de planos agregados utilizando o método de planilhas: *zero estoques* (com contratações e demissões) e *força de trabalho nivelada*. A abordagem da força de trabalho nivelada, em situações em que a demanda não é constante, pode exigir a contratação de horas extras, a subcontratação de parte da produção ou até causar a falta de produtos. Resumidamente, essas abordagens consistem em:

a. Acompanhar a demanda: não há formação de estoques e produz-se exatamente a quantidade demandada. Para isso, devem-se contratar e demitir trabalhadores para alterar o volume de produção. A vantagem é evitar custos com estoque; por outro lado, a desvantagem são problemas gerados por constantes contratações e demissões;
b. Manter a força de trabalho constante, permitindo faltas: a quantidade de trabalhadores é mantida a mesma ao longo do horizonte de planejamento. Os estoques gerados em períodos nos quais a demanda for menor que a capacidade produtiva podem ser utilizados em períodos nos quais a demanda é maior que a capacidade produtiva. As desvantagens são os custos com faltas, estoques e não atendimento de demandas; a vantagem é manter o número de trabalhadores baixo e, consequentemente, um custo de mão de obra baixo;
c. Manter a força de trabalho constante, não permitindo faltas: o número de trabalhadores a ser mantido ao longo do horizonte de planejamento deve ser suficiente para atender à demanda em qualquer período, ou seja, não há perda de vendas. Gera mais estoques relativamente ao anterior, porém todas as demandas são atendidas e, assim, não há custos com faltas;
d. Manter a força de trabalho constante, utilizando horas extras ou subcontratação: nos períodos em que a força de trabalho não for suficiente para atender a demanda, devem-se utilizar horas extras ou subcontratar a produção. A vantagem é a fácil implantação, mas geram-se custos adicionais relativamente aos casos anteriores.

Normalmente, na prática, utilizam-se as formas acima de maneira conjunta, combinando-as de modo a aproveitar as vantagens de cada uma.

2.3 Atenção

Horizonte de planejamento

Horizonte de planejamento é o tamanho do tempo futuro sobre o qual se tem interesse ou em que seja possível tomar decisões.

Na prática, normalmente se divide o horizonte de planejamento em longo, médio e curto prazos, cada um deles tendo tamanho que depende do negócio em questão. Para uma multinacional o longo prazo pode ser 30 anos, mas para uma microempresa pode ser 1 ano.

Quanto ao formato do plano agregado, o mais comum é a utilização de uma matriz em que as colunas representam os períodos de planejamento (normalmente mensal) e as linhas especificam:

a. o número de dias úteis para produção em cada período;
b. a capacidade produtiva em cada período, como quantidade que pode ser produzida por trabalhador por período;
c. a demanda prevista por período;
d. os trabalhadores necessários por período;
e. os trabalhadores disponíveis por período;
f. os trabalhadores a serem contratados por período;
g. o custo de contratação por período;
h. os trabalhadores demitidos por período;
i. o custo de demissão por período;
j. os trabalhadores utilizados por período;
k. o custo da mão de obra por período;
l. as unidades produzidas por período (limitada pela capacidade produtiva);
m. as unidades produzidas com horas extras por período;
n. os custos de horas extras por período;
o. as unidades subcontratadas por período;
p. o custo de subcontratação por período;
q. o estoque no final de cada período;
r. o custo de estocagem por período;
s. o custo de falta por período;
t. o custo total (somatório dos custos de contratação, demissão, mão de obra, horas extras, subcontratação, estocagem e falta).

Idealmente, o cálculo do *custo de estocagem* por período deve ser feito considerando o estoque médio, que consiste na soma dos estoques inicial e final dividido por dois. Mas, na prática, o usual é fazer o custo de estocagem incidir sobre o estoque final do período, pois é difícil acompanhar os níveis de estoque ao longo de todo o período. Além disso, em alguns casos os estoques inicial e final podem ser planejados para serem iguais, o que faz com que o resultado do cálculo do custo de estocagem seja o mesmo independentemente se for usado o valor do estoque inicial, final ou médio.

Outra medida prática é não considerar os custos de produção (materiais, energia elétrica, depreciação de recursos etc.), pois se as quantidades totais produzidas forem as mesmas nos planos analisados, então tais custos serão os mesmos em todos os planos. Dessa forma, como esses custos serão constantes nos diferentes planos, para efeito de comparação entre planos não é necessário considerar os custos de produção.

Outra observação importante é que no custo de estocagem também deve estar embutido o custo de oportunidade. Com isso, torna-se desnecessário considerar o fluxo de caixa descontado.

O *custo de falta*, por sua vez, está normalmente associado à perda de lucro, à capacidade extra em outro período para se produzir o que faltou, à ociosidade (pela falta do item) e à insatisfação do cliente.

Na seção dos exemplos são mostradas as equações utilizadas para o cálculo dos valores que representam as variáveis de decisão (preenchimento da matriz) na abordagem de planilhas.

2.1.3 Análise de capacidade no nível do planejamento agregado

Capacidade é o quanto um sistema produtivo pode fazer. Para uma montadora de automóveis seria quantos automóveis por hora pode produzir, para um hospital seria quantos pacientes pode atender por dia. Para satisfazer a demanda, a capacidade de um sistema deve excedê-la, pelo menos no longo prazo. No entanto, capacidade em excesso significa investimento desperdiçado. Pequenas mudanças na capacidade podem ser feitas no curto prazo, por exemplo, realização de horas extras; mudanças maiores requerem mais tempo como a expansão de uma planta produtiva.

No *planejamento agregado* considera-se que a capacidade instalada (instalações, máquinas, e outros recursos) já está disponível. Com isso, o plano agregado visa garantir compatibilidade entre a demanda e esses recursos apenas variando, se for o caso, a mão de obra. Por isso é importante diferenciar o planejamento de capacidade da análise de capacidade. No *planejamento de capacidade* decisões a respeito de mudanças consideráveis na capacidade são tomadas por exemplo, uma ampliação da fábrica ou compra de novas máquinas. Na *análise de capacidade* apenas se compara a carga de trabalho exigida pelo plano com a capacidade já disponível na operação e, se for o caso, muda-se o plano para que seja viável ou compatível com a capacidade instalada.

A análise de capacidade no nível do planejamento agregado é chamada de *Resource Requirements Planning* (RRP) e visa garantir que o plano gerado seja viável. Basicamente, nesta análise verifica-se se as unidades a serem produzidas com a força de trabalho utilizada não excedem a capacidade máxima em cada período.

Embora as necessidades extras de capacidade em termos de subcontratação e/ou horas extras já tenham sido consideradas no próprio planejamento, no RRP isto é novamente calculado. A diferença é que no RRP a família de produtos é decomposta em volumes esperados de produção de cada produto final, o que pode resultar em diferentes níveis de capacidade necessários.

Uma forma de realizar o RRP é utilizando o *Fator Global de Utilização de Recursos* (FGUR). O FGUR é justamente a informação de quanto de cada centro de trabalho é consumido (por exemplo, em horas) para a produção de uma unidade do produto final. Sabendo-se isso e também a porcentagem de cada produto final no total a ser produzido da família, existem condições de realizar os cálculos que mostrarão quanta capacidade será necessária em cada centro de trabalho em cada período, com base no que se pretende produzir em termos da família de produtos (plano agregado).

Esses cálculos são relativamente simples, e consistem em multiplicar o total da família em cada período pela porcentagem do produto e pela carga horária unitária do produto. Fazendo-se isso para cada um dos produtos e somando-se os resultados parciais, tem-se o total de horas necessário em cada período.

2.1.4 Desagregação do planejamento agregado

Desagregar o planejamento agregado significa determinar a sequência e a quantidade a ser produzida de cada produto final. Uma forma de se fazer isso é considerando a prioridade de cada produto final da família (o que determinará a sequência) e quais serão os tamanhos dos lotes de produção. Se a empresa possuir tamanhos de lote predeterminados, basta determinar a sequência. Caso contrário, ainda é preciso decidir o quanto de cada produto será fabricado, respeitando o total da família (ou seja, o somatório das quantidades produzidas de cada produto final deve ser igual ao total estipulado no planejamento agregado, em cada período).

Um método que pode ser utilizado para esse fim é o método do *tempo de esgotamento*. Nesse método, a prioridade do produto é dada pela cobertura do estoque, ou seja, quanto maior a demanda prevista e menor a quantidade disponível em estoque, maior será sua prioridade relativa. Ainda segundo esse método, a quantidade a ser produzida pode ser obtida ao se estimar o quanto é necessário para atender a demanda durante a cobertura dos estoques.

A equação para determinação do tempo de esgotamento é a seguinte:

$$R_1 = \frac{I_i}{D_i}$$

em que:

R_i = tempo de esgotamento do produto i;
I_i = estoque disponível do produto i;
D_i = demanda do produto i.

Dessa forma, a sequência de produção deve ser de acordo com a ordem crescente dos tempos de esgotamento.

Para determinar a quantidade a ser produzida, deve-se introduzir o conceito do *tempo de esgotamento agregado*. O tempo de esgotamento agregado é o número de períodos que se levará para utilizar todo o estoque disponível mais as quantidades produzidas (ambos em quantidades agregadas) durante o período em consideração, assumindo que são consumidos a uma determinada taxa de demanda. Supondo como unidade agregada horas-máquinas e chamando de R' o tempo de esgotamento agregado, obtém-se:

$$R' = \frac{\sum_{i=1}^{n} r_i I_i + T}{\sum_{i=1}^{n} r_i D_i}$$

em que r_i é a taxa de produção para o produto i ($i = 1, 2, 3, ..., n$).

Deve-se produzir na ordem crescente do tempo de esgotamento, e a quantidade produzida de cada produto será uma fração do tempo de esgotamento agregado, da seguinte forma:

$$Q_i = R' D_i - I_i$$

Essa equação determina o quanto é necessário para atender a demanda durante o período em que se estimou que os estoques iriam durar, menos esses estoques. Por isso multiplica-se o tempo de esgotamento agregado (que representa quanto tempo irão durar os estoques) pela demanda (que significa o quanto será consumido) e subtrai-se do estoque do item (que representa a quantidade que será consumida ao longo do tempo de esgotamento).

2.2 Exemplos

1) Uma fábrica de componentes automotivos produz mais de 80 diferentes tipos de produtos. O processo produtivo não varia muito entre os diferentes produtos, porém os materiais e os tempos necessários são bastante diferentes. Considerando essas diferenças, os produtos podem ser agrupados em seis famílias. A previsão de vendas para uma dessas famílias, diga-se a família A, e o número de dias úteis para o segundo semestre é dado na Tabela 2.1 a seguir.

Observação

Os cálculos foram realizados utilizando-se uma planilha eletrônica; por isso os resultados, se comparados com cálculos realizados em calculadoras de mão, podem ser diferentes.

Tabela 2.1 Demanda e Dias Úteis para o Segundo Semestre

Mês	Julho	Agosto	Setembro	Outubro	Novembro	Dezembro	Total
Demanda	4233	4625	5129	5731	4821	4037	28676
Dias úteis	21	23	21	20	20	22	127

No último ano a fábrica produziu 58.109 produtos. Houve 251 dias de trabalho nesse ano e trabalharam em média 46 trabalhadores, em turnos diários de 8 horas. Os custos de produção, exceto do trabalho, são constantes ao longo do ano, podendo, portanto, ser ignorados para a elaboração do plano agregado. Os demais custos incluídos são: custo de estocagem, em um valor de R$ 5,00 por unidade por mês; custo de contratação, em um valor de R$ 400,00 por trabalhador; custo de demissão, em um valor de R$ 500,00 por trabalhador; custo salarial, em um valor de R$ 10,00 por hora trabalhada. Atualmente há 49 trabalhadores disponíveis na produção. No início de julho não há estoque de produtos da família A. Faça o planejamento agregado da produção para a família de produtos A de acordo com o método de planilha, acompanhando a demanda (política de zero estoques).

Solução

Primeiramente, deve-se calcular a capacidade produtiva da fábrica que, neste caso, é dada pela divisão entre a quantidade produzida no ano pelo número de trabalhadores-dia. De acordo com os dados, foram produzidos 58.109 produtos, utilizando 251 dias e 46 trabalhadores. Dessa forma, a quantidade média que um trabalhador pode fazer por dia é:

$$\frac{58109 \text{ produtos/ano}}{(251)(46) \text{ trabalhador-dia/ano}} = 5,03 \approx 5 \text{ produtos/trabalhador-dia}$$

Dessa forma, para saber, mês a mês, qual a quantidade de produtos que podem ser produzidos, basta multiplicar o valor acima pelo número de dias de trabalho disponíveis no mês. O resultado é dado pela Tabela 2.2 a seguir.

Tabela 2.2 Resultado para os Cálculos de Unidades por Trabalhador por Mês

Mês	Julho	Agosto	Setembro	Outubro	Novembro	Dezembro
Unidades por trabalhador por mês	105	115	105	100	100	110

Para acompanhar a demanda, devem-se contratar e demitir trabalhadores mês a mês. Para calcular o número de trabalhadores necessários, deve-se dividir o valor da demanda mensal por essa quantidade de unidades por trabalhador por mês:

$$\text{Trabalhadores necessários} = \frac{\text{demanda/mês}}{\text{unidades/trabalhador/mês}}$$

Por exemplo, para o mês de julho, o número de trabalhadores necessário é:

$$\text{Trabalhadores necessários em julho} = \frac{4233}{105} = 40,3 \rightarrow 41.$$

Neste caso, arredonda-se o valor para cima, considerando que não é permitido trabalhadores em tempo parcial. Os resultados, para cada mês, estão na Tabela 2.3 a seguir.

Tabela 2.3 Número de Trabalhadores Necessários por Mês

Mês	Julho	Agosto	Setembro	Outubro	Novembro	Dezembro
Trabalhadores necessários	41	41	49	58	49	37

A partir desses resultados, pode-se decidir quantos trabalhadores contratar ou demitir em cada mês. Para isso, utilizam-se as seguintes equações:

Trabalhadores contratados = máximo {0, trabalhadores necessários – trabalhadores disponíveis}

Trabalhadores demitidos = máximo {0, trabalhadores disponíveis – trabalhadores necessários}

Por exemplo, no início de julho há 49 trabalhadores; então,

Trabalhadores contratados em julho = máximo {0, 41 – 49} = máximo {0, –8} = 0;
Trabalhadores demitidos em julho = máximo {0, 49 – 41} = máximo {0, 8} = 8.

De acordo com a quantidade de contratações e demissões, incidirão os custos de contratação e demissão. Por exemplo, em julho, como serão demitidos oito trabalhadores, o custo de demissão para esse mês será igual a (8)(500) = R$ 4.000,00.

Os resultados desses cálculos para o semestre estão listados na Tabela 2.4 a seguir.

Tabela 2.4 Contratações e Demissões

Mês	Julho	Agosto	Setembro	Outubro	Novembro	Dezembro
Trabalhadores necessários	41	41	49	58	49	37
Trabalhadores contratados	0	0	8	9	0	0
Custo de contratação	0	0	3200	3600	0	0
Trabalhadores demitidos	8	0	0	0	9	12
Custo de demissão	4000	0	0	0	4500	6000

O número de trabalhadores utilizados, portanto, será igual a:

Trabalhadores utilizados no período = trabalhadores utilizados no período anterior + trabalhadores contratados no período – trabalhadores demitidos no período.

Em cada um dos meses, os trabalhadores serão pagos de acordo com o turno de 8 horas e o número de dias trabalhados. Por exemplo, em julho, como serão utilizados 41 trabalhadores, ter-se-á:

Custo de mão de obra em julho = (R$ 10/hora) (8 horas/dia) (21 dias) (41 trabalhadores) =
= R$ 68.880,00.

A Tabela 2.5, a seguir, lista os custos de mão de obra para o semestre.

Tabela 2.5 Custo da Mão de Obra

Mês	Julho	Agosto	Setembro	Outubro	Novembro	Dezembro
Custo de mão de obra	68.880	75.440	82.320	92.800	78.400	65.120

Para calcular a capacidade produtiva, deve-se multiplicar o número de trabalhadores pelo número de dias pelo número de unidades/trabalhador/dia. Ou, equivalentemente, pode-se multiplicar o número de trabalhadores utilizados pelo número de unidades/trabalhador/mês. Por exemplo, para o mês de julho tem-se:

Capacidade em julho = (41 trabalhadores) (105 unidades/trabalhador/mês) = 4305 unidades.

No entanto, como a demanda para o mês de julho é de 4233 unidades, deve-se produzir apenas essa quantidade, pois o método que está sendo seguido é o de zero estoques, ou seja:

Unidades produzidas em julho = mínimo {Demanda, Capacidade} = mínimo {4233,4305} = 4233

As capacidades e a quantidade a ser produzida para o semestre estão na Tabela 2.6 a seguir.

Tabela 2.6 Capacidade e Unidades Produzidas

Mês	Julho	Agosto	Setembro	Outubro	Novembro	Dezembro
Capacidade	4305	4715	5145	5800	4900	4070
Unidades produzidas	4233	4625	5129	5731	4821	4037

Como será produzida a exata quantidade demandada, não haverá custos de estocagem ou custos de falta. Como não serão utilizadas horas extras ou subcontratação, também não haverá custos relacionados a isso.

A matriz completa, que consiste no agrupamento das tabelas anteriores, é mostrada a seguir na Tabela 2.7.

Tabela 2.7 Planejamento Agregado Completo

	Julho	Agosto	Setembro	Outubro	Novembro	Dezembro	Total
Dias	21	23	21	20	20	22	127
Unidades/trabalhador/mês	105	115	105	100	100	110	635
Demanda	4233	4625	5129	5731	4821	4037	28.576
Trabalhadores necessários	41	41	49	58	49	37	275
Trabalhadores disponíveis	49	41	41	49	58	49	287
Trabalhadores contratados	0	0	8	9	0	0	17
Custo de contratação	0	0	3200	3600	0	0	6800
Trabalhadores demitidos	8	0	0	0	9	12	29

(*continua*)

Capítulo 2

Tabela 2.7 Planejamento Agregado Completo (*continuação*)

	Julho	Agosto	Setembro	Outubro	Novembro	Dezembro	Total
Custo de demissão	4000	0	0	0	4500	6000	14.500
Trabalhadores utilizados	41	41	49	58	49	37	275
Custo da mão de obra	68.880	75.440	82.320	92.800	78.400	65.120	462.960
Unidades produzidas	4233	4625	5129	5731	4821	4037	28.576
Unidades produzidas com horas extras	0	0	0	0	0	0	0
Custos com horas extras	0	0	0	0	0	0	0
Unidades subcontratadas	0	0	0	0	0	0	0
Custos com subcontratação	0	0	0	0	0	0	0
Estoque	0	0	0	0	0	0	0
Custo de estocagem	0	0	0	0	0	0	0
Custo de falta	0	0	0	0	0	0	0
Custo total	72.880	75.440	85.520	96.400	82.900	71.120	R$ 484.260,00

Pode-se concluir que o custo total segundo o método de acompanhamento da demanda, para este caso, é de R$ 484.260,00.

2.4 Atenção

Resolvendo o Exemplo 1 usando o Microsoft Excel®

Para resolver o Exemplo 1 usando uma planilha do Microsoft Excel®, siga os seguintes passos:

Preparando a planilha

1. Nas células de A1 a A5 digite "Unidades/trabalhador/dia", "Custo de contratação por trabalhador", "Custo de demissão por trabalhador", "Horas por dia de trabalho" e "Salário por hora de trabalho", respectivamente.
2. Nas células de A6 a A20 digite "Mês", "Dias", "Unidades/trabalhador/mês", "Demanda", "Trabalhadores necessários", "Trabalhadores disponíveis", "Trabalhadores contratados", "Custo de contratação", "Trabalhadores demitidos", "Custo de demissão", "Trabalhadores utilizados", "Custo da mão de obra", "Unidades produzidas", "Estoque" e "Custo total", respectivamente.
3. Na célula B6 digite "julho" e pressione Enter; deixando a célula B6 selecionada, posicione o cursor do mouse sobre o canto inferior direito da célula (que ficará em formato de "+"), clique e segure o botão esquerdo do mouse e em seguida arraste para a direita até a célula G6 e solte o botão do mouse; com isso, os meses de agosto a dezembro serão automaticamente preenchidos.
4. Na célula H19 digite "Total".

Preenchendo os dados do problema

5. Nas células de B1 a B5 digite "5", "400", "500", "8" e "10", respectivamente.

6. Nas células de B7 a G7 digite os valores "21", "23", "21", "20", "20" e "22", respectivamente, que são os números de dias de cada mês.

7. Na célula B11 digite o valor "49", que é o número de trabalhadores atual, ou seja, o número de trabalhadores disponíveis no mês de julho.

8. Nas células de B9 a G9 digite os valores "4233", "4625", "5129", "5731", "4821" e "4037", respectivamente, que representam as demandas mensais.

Resolvendo o problema

9. Para determinar o número de unidades por trabalhador por mês, na célula B8 digite "=B7*$B$1" e pressione Enter; deixando a célula B8 selecionada, posicione o cursor do mouse sobre o canto inferior direito da célula (que ficará em formato de "+"), clique e segure o botão esquerdo do mouse e em seguida arraste para a direita até a célula G8 e solte o botão do mouse; com isso, a mesma fórmula será expandida para essas células.

10. Para determinar o número de trabalhadores necessários em cada mês, na célula B10 digite "=ARREDONDAR.PARA.CIMA(B9/B8;0)" e pressione Enter; deixando a célula B10 selecionada, posicione o cursor do mouse sobre o canto inferior direito da célula (que ficará em formato de "+"), clique e segure o botão esquerdo do mouse e em seguida arraste para a direita até a célula G10 e solte o botão do mouse; com isso, a mesma fórmula será expandida para essas células.

11. Para determinar o número de trabalhadores disponíveis no início de cada mês, na célula C11 digite "=B10" e pressione Enter; deixando a célula C11 selecionada, posicione o cursor do mouse sobre o canto inferior direito da célula (que ficará em formato de "+"), clique e segure o botão esquerdo do mouse e em seguida arraste para a direita até a célula G11 e solte o botão do mouse; com isso, a mesma fórmula será expandida para essas células.

12. Para determinar o número de trabalhadores a serem contratados em cada mês, na célula B12 digite "=MÁXIMO(0;B10-B11)" e pressione Enter; deixando a célula B12 selecionada, posicione o cursor do mouse sobre o canto inferior direito da célula (que ficará em formato de "+"), clique e segure o botão esquerdo do mouse e em seguida arraste para a direita até a célula G12 e solte o botão do mouse; com isso, a mesma fórmula será expandida para essas células.

13. Para calcular o custo de contratação em cada mês, na célula B13 digite "=B12*$B$2" e pressione Enter; deixando a célula B13 selecionada, posicione o cursor do mouse sobre o canto inferior direito da célula (que ficará em formato de "+"), clique e segure o botão esquerdo do mouse e em seguida arraste para a direita até a célula G13 e solte o botão do mouse; com isso, a mesma fórmula será expandida para essas células.

14. Para determinar o número de trabalhadores a serem demitidos em cada mês, na célula B14 digite "=MÁXIMO(0;B11-B10)" e pressione Enter; deixando a célula B14 selecionada, posicione o cursor do mouse sobre o canto inferior direito da célula (que ficará em formato de "+"), clique e segure o botão esquerdo do mouse e em seguida arraste para a direita até a célula G14 e solte o botão do mouse; com isso, a mesma fórmula será expandida para essas células.

15. Para calcular o custo de demissão em cada mês, na célula B15 digite "=B14*$B$3" e pressione Enter; deixando a célula B15 selecionada, posicione o cursor do mouse sobre o canto inferior direito da célula (que ficará em formato de "+"), clique e segure o botão esquerdo do mouse e em seguida arraste para a direita até a célula G15 e solte o botão do mouse; com isso, a mesma fórmula será expandida para essas células.

Capítulo 2

16. Para calcular o número de trabalhadores utilizados em cada mês, na célula B16 digite "=B11+B12-B14" e pressione Enter; deixando a célula B16 selecionada, posicione o cursor do mouse sobre o canto inferior direito da célula (que ficará em formato de "+"), clique e segure o botão esquerdo do mouse e em seguida arraste para a direita até a célula G16 e solte o botão do mouse; com isso, a mesma fórmula será expandida para essas células.

17. Para calcular o custo mensal da mão de obra, na célula B17 digite "=B16*B7*$B$4*$B$5" e pressione Enter; deixando a célula B17 selecionada, posicione o cursor do mouse sobre o canto inferior direito da célula (que ficará em formato de "+"), clique e segure o botão esquerdo do mouse e em seguida arraste para a direita até a célula G17 e solte o botão do mouse; com isso, a mesma fórmula será expandida para essas células.

18. Para calcular a quantidade mensal a ser produzida, na célula B18 digite "=MÍNIMO(B9;B16*B8)" e pressione Enter; deixando a célula B18 selecionada, posicione o cursor do mouse sobre o canto inferior direito da célula (que ficará em formato de "+"), clique e segure o botão esquerdo do mouse e em seguida arraste para a direita até a célula G18 e solte o botão do mouse; com isso, a mesma fórmula será expandida para essas células.

19. Para calcular o estoque mensal, na célula B19 digite "=0+B18-B9" e pressione Enter; na célula C19 digite "=B19+C18-C9" deixando a célula C19 selecionada, posicione o cursor do mouse sobre o canto inferior direito da célula (que ficará em formato de "+"), clique e segure o botão esquerdo do mouse e em seguida arraste para a direita até a célula G19 e solte o botão do mouse; com isso, a mesma fórmula será expandida para essas células; neste caso o valor do estoque inicial "0" foi digitado na fórmula, mas alternativamente poder-se-ia deixar uma célula reservada para colocar o valor do estoque inicial e referenciá-la na fórmula.

20. Para calcular o custo total mensal, na célula B20 digite "=B17+B15+B13" e pressione Enter; deixando a célula B20 selecionada, posicione o cursor do mouse sobre o canto inferior direito da célula (que ficará em formato de "+"), clique e segure o botão esquerdo do mouse e em seguida arraste para a direita até a célula G20 e solte o botão do mouse; com isso, a mesma fórmula será expandida para essas células.

21. Para calcular o custo total geral do plano agregado, na célula H20 digite "=SOMA(B20:G20)".

---

(2) Considere o enunciado do Exercício 1. Elabore um plano agregado segundo o método de manter a força de trabalho constante, permitindo faltas. O custo de falta, por produto por mês, é de R$ 18,00.

Solução

Primeiramente, deve-se calcular o número de trabalhadores que serão utilizados. Para isso, deve-se encontrar um número que seja suficiente para atender a demanda acumulada ao longo do semestre, da seguinte forma:

$$\text{Número de trabalhadores} = \frac{\sum_{t=1}^{T} D_t}{\sum_{t=1}^{T} \text{unidades/trabalhador/mês}}$$

Neste caso, tem-se que:

$$\text{Número de trabalhadores} = \frac{4233+4625+5129+5731+4821+4037}{105+115+105+100+100+110} = \frac{28576}{635} \approx 46$$

Definido o número de trabalhadores, basta determinar em cada período o quanto deve ser produzido somente com a capacidade interna. Com 46 trabalhadores, tem-se a seguinte capacidade produtiva, mês a mês, dada na Tabela 2.8:

Tabela 2.8 Capacidade Produtiva Mensal

Mês	Julho	Agosto	Setembro	Outubro	Novembro	Dezembro
Capacidade (com 46 trabalhadores)	4830	5290	4830	4600	4600	5060
Demanda	4233	4625	5129	5731	4821	4037
Capacidade-Demanda	597	665	–299	–1131	–221	1023

A capacidade é superior à demanda nos meses de julho, agosto e dezembro; e inferior à demanda nos meses de setembro, outubro e novembro. Dessa forma, pode-se acumular estoques nos dois primeiros meses e absorvê-los nos meses seguintes. Pelas diferenças entre a capacidade e a demanda, percebe-se que o estoque a ser acumulado nos meses iniciais (1262 unidades) não será suficiente para atender as faltas nos meses seguintes (1651 unidades). Dessa forma, será preciso utilizar ainda a capacidade de dezembro para atendê-las (ou seja, será preciso produzir, em dezembro, além da demanda do próprio mês, mais 389 unidades).

Para calcular os estoques em cada mês, utiliza-se a seguinte equação:

Estoque no período = unidades produzidas no período + unidades produzidas com horas extras no período + unidades subcontratadas no período + estoque no período anterior – demanda.

Se as faltas não pudessem ser atendidas com atraso, então a equação para cálculo do estoque seria:

Estoque no período = unidades produzidas no período + unidades produzidas com horas extras no período + unidades subcontratadas no período + máximo {0; estoque no período anterior} – demanda.

A matriz completa fica da seguinte maneira, conforme a Tabela 2.9:

Tabela 2.9 Planejamento Agregado Completo

	Julho	Agosto	Setembro	Outubro	Novembro	Dezembro	Total
Dias	21	23	21	20	20	22	127
Unidades/trabalhador/mês	105	115	105	100	100	110	635
Demanda	4233	4625	5129	5731	4821	4037	28.576
Trabalhadores necessários	**46**	**46**	**46**	**46**	**46**	**46**	276

(*continua*)

Tabela 2.9 Planejamento Agregado Completo (*continuação*)

	Julho	Agosto	Setembro	Outubro	Novembro	Dezembro	Total
Trabalhadores disponíveis	49	46	46	46	46	46	279
Trabalhadores contratados	0	0	0	0	0	0	0
Custo de contratação	0	0	0	0	0	0	0
Trabalhadores demitidos	3	0	0	0	0	0	3
Custo de demissão	1500	0	0	0	0	0	1500
Trabalhadores utilizados	46	46	46	46	46	46	276
Custo da mão de obra	77.280	84.640	77.280	73.600	73.600	80.960	467.360
Unidades produzidas	4830	5290	4830	4600	4600	4426	28.576
Unidades produzidas com horas extras	0	0	0	0	0	0	0
Custos com horas extras	0	0	0	0	0	0	0
Unidades subcontratadas	0	0	0	0	0	0	0
Custos com subcontratação	0	0	0	0	0	0	0
Estoque	597	1262	963	–168	–389	0	2265
Custo de estocagem	2985	6310	4815	0	0	0	14.110
Custo de falta	0	0	0	3024	7002	0	10.026
Custo total	81.765	90.950	82.095	76.624	80.602	80.960	R$ 492.996,00

Pode-se concluir que o custo total segundo o método de força de trabalho constante permitindo faltas, para este caso, é de R$ 492.996,00.

3 Considere o enunciado do Exercício 1. Elabore um plano agregado segundo o método de manter a força de trabalho constante, não permitindo faltas.

Solução

Primeiramente, deve-se calcular o número de trabalhadores que serão utilizados. Para isso, é preciso encontrar um número que seja suficiente para atender a demanda acumulada, período a período, ao longo do semestre, da seguinte forma:

$$\text{Número de trabalhadores (acumulado)} = \text{máximo} \left\{ \frac{\text{demanda acumulada}}{\text{unidades/trabalhador/mês acumulada}} \right\}$$

Neste caso, tem-se que:

- Até julho: número de trabalhadores = $\dfrac{4233}{105} \approx 41$

- Até agosto: número de trabalhadores = $\dfrac{4233 + 4625}{105 + 115} \approx 41$

- Até setembro: número de trabalhadores = $\dfrac{4233 + 4625 + 5129}{105 + 115 + 105} \approx 44$

- Até outubro: número de trabalhadores = $\dfrac{4233 + 4625 + 5129 + 5731}{105 + 115 + 105 + 100} \approx 47$

- Até novembro: número de trabalhadores = $\dfrac{4233 + 4625 + 5129 + 5731 + 4821}{105 + 115 + 105 + 100 + 100} \approx 47$

- Até dezembro: número de trabalhadores = $\dfrac{4233 + 4625 + 5129 + 5731 + 4821 + 4037}{105 + 115 + 105 + 100 + 100 + 110} \approx 46$

Portanto, para não haver falta, devem-se utilizar 47 trabalhadores.

Definido o número de trabalhadores, basta determinar em cada período o quanto deve ser produzido somente com a capacidade interna. Com 47 trabalhadores, tem-se a seguinte capacidade produtiva, mês a mês, dada pela Tabela 2.10:

Tabela 2.10 Diferença entre Demanda e Capacidade Mensal

Mês	Julho	Agosto	Setembro	Outubro	Novembro	Dezembro
Capacidade (com 47 trabalhadores)	4935	5405	4935	4700	4700	5170
Demanda	4233	4625	5129	5731	4821	4037
Capacidade-Demanda	702	780	–194	–1031	–121	1133

A capacidade é superior à demanda nos meses de julho, agosto e dezembro; e inferior à demanda nos meses de setembro, outubro e novembro. Dessa forma, podem-se acumular estoques nos dois primeiros meses e absorvê-los nos meses seguintes. Pelas diferenças entre a capacidade e a demanda, percebe-se que o estoque a ser acumulado nos meses iniciais (1482 unidades) será suficiente para atender as faltas nos meses seguintes (1346 unidades). Dessa forma, não será preciso utilizar a capacidade de dezembro para atendê-las (ou seja, em dezembro, somente deve ser produzida a demanda do próprio mês). Ainda, para evitar custos com estoques, deve-se produzir em julho e agosto, além das demandas desses meses, somente essa diferença, ou seja, 1346. A matriz completa fica da seguinte maneira, conforme a Tabela 2.11:

Tabela 2.11 Planejamento Agregado Completo

	Julho	Agosto	Setembro	Outubro	Novembro	Dezembro	Total
Dias	21	23	21	20	20	22	127
Unidades/trabalhador/mês	105	115	105	100	100	110	635
Demanda	4233	4625	5129	5731	4821	4037	28.576

(continua)

Tabela 2.11 Planejamento Agregado Completo (*continuação*)

	Julho	Agosto	Setembro	Outubro	Novembro	Dezembro	Total
Trabalhadores necessários	47	47	47	47	47	47	282
Trabalhadores disponíveis	49	47	47	47	47	47	284
Trabalhadores contratados	0	0	0	0	0	0	0
Custo de contratação	0	0	0	0	0	0	0
Trabalhadores demitidos	2	0	0	0	0	0	2
Custo de demissão	1000	0	0	0	0	0	1000
Trabalhadores utilizados	47	47	47	47	47	47	282
Custo da mão de obra	78.960	86.480	78.960	75.200	75.200	82.720	477.520
Unidades produzidas	4799	5405	4935	4700	4700	4037	28.576
Unidades produção com horas extras	0	0	0	0	0	0	0
Custos com horas extras	0	0	0	0	0	0	0
Unidades subcontratadas	0	0	0	0	0	0	0
Custos com subcontratação	0	0	0	0	0	0	0
Estoque	566	1346	1152	121	0	0	3185
Custo de estocagem	2830	6730	5760	605	0	0	15.925
Custo de falta	0	0	0	0	0	0	0
Custo total	82.790	93.210	84.720	75.805	75.200	82.720	R$ 494.445,00

Pode-se concluir que o custo total segundo o método de força de trabalho constante, não permitindo faltas, para este caso, é de R$ 494.445,00.

 Considere o enunciado do Exercício 1. Elabore um plano agregado segundo o método de manter a força de trabalho constante, com o emprego de 43 trabalhadores, produzindo no máximo 15% da demanda mensal utilizando horas extras e, se necessário, complementando a necessidade de produtos com subcontratação. O custo de cada produto produzido com hora extra é de R$ 15,00 e cada produto subcontratado custa atualmente R$ 40,00.

Solução

Primeiramente, deve-se analisar o caso. Percebe-se que o custo de estocagem por unidade por mês é menor que o custo de horas extras para produzir uma unidade, que é menor que o custo de subcontratação de uma unidade. Dessa forma, pode-se adotar esta priorização: em primeiro lugar, se possível, formar estoques para absorver demandas futuras; em segundo, contratar horas extras até o limite estabelecido; por fim, subcontratar a produção.

Comparando a capacidade produtiva com a demanda em cada mês, tem-se a seguinte situação, conforme a Tabela 2.12:

Tabela 2.12 Diferença entre Demanda e Capacidade Mensal

Mês	Julho	Agosto	Setembro	Outubro	Novembro	Dezembro
Capacidade (com 43 trab.)	4515	4945	4515	4300	4300	4730
Demanda	4233	4625	5129	5731	4821	4037
Capacidade-Demanda	282	320	–614	–1431	–521	693

Pode-se verificar que nos dois primeiros meses existem condições de formar um estoque de 602 unidades. Com esse estoque, é suprida quase toda a diferença entre a capacidade e a demanda do mês de setembro, faltando apenas 12 unidades, que podem ser produzidas com horas extras.

Já no mês de outubro, serão necessários 1431 produtos além da capacidade interna. Nesse mês, 15% da demanda, que representa 860 produtos, poderão ser produzidos com horas extras. O restante, ou seja, 571 produtos, deverão ser subcontratados.

No mês de novembro, serão necessários 521 produtos a serem obtidos ou com horas extras ou a partir de subcontratação. As 521 unidades representam apenas 11% da demanda do mês; portanto, é possível obter tais produtos unicamente a partir de horas extras.

Por fim, no mês de dezembro, para evitar custos desnecessários com estoques, deve-se produzir apenas a quantidade demandada.

A matriz completa fica da seguinte forma, conforme Tabela 2.13:

Tabela 2.13 Planejamento Agregado Completo

	Julho	Agosto	Setembro	Outubro	Novembro	Dezembro	Total
Dias	21	23	21	20	20	22	127
Unidades/trabalhador/mês	105	115	105	100	100	110	635
Demanda	4233	4625	5129	5731	4821	4037	28.576
Trabalhadores necessários	43	43	43	43	43	43	258
Trabalhadores disponíveis	49	43	43	43	43	43	264
Trabalhadores contratados	0	0	0	0	0	0	0
Custo de contratação	0	0	0	0	0	0	0
Trabalhadores demitidos	6	0	0	0	0	0	6
Custo de demissão	3000	0	0	0	0	0	3000
Trabalhadores utilizados	43	43	43	43	43	43	258
Custo da mão de obra	72.240	79.120	72.240	68.800	68.800	75.680	436.880
Unidades produzidas	4515	4945	4515	4300	4300	4037	26.612
Unidades produzidas com horas extras	0	0	12	860	521	0	1393
Custos de horas extras	0	0	180	12.900	7815	0	20.895
Unidades subcontratadas	0	0	0	571	0	0	571

(*continua*)

Tabela 2.13 Planejamento Agregado Completo (*continuação*)

	Julho	Agosto	Setembro	Outubro	Novembro	Dezembro	Total
Custos com subcontratação	0	0	0	22.840	0	0	22.840
Estoque	282	602	0	0	0	0	884
Custo de estocagem	1410	3010	0	0	0	0	4420
Custo de falta	0	0	0	0	0	0	0
Custo total	76.650	82.130	72.420	104.540	76.615	75.680	R$ 488.035,00

Pode-se concluir que o custo total segundo o método de força de trabalho constante, utilizando horas extras e subcontratação, para este caso, é de R$ 488.035,00.

5. Suponha uma fábrica que produz três famílias de produtos A, B e C. Os planos agregados dessas famílias são mostrados na Tabela 2.14 a seguir.

Tabela 2.14 Planos Agregados das Famílias

	Janeiro	Fevereiro	Março	Abril	Maio	Junho
Família A	397	425	425	410	411	412
Família B	370	380	383	398	444	445
Família C	400	400	350	350	340	450

Cada uma das famílias é composta por dois produtos, 1 e 2, que utilizam três centros de trabalho, C1, C2 e C3, de acordo com a Tabela 2.15, a seguir, que mostra as horas necessárias de cada produto em cada centro, além do volume de cada família.

Tabela 2.15 Horas e Volume Produtivo

	Horas A1	Horas A2	Volume A1	Volume A2
Centro 1	0,30	0,40	0,50	0,50
Centro 2	0,20	0,50	0,50	0,50
Centro 3	0,10	0,70	0,50	0,50

	Horas B1	Horas B2	Volume B1	Volume B2
Centro 1	0,38	0,48	0,25	0,75
Centro 2	0,10	0,04	0,25	0,75
Centro 3	0,15	0,60	0,25	0,75

	Horas C1	Horas C2	Volume C1	Volume C2
Centro 1	0,10	0,50	0,40	0,60
Centro 2	0,10	0,80	0,40	0,60
Centro 3	0,10	0,05	0,40	0,60

Supondo que o regime de trabalho seja de três turnos de 8 horas (480 horas por mês) com 90% de eficiência, calcule a carga de trabalho necessária em cada centro de trabalho e compare com a carga horária disponível.

Solução

Calculando o FGUR:

FGUR da família i no centro j = Σ(quantidade de horas do produto k)(volume do produto k)

FGUR da família A no centro 1 = (0,3)(0,5) + (0,4)(0,5) = 0,35

FGUR da família A no centro 2 = (0,2)(0,5) + (0,5)(0,5) = 0,35

FGUR da família A no centro 3 = (0,1)(0,5) + (0,7)(0,5) = 0,40

Fazendo esses cálculos para os valores das famílias A, B e C, obtém-se a Tabela 2.16:

Tabela 2.16 FGUR das Famílias

	FGUR família A	FGUR família B	FGUR família C
Centro 1	0,35	0,46	0,34
Centro 2	0,35	0,06	0,52
Centro 3	0,40	0,49	0,07

Com esses valores é possível conhecer as horas necessárias em cada centro de trabalho em função do plano agregado. Para isso, basta multiplicar o número de produtos de cada família no plano agregado pelo FGUR correspondente em cada centro de trabalho, ou seja:

Horas necessárias no período t no centro j = Σ(unidades a serem produzidas da família i no período t)(FGUR da família i no centro j)

Horas em janeiro no centro 1 = (397)(0,35) + (370)(0,46) + (400)(0,34) = 443,30

Horas em janeiro no centro 2 = (397)(0,35) + (370)(0,06) + (400)(0,52) = 367,30

Horas em janeiro no centro 3 = (397)(0,40) + (370)(0,49) + (400)(0,07) = 367,18

Fazendo esses cálculos para todos os períodos, encontra-se a seguinte Tabela 2.17:

Tabela 2.17 Horas Necessárias por Mês

	Janeiro	Fevereiro	Março	Abril	Maio	Junho
Centro 1	443,30	457,65	442,02	443,59	461,47	499,68
Centro 2	367,30	377,65	351,82	347,39	345,07	402,68
Centro 3	367,18	383,25	381,21	382,53	404,65	413,24

Capítulo 2

As horas disponíveis em cada mês são 432 = (480 horas)(0,9 eficiência). Dessa forma, a ocupação dos três centros de trabalho ao longo do semestre é dada pela Tabela 2.18 a seguir.

Tabela 2.18 Número de Trabalhadores Necessários por Mês

	Janeiro	Fevereiro	Março	Abril	Maio	Junho
Centro 1	103%	106%	102%	103%	107%	116%
Centro 2	85%	87%	81%	80%	80%	93%
Centro 3	85%	89%	88%	89%	94%	96%

Nota-se que em vários períodos, no centro de trabalho 1, as horas necessárias estão acima das horas disponíveis, ou seja, houve "estouros" de capacidade.

6 Seja uma família formada pelos produtos X, Y, Z e W. A Tabela 2.19, a seguir, mostra a previsão para o próximo mês, o estoque atual, o tamanho do lote e o tempo de produção unitário desses produtos. Determine a sequência produtiva utilizando o método do tempo de esgotamento. Calcule a utilização da capacidade considerando os tamanhos de lote predefinidos.

Tabela 2.19 Previsão, Estoque, Tamanho do Lote e Tempo de Produção Unitário

Produto	Previsão	Estoque atual	Tamanho do lote	Tempo de produção unitário (h)
X	2000	1000	1000	0,020
Y	3500	2000	1000	0,015
Z	1700	1500	2000	0,018
W	1000	900	1000	0,030

Solução

Para calcular o tempo de esgotamento, basta dividir o estoque atual pela previsão.

$$R_X = \frac{I_X}{D_X} = \frac{1000}{2000} = 0,5$$

$$R_Y = \frac{I_Y}{D_Y} = \frac{2000}{3500} = 0,57$$

$$R_Z = \frac{I_Z}{D_Z} = \frac{1500}{1700} = 0,88$$

$$R_W = \frac{I_W}{D_W} = \frac{900}{1000} = 0,9$$

Dessa forma, a sequência produtiva deve ser: X, Y, Z e W.

Para calcular as horas-máquinas necessárias, basta multiplicar o tamanho do lote pelo tempo de produção unitário.

Para produzir um lote de X = (1000)(0,020) = 20 horas.
Para produzir um lote de Y = (1000)(0,015) = 15 horas.
Para produzir um lote de Z = (2000)(0,018) = 36 horas.
Para produzir um lote de W = (1000)(0,030) = 30 horas.

O total de horas, portanto, será: 20 + 15 + 36 + 30 = 101 horas.

7 Suponha que, para o Exercício 6, a disponibilidade mensal seja de 80 horas. Como o uso da capacidade utilizando os tamanhos de lote predeterminados excede o limite de capacidade, utilize o cálculo do tempo de esgotamento agregado para determinar novos tamanhos de lote para que seja possível produzir no período (mês) em questão.

Solução

Primeiramente, devem-se calcular as horas-máquinas necessárias para a previsão = (previsão)(tempo de produção unitário) e horas-máquinas necessárias para o estoque = (estoque)(tempo de produção unitário). A Tabela 2.20 a seguir mostra os resultados.

Tabela 2.20 Cálculos das Horas para Previsão e Horas para Estoque

Produto	Tempo de produção unitário (h)	Previsão	Estoque atual	Horas-máquina para previsão	Horas-máquina para estoque
X	0,020	2000	1000	40	20
Y	0,015	3500	2000	52,5	30
Z	0,018	1700	1500	30,6	27
W	0,030	1000	900	30	27
Total				153,1	104

Para calcular o tempo de esgotamento agregado, basta somar o total de horas-máquina do estoque com as horas-máquina disponíveis e dividir pelo total de horas-máquina da previsão.

$$R' = \frac{\sum_{i=1}^{n} r_i I_i + T}{\sum_{i=1}^{n} r_i D_i} = \frac{104 + 80}{153,1} = 1,2$$

Finalmente, para calcular o tamanho dos lotes da sequência para garantir que a capacidade produtiva será suficiente, basta multiplicar o tempo de esgotamento agregado pela demanda e subtrair do estoque atual.

$$Q_X = R' D_X - I_X = (1,2)(2000) - 1000 = 1400$$

$$Q_Y = R' D_Y - I_Y = (1,2)(3500) - 2000 = 2200$$
$$Q_Z = R' D_Z - I_Z = (1,2)(1700) - 1500 = 540$$
$$Q_W = R' D_W - I_W = (1,2)(1000) - 900 = 300$$

Verificando o uso da capacidade:

Para produzir um lote de 1400 de X = (1400)(0,020) = 28 horas.

Para produzir um lote de 2200 de Y = (2200)(0,015) = 33 horas.

Para produzir um lote de 540 de Z = (540)(0,018) = 9,72 horas.

Para produzir um lote de 300 de W = (300)(0,030) = 9 horas.

O total de horas, portanto, será: 28 + 33 + 9,72 + 9 = 79,72 horas.

2.3 Exercícios propostos

1. Considerando os parâmetros do Exemplo 1, resolva o problema por meio de modelagem em programação linear. Admita que os custos de produção não variam ao longo do tempo, ou seja, faça $C_t^P = 0$. Não são permitidas faltas, e para os custos e limitações de horas extras e subcontratação, utilize os parâmetros do Exercício 4. Qual o custo ótimo?

2. Um fabricante de cadeiras de escritório tem como principal família de produtos as cadeiras giratórias do tipo secretária. A previsão da demanda para essa família e o número de dias úteis para o primeiro semestre do próximo ano é dada na Tabela 2.21 a seguir.

Tabela 2.21 Demanda e Dias Úteis para o Primeiro Semestre

Mês	Janeiro	Fevereiro	Março	Abril	Maio	Junho	Total
Demanda	1600	1000	800	1000	1300	900	6600
Dias úteis	21	22	21	23	20	22	129

Em turnos diários de 8 horas, sabe-se que um trabalhador pode produzir uma média de seis cadeiras, com custos de produção, exceto do trabalho, constantes ao longo do semestre. Para estocar uma cadeira durante um mês, há um custo de R$ 8,00; para contratar um trabalhador, há um custo de R$ 450,00; para demitir um trabalhador, há um custo de R$ 650,00. Atualmente, com dez trabalhadores contratados, paga-se para cada um R$ 12,00 por hora trabalhada. No início de janeiro há, em estoque, 200 cadeiras do tipo giratória. Faça o planejamento agregado da produção para essa família de produtos usando o método de planilha com acompanhamento da demanda (zero estoques). Calcule o custo total.

3. Considere o Problema 2. Elabore um plano agregado mantendo a força de trabalho constante e permitindo faltas. O custo de falta, por produto por mês, é de R$ 40,00. Suponha que os pedidos não atendidos em um mês possam ser atendidos com atraso nos meses seguintes. Calcule o custo total.

4. Considere o Problema 2. Elabore um plano agregado segundo o método de manter a força de trabalho constante, não permitindo faltas. Calcule o custo total.

5. Considerando ainda o Problema 2, elabore um plano agregado segundo o método de manter a força de trabalho constante, com o emprego de oito trabalhadores e, se necessário, complemente a necessidade de produtos com horas extras. O custo do produto obtido por hora extra é de R$ 14,00. Calcule o custo total.

6. A *XW Company* é uma empresa que possui uma demanda agregada por seus produtos com variação sazonal. Considere a Tabela 2.22 a seguir, referente à previsão da demanda para os meses iniciais do ano e os dias úteis disponíveis em cada um.

Tabela 2.22 Previsão e Dias Úteis

Mês	Janeiro	Fevereiro	Março	Abril	Maio	Junho	Total
Previsão	2200	1850	1450	1100	1200	2000	9800
Nº de dias úteis	22	19	21	21	22	20	125

Os demais dados da empresa estão na Tabela 2.23:

Tabela 2.23 Demais Dados do Problema

Trabalhadores disponíveis atualmente	60	Trabalhadores
Estoque inicial	500	Unidades
Horas de mão de obra necessárias	6	por unidade
Custo de manutenção do estoque	2,00	por unidade por mês
Custo de falta	10,00	por unidade por mês
Custo de subcontratação	30,00	por unidade por mês
Custo de contratação e treinamento	250,00	por trabalhador
Custo de demissão	300,00	por trabalhador
Custo das horas normais de trabalho	5,00	por hora
Custo da hora extra	7,50	por hora

Considerando que a empresa tem como política manter em estoque no final de cada mês exatamente 20% do que foi previsto de vendas para o próprio mês:

a. Elabore o plano agregado de produção, apenas com as horas normais de trabalho (oito horas diárias) e, se necessário, contratando ou demitindo trabalhadores. Qual o custo total?

b. Utilizando apenas 60 trabalhadores, elabore o plano agregado de produção e, se necessário, subcontrate a produção. Qual o custo total?

c. Utilizando apenas 60 trabalhadores, elabore o plano agregado de produção e, se necessário, complemente a produção com horas extras. Qual o custo total?

7. Suponha que a *XW Company* do enunciado do Exercício 6 não mais tenha a política de manutenção de estoques de segurança. A partir dessa suposição:

   a. Elabore o plano agregado de produção, permitindo faltas que podem ser atendidas com atraso. Qual o custo total?
   b. Elabore o plano agregado de produção, permitindo faltas que *não* podem ser atendidas com atraso. Utilize o mesmo número de trabalhadores do item 7a. Qual o custo total?

8. Considere a Tabela 2.24 a seguir referente à previsão da demanda de uma família de peças para motores a diesel para seis meses e as informações relativas a uma determinada fábrica dessas peças.

   Tabela 2.24 Dias Úteis e Demanda

Mês	Dias Úteis	Demanda
Julho	20	2754
Agosto	22	3250
Setembro	20	4162
Outubro	21	3506
Novembro	22	3010
Dezembro	18	2610

   Custo de contratação: R$ 200/trabalhador
   Custo de estocagem: R$ 10/unidade/mês
   Custo de demissão: R$ 300/trabalhador
   Custo de subcontratação: R$ 30/unidade
   Custo de falta: R$ 60/unidade/mês
   Custo da hora extra: R$ 20/unidade
   Produção: 6 unidades/trabalhador/dia
   Número de trabalhadores atual: 20
   Estoque no início de julho: 0
   Salários: R$ 20/trabalhador/dia

   Nessa fábrica, os trabalhadores são multifuncionais e podem, com facilidade, ser transferidos de/para outras áreas produtivas conforme a necessidade de mão de obra em cada mês, desde que não seja ultrapassado o limite de 10% de variação. Por exemplo, antes do início de julho, como existem 20 trabalhadores disponíveis, então, se o aumento ou a diminuição de trabalhadores for de até duas pessoas em julho, não haverá custo de contratação ou demissão nesse mês. Diante dessas informações:

   a. Elabore um plano agregado somente aumentando e diminuindo o número de trabalhadores utilizados (via transferência e/ou via contratação/demissão, conforme a necessidade) para atender a demanda mensal sem formação de estoques. Qual o custo total?
   b. Suponha agora que, após um programa intensivo de treinamento dos funcionários da fábrica, seja possível alterar o número de trabalhadores utilizados em até 20% sem a necessidade de contratar ou demitir. Elabore novamente o plano agregado somente aumentando e diminuindo o número de trabalhadores utilizados (via transferência e/ou via contratação/demissão, conforme a necessidade) para atender a demanda mensal sem formação de estoques. Qual o custo total?

9. Um fabricante cujo atendimento à demanda é do tipo *Make-to-Order* compete em um ambiente no qual a demanda é altamente flutuante e não é recomendado manter estoques de produtos acabados. Como, neste caso, a flexibilidade da capacidade (uso da mão de obra) é vital para a competitividade da empresa, foi acordada com os trabalhadores uma política de banco de horas da seguinte maneira: nos meses em que a capacidade é superior à demanda,

há débito no banco de horas e, nos meses em que a capacidade é inferior à demanda, há crédito no banco de horas. No caso do débito, o valor a contabilizar na conta é igual à diferença entre as horas disponíveis e as horas necessárias para atender a demanda do mês. No caso do crédito, o valor a contabilizar na conta é igual à diferença entre as horas necessárias para atender a demanda e as horas disponíveis do mês. No início de cada ano o banco de horas está zerado. A empresa possui 60 operadores contratados, o turno diário é de 8 horas, e cada unidade do produto exige 6 horas de trabalho de mão de obra. A Tabela 2.25 a seguir mostra a demanda e o número de dias úteis em cada mês para o horizonte de um ano.

Tabela 2.25 Dias Úteis e Demanda para o Próximo Ano

	Janeiro	Fevereiro	Março	Abril	Maio	Junho
Dias	20	19	22	20	21	22
Demanda em unidades	1500	1500	1600	1600	1900	1900

	Julho	Agosto	Setembro	Outubro	Novembro	Dezembro
Dias	21	23	21	20	20	22
Demanda em unidades	2000	1900	1700	1600	1500	1400

Considerando que o salário em horário normal de trabalho é de R$ 12,00 e não levando em conta a necessidade de férias:

a. Elabore um plano agregado para atender a demanda sem a formação de estoques, contabilizando os créditos e débitos no banco de horas. Qual é o saldo de horas no final do horizonte de planejamento?

b. Considerando que o salário é pago de acordo com o número de horas do total de dias do mês (e não de acordo com a quantidade de horas efetivamente trabalhadas em cada mês), qual o custo total do plano agregado?

c. Faça o plano agregado considerando que não há banco de horas e que a produção excedente à capacidade deve ser fabricada em horas extraordinárias a um custo de R$18,00 por hora. Qual o custo total desse plano?

10. Considere a Tabela 2.26 a seguir, referente a demanda em quilos de um fabricante de leite em pó para a família de produtos vitaminados voltados para o público infantil.

Tabela 2.26 Demanda para os Próximos Doze Períodos

Período	1	2	3	4	5	6	7	8	9	10	11	12
Demanda	1600	1500	1400	1300	1300	1500	1600	1600	1600	1400	1300	1200

Atualmente há 40 trabalhadores na linha produtiva desta empresa, trabalhando 160 horas mensais e recebendo R$ 10,00 por hora de trabalho. São necessárias 4 horas de mão de obra por quilo desse produto. Não há estoque inicial de produtos. Considerando que cada trabalhador tem direito a 30 dias de férias ao ano, para evitar férias coletivas a empresa acordou com os trabalhadores uma escala em que 1/4 dos trabalhadores devem tirar férias no primeiro período, 2/4 no período 7 e o restante (outro 1/4) no último período do ano. Durante as férias, os salários são pagos normalmente. Para cobrir as férias dos funcionários, a empresa contrata trabalhadores temporários (trabalho com 30 dias de duração, ou 160 horas). O custo de contratação e manutenção de um temporário durante o mês é de R$ 1.000,00 e, ao final do período, a empresa deve pagar pela saída de cada temporário uma quantia igual a R$ 800,00. Nessa situação, a empresa não utiliza horas extras.

a. Qual o custo total do plano agregado para atender a demanda sem a formação de estoques e somente contratando trabalhadores temporários?
b. Supondo que ao final do primeiro período a demanda real tenha sido de apenas 900 kg dessa família, atualize o plano sabendo que o custo de estocagem de um quilo do produto é de R$ 2,00 por mês. Quantos quilos devem ser produzidos no segundo período? Qual o novo custo total?
c. O que você sugere para reduzir o custo total da situação ocorrida no item (b)?

11. O gráfico da Figura 2.1 a seguir mostra três curvas: a primeira, com linha cheia, mostra a demanda acumulada de uma determinada família de produtos; a segunda, com linha tracejada, representa um plano agregado de produção acumulada segundo a abordagem de manutenção da força de trabalho constante permitindo faltas (Plano 1); a terceira, com linha pontilhada, representa um plano agregado de produção acumulada segundo a abordagem de manutenção da força de trabalho constante utilizando subcontratação (Plano 2). São seis períodos de planejamento, sendo o número de dias de cada um 22, 19, 21, 21, 22 e 20, respectivamente. O turno diário de trabalho é de 8 horas e para a produção de um produto são necessárias cinco horas de mão de obra.

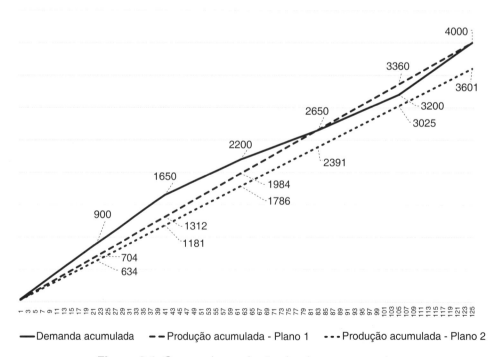

Figura 2.1 Curvas de produção de planos agregados.

a. Quantos trabalhadores estão sendo utilizados no Plano 1? Quantos trabalhadores estão sendo utilizados no Plano 2?
b. Para o Plano 1, qual o nível do estoque no final de cada um dos seis períodos?
c. Para o Plano 2, quantos produtos precisam ser subcontratados em cada um dos períodos?
d. Adicione no gráfico a curva de um terceiro plano, o Plano 3, em que são utilizados 19 trabalhadores. Supondo que esse plano seja para utilização de horas extras, quantas horas extras seriam necessárias em cada período?

12. Considere uma fábrica que produz quatro famílias de produtos W, X, Y e Z. Os planos agregados dessas famílias são mostrados na Tabela 2.27 a seguir.

Tabela 2.27 Planos Agregados das Famílias

	Janeiro	Fevereiro	Março	Abril	Maio	Junho
Família W	150	160	170	150	140	130
Família X	210	200	200	220	200	200
Família Y	180	190	200	210	220	230
Família Z	80	100	80	100	90	90

Cada uma das famílias é composta por três produtos que utilizam cinco centros de trabalho, C1, C2, C3, C4 e C5, de acordo com a Tabela 2.28 a seguir, que mostram as horas necessárias de cada produto em cada centro, além do volume de cada família.

Tabela 2.28 Horas Necessárias e Volume

	Horas W1 (20%)	Horas W2 (40%)	Horas W3 (40%)
Centro 1	0,1	0,1	0,2
Centro 2	0,2	0,2	0,1
Centro 3	0,3	0,1	0,3
Centro 4	0,1	0,2	0,3
Centro 5	0,2	0,1	0,2

	Horas X1 (10%)	Horas X2 (40%)	Horas X3 (50%)
Centro 1	0,2	0,2	0,2
Centro 2	0,2	0,2	0,2
Centro 3	0,3	0,2	0,1
Centro 4	0,3	0,3	0,1
Centro 5	0,1	0,1	0,2

	Horas Y1 (20%)	Horas Y2 (60%)	Horas Y3 (20%)
Centro 1	0,5	0,1	0,5
Centro 2	0,1	0,1	0,1
Centro 3	0,2	0,3	0,1
Centro 4	0,2	0,1	0,4
Centro 5	0,2	0,2	0,1

(continua)

Tabela 2.28 Horas Necessárias e Volume (*continuação*)

	Horas Z1 (80%)	Horas Z2 (10%)	Horas Z3 (10%)
Centro 1	0,2	0,1	0,2
Centro 2	0,3	0,2	0,2
Centro 3	0,4	0,3	0,2
Centro 4	0,4	0,3	0,1
Centro 5	0,6	0,1	0,2

Supondo que o regime de trabalho seja de um turno de oito horas (160 horas por mês) com 95% de eficiência, calcule a carga de trabalho necessária em cada centro de trabalho.

13. Seja o plano agregado de duas famílias de produtos A e B, ao longo do próximo ano, de acordo com a Tabela 2.29 a seguir.

Tabela 2.29 Plano Agregado das Famílias

	Jan	Fev	Mar	Abr	Maio	Jun	Jul	Ago	Set	Out	Nov	Dez
Fam. A	100	120	130	140	150	160	150	140	130	120	110	100
Fam. B	300	300	300	300	300	300	250	250	250	250	250	250

Essas duas famílias utilizam os departamentos de produção D1, D2 e D3, conforme as cargas horárias e volumes dados pela Tabela 2.30 a seguir.

Tabela 2.30 Volumes de Produção

	A1 (50%)	A2 (50%)	B1 (30%)	B2 (70%)
D1	0,1	0,3	0,2	0,4
D2	0,2	0,3	0,1	0,1
D3	0,1	0,4	0,2	0,3

Sendo a disponibilidade mensal de 160 horas, com 80% de eficiência, calcule a ocupação dos departamentos 1, 2 e 3 e, caso haja estouro da capacidade, sugira alterações para resolver o problema.

14. Suponha uma família formada pelos produtos P1, P2 e P3. A Tabela 2.31 a seguir mostra a previsão para o próximo mês, o estoque atual, tamanho do lote e o tempo de produção unitário desses produtos. Determine a sequência produtiva utilizando o método do tempo de esgotamento. Calcule a utilização da capacidade considerando os tamanhos de lote predefinidos.

Tabela 2.31 Previsão, Estoque, Tamanho do Lote e Tempo de Produção

Produto	Previsão	Estoque atual	Tamanho do lote	Tempo de produção unitário (h)
P1	1000	1000	1000	0,040
P2	1500	800	400	0,020
P3	900	500	500	0,030

15. Se o tempo de esgotamento agregado para uma família de produtos é igual a um período e meio, qual é a demanda do produto cujo tamanho do lote de produção mais o estoque atual é igual a 750?

16. Considere uma fábrica que trabalha 22 dias por mês e cuja demanda para os próximos seis meses é igual a 2700, 2800, 3100, 2900, 3300 e 3300, respectivamente. Nessa fábrica há um limite mensal orçamentário de R$ 1400,00 para manutenção de produtos em estoque, sendo o custo de estocagem unitário de R$ 12,00. Cada trabalhador produz sete unidades por dia de trabalho e há 20 trabalhadores contratados. Não havendo estoque inicial, quanto se deve produzir em cada período? É possível atender a demanda em todos os períodos?

17. Considere a Tabela 2.32 a seguir referente a um plano agregado de determinada família de produtos.

Tabela 2.32 Plano Agregado

	Mês	Janeiro	Fevereiro	Março	Abril
	Dias no mês	21	18	21	20
Vendas					
	Previsão				
	Em milhares de R$	4800	3600	3000	3840
	Em 1000 unidades	400	300	250	320
	Real em 1000 unidades	370	280	240	310
	Diferença	−30	−20	−10	−10
	Diferença acumulada	−30	−50	−60	−70
Operações					
	Plano				
	Em milhares de R$	4800	3600	3000	3840
	Em 1000 unidades	400	300	250	320
	Real em 1000 unidades	430	390	340	410
	Diferença	30	90	90	90
	Diferença acumulada	30	120	210	300
Estoque					
	Plano				
	Em milhares de R$	900	900	900	900
	Em 1000 unidades	75	75	75	75
	Real em 1000 unidades	30	90	90	90
	Dias de suprimento	2	6	6	6

Responda:

a. Quanto deveria a empresa ter produzido para atingir o plano de estoques nos meses de janeiro, fevereiro, março e abril?
b. Quantos seriam os dias de suprimento dos estoques nos meses de janeiro, fevereiro, março e abril ao se fazer os ajustes do item (a)?
c. Qual o custo de estocagem total atual e qual o custo de estocagem total se o plano de estoques fosse cumprido conforme o item (b)?

18. Considere a Tabela 2.33 a seguir referente a um plano agregado de determinada família de produtos fabricada por 67 trabalhadores.

Tabela 2.33 Plano Agregado

Período	Demanda	Estoque inicial	Produção atual	Produção necessária
1	1000	240	1340	760
2	1200	580	1340	620
3	1250		1340	
4	1400		1340	

Responda:

a. Qual o estoque inicial do período 3?
b. Qual o estoque inicial do período 4?
c. Qual a produção necessária no período 3?
d. Qual a produção necessária no período 4?
e. Qual o volume de produção por trabalhador?

19. A Campus, empresa de consultoria especializada em implantação do *Lean Manufacturing*, precisa determinar a necessidade de consultores para os próximos cinco meses (de janeiro a maio). A necessidade de consultores depende da quantidade e do tipo de empresa em que a consultoria será realizada. A Tabela 2.34 a seguir resume as informações de necessidade de consultores assim como a previsão de projetos de consultoria por tipo para os próximos meses.

Tabela 2.34 Dados do Problema

Tipos de empresa	Número de consultores necessários por tipo de empresa	Janeiro	Fevereiro	Março	Abril	Maio
Hospital	0,5	30	50	32	30	27
Fábrica	0,8	14	25	17	18	11
Escritório	0,2	10	15	20	10	12
Transportadora	0,7	41	75	94	35	45

Sendo de R$ 4500,00 o salário mensal do consultor, responda:

a. Quantos consultores são necessários em cada mês para trabalhar nos projetos previstos para os próximos meses? Arredonde para cima as necessidades de consultores.
b. Quais os custos mensais com salários de consultores?
c. Suponha que a contratação de estagiários reduza a necessidade de consultores na ordem de dois e meio estagiários para cada consultor. A empresa tem a política de não contratar mais do que 10% de estagiários em relação à demanda total prevista do mês. Nessa situação, quantos estagiários e quantos consultores devem trabalhar em cada mês? Quais os custos mensais com salários de consultores e estagiários, se a bolsa de estágio mensal é de R$ 1500,00? Arredonde para cima as necessidades de consultores e para baixo a de estagiários.

20. Uma indústria de fabricação de cafeteiras produz duas famílias diferentes: a família E, de cafeteiras do tipo expresso, e a família C, de cafeteiras do tipo comum. Em cada família há três produtos finais diferentes: as cafeteiras de 110 V, 220 V e as do tipo bivolt. Para a produção das cafeteiras são utilizados três centros de trabalho: o centro de injeção, o centro de montagem e o centro de embalagem. Na injeção, qualquer cafeteira consome 0,1 hora; na montagem, as cafeteiras da família E dos tipos 110 V e 220 V consomem 0,3 hora, as cafeteiras da família C dos tipos 110 V e 220 V consomem 0,2 hora e as cafeteiras do tipo bivolt, independentemente da família, consomem 0,4 hora; na embalagem, todas as cafeteiras consomem 0,06 hora. As cafeteiras E de 110 V correspondem a 50% do volume de vendas da família E, as de 220 V correspondem a 30% e as bivolt ao restante. As cafeteiras C de 110 V correspondem a 80% do volume de vendas da família C, as de 220 V correspondem a 10% e as bivolt ao restante.

Tabela 2.35 Plano Agregado da Produção de Cafeteiras

	Julho	Agosto	Setembro	Outubro	Novembro	Dezembro
Cafeteira E	140	190	220	250	260	265
Cafeteira C	80	80	90	90	100	100

Considerando o plano agregado da Tabela 2.35, responda:

a. Qual a utilização de horas em cada centro de trabalho nos meses de julho a dezembro?
b. Se uma nova máquina for comprada para o centro de trabalho montagem de forma a reduzir pela metade o consumo de horas de todas as cafeteiras, qual a utilização de horas neste centro de trabalho nos meses de julho a dezembro?
c. Após a compra da nova máquina para o centro de trabalho montagem, o gerente industrial em conjunto com a equipe de desenvolvimento de produtos sugeriu a introdução de uma nova família de cafeteiras, a família I, também com versões 110 V, 220 V e bivolt. Há uma previsão de vendas dessa nova família de 110, 135, 155, 170, 180 e 180 para os meses de julho a dezembro, respectivamente. Essa previsão estima que 60% das vendas serão da versão de 110 V, 30% da versão 220 V e 10% da versão bivolt. Os tempos de produção nos departamentos de injeção e de embalagem são os mesmos que das demais famílias; já no departamento de montagem os tempos são 0,2 hora para os três modelos. Após a inclusão dessa nova família, qual a utilização de horas em cada centro de trabalho nos meses de julho a dezembro?

3

Planejamento mestre da produção

O Plano Mestre de Produção (PMP) ou Master Production Scheduling (MPS) é um plano de curto prazo que define as datas e as quantidades a serem produzidas de produtos finais. As informações principais para sua elaboração, além do próprio plano agregado de produção, são a previsão da demanda de curto prazo e/ou a carteira de pedidos. Sua elaboração também define os níveis de estoque e a disponibilidade de produtos que podem ser entregues em cada período, o chamado Disponível Para Promessa (DPP) ou Available To Promise (ATP). Assim como no nível do plano agregado, no nível do plano mestre é necessária uma avaliação da capacidade produtiva para verificar a viabilidade do plano desenvolvido. As informações de saída do MPS são, posteriormente, utilizadas como informações de entrada para a elaboração do planejamento das necessidades de materiais.

3.1 Resumo teórico

Mesmo tendo-se um plano agregado de produção, o *plano mestre* deve ser elaborado porque a demanda do mercado é por produtos finais e não por famílias de produtos. Ainda, o plano mestre é dirigido pelo plano agregado, uma vez que deve haver coerência entre o que foi planejado em termos de famílias e o que será planejado em termos de produtos finais. Por exemplo, os níveis de estoque de produtos finais que formam uma determinada família, em sua totalidade, devem ser compatíveis com o nível de estoque planejado no plano agregado. Portanto, no *plano agregado* são tratados os volumes de produção, e no MPS são tratados os *mix* de produção, nessa ordem, pois, uma vez que o volume (família de produtos) esteja planejado, torna-se mais fácil planejar o *mix* (produtos individuais).

O formato mais comum do MPS é em matriz, sendo as colunas os períodos de planejamento – normalmente dividido em semanas e chamados de *time buckets*. Nas linhas, com algumas variações possíveis, estão representados para cada período a previsão da demanda, os pedidos em carteira, as projeções de estoque, as quantidades a serem produzidas (o MPS propriamente dito) e o *Available To Promise*.

Para a elaboração do MPS alguns pontos importantes a serem considerados são os tamanhos de *lote de produção* (quantidade mínima, quantidade múltipla, quantidade máxima etc.), *estoques de segurança* (quantidade mínima de estoque a ser mantida em cada período para absorver variações da demanda e/ou do *lead time* de reabastecimento) e os períodos de congelamento ou *time fences* (intervalos de tempo em que não se deseja alterar as ordens de produção já planejadas, em função dos altos custos necessários para tal alteração).

Alguns exemplos de situações em que mudanças nas ordens acarretariam custos adicionais (o que torna o *time fence* necessário) são: *setup* já realizado, pedido já feito ao fornecedor, material já retirado e transportado do estoque, reprogramação da produção e recontagem de materiais ou novos registros de saída/entrada nos sistemas de informação.

O MPS, se bem elaborado, garante um bom nível de serviço aos clientes ao mesmo tempo em que obedece às restrições de capacidade e de tempo necessário para produção, com mínima formação de estoques. Basicamente, pode-se obter um plano mestre de produção via métodos exatos ou via métodos não exatos com aplicação ou não de heurísticas. A seguir serão apresentados esses formatos.

3.1.1 Método exato

No caso em que os produtos são produzidos para estoque (*Make To Stock*), uma das maneiras de se modelar o Plano Mestre de Produção é por meio da programação linear inteira. Nessa modelagem, as variáveis de decisão são o quanto produzir e o quanto manter de estoque de cada produto e em cada período. Se houver produção em determinado período, então haverá um *setup* com seu custo incidindo no período. Os estoques também têm seus custos e a principal restrição é a capacidade produtiva. Assim, a decisão consistirá em realizar um *trade-off* entre os custos de manutenção de estoques e os custos com *setups*, sem exceder a capacidade. Dessa forma, o modelo fica da seguinte maneira:

Índices:

i = produtos = $(1, 2, ..., n)$;
t = períodos = $(1, 2, ..., T)$.

Variáveis de decisão:

Q_{it} = quantidade do produto i a ser produzida no período t;

I_{it} = estoque do produto i no final do período t;

y_{it} = variável binária em que 1 significa que ocorrerá produção ($Q_{it} > 0$) do produto i no período t, e 0 significa que não vai haver produção ($Q_{it} = 0$) do produto i no período t.

Parâmetros:

D_{it} = demanda pelo produto i no período t;

a_i = tempo de produção unitário do produto i;

h_i = custo de estocagem unitário do produto i por período;

A_i = custo de *setup* do produto i;

G_t = horas de produção disponíveis por período (capacidade produtiva).

A função objetivo, para minimizar os custos, é a seguinte:

$$\text{Minimizar } z = \sum_{i=1}^{n}\sum_{t=1}^{T}(A_i y_{it} + h_i I_{it})$$

As restrições são descritas a seguir.

O estoque de cada período será igual ao estoque do período anterior somado à quantidade produzida no período, subtraindo-se a demanda do período. Assim, o que se tem é uma equação de balanceamento de materiais:

$$I_{it} = I_{i,t-1} + Q_{it} - D_{it}, \text{ para todo } (i, t).$$

Em cada período, a soma das quantidades produzidas de cada produto multiplicadas pelos respectivos tempos unitários de produção não deve exceder a disponibilidade de horas do período. Assim, o que se tem é uma restrição de capacidade produtiva:

$$\sum_{i=1}^{n} a_i Q_{it} \leq G_t, \text{ para todo } (t).$$

Também é preciso estabelecer uma relação entre y_{it} e Q_{it} para que, quando y_{it} for igual a 0, Q_{it} também o seja, da seguinte forma:

$$Q_{it} \leq y_{it}\sum_{k=1}^{T} D_{ik}, \text{ para todo } (i, t).$$

Por fim, é preciso definir as não negatividades:

$$Q_{it} \geq 0,\ I_{it} \geq 0,\ y_{it} = (0,1), \text{ para todo } (i, t).$$

O modelo acima pode facilmente ser implementado e resolvido por meio de *softwares* ou então por meio de solucionadores disponíveis em planilhas eletrônicas.

3.1 Atenção

Tempo de setup e custo de setup

Tempo de setup ou tempo de preparação é o tempo utilizado para se fazer a preparação para se produzir um outro produto em uma determinada máquina, medido a partir da última peça boa produzida até a primeira peça boa do novo produto (próximo lote).

Custo de setup é todo custo necessário à preparação, sendo normalmente associado à mão de obra diretamente aplicada na preparação, materiais e acessórios envolvidos na preparação, e custos indiretos (administrativos, contábeis etc.).

O tempo de setup tem relação com o custo do setup, pois o tempo ocioso da máquina e dos trabalhadores também pode ser contabilizado no custo total do setup.

3.1.2 Métodos não exatos

Nos métodos não exatos enquadram-se *heurísticas* e os *métodos de planilha*. No capítulo sobre Gestão e Controle de Estoques são apresentadas as *heurísticas Silver-Meal, Least Unit Cost* e *Part-Period Balancing*, que também podem ser utilizadas para elaborar o MPS. A seguir são descritas algumas das principais abordagens de planilha.

Há basicamente três formas para a geração de planos mestres utilizando planilhas: realização do *plano desagregado, produção nivelada* e *acompanhamento da demanda*. Resumidamente, estas abordagens consistem em:

a. Realização do plano desagregado: como mostrado no capítulo sobre planejamento agregado, o método do tempo de esgotamento e o método do tempo de esgotamento agregado podem ser utilizados para definir a sequência e as quantidades a serem produzidas de cada um dos produtos finais de uma família. Nesse caso, o MPS é simplesmente a realização do plano desagregado, obedecendo-se a capacidade produtiva em cada período.

b. Nivelamento da produção: em situações em que a demanda é razoavelmente constante, não há muitos problemas para determinar o nível de produção em cada período quando se deseja manter a produção também em um nível constante. No entanto, em situações em que a demanda varia ao longo do horizonte de planejamento e deseja-se manter a produção a um nível constante, é preciso que o programador mestre da produção determine essa quantidade (fixa) a ser produzida em cada período. Neste último caso, em alguns períodos haverá formação de estoques que podem ser absorvidos em períodos posteriores.

c. Acompanhamento da demanda: neste caso, a produção em cada período deve ser igual à demanda (maior valor entre a previsão e a carteira de pedidos, se a produção for para estoque – *Make To Stock*; ou a própria carteira de pedidos, se a produção for por encomenda – *Make To Order*). O caso de montagem sob encomenda ou *Assembly To Order* (ATO) é equivalente ao caso MTS, porém o MPS é realizado para os módulos em vez de para os produtos finais.

Para a definição das quantidades a serem produzidas há sempre que se considerar a existência de fatores como tamanhos de lote predefinidos e estoques de segurança.

3.1.3 Disponível para promessa

O DPP, ou ATP, é fundamental para que o departamento de vendas possa prometer quantidades e datas de entrega aos clientes sem a necessidade de alteração das quantidades já programadas pelo departamento de produção no MPS. Nos casos de produção por encomenda (MTO), como não são formados estoques, não se utiliza o ATP para prometer prazos. Nesses casos, normalmente utiliza-se como parâmetro o *lead time* médio, ou então são feitas simulações da entrada do pedido no processo (considerando capacidade finita) para definição de datas de entrega.

Para saber o quanto e quando se pode entregar produtos finais em um caso MTS, são necessárias as seguintes informações: Quanto há de estoque em mãos? Quanto será produzido em cada período do horizonte de planejamento? Qual a quantidade de pedidos já confirmados pelos clientes? A elaboração do MPS responde a essas três perguntas. É preciso saber respondê-las porque somente se podem atender novos pedidos se o que se tiver (estoque inicial + produção programada) for superior ao que se deve entregar (carteira de pedidos confirmados). Para isso, o cálculo do ATP é realizado como descrito a seguir.

a. No primeiro período do horizonte de planejamento:

ATP = estoque inicial (I_0) + Produção no primeiro período (MPS_1) – pedidos em carteira até o período imediatamente anterior ao próximo período com produção planejada.

b. A partir do segundo período do horizonte de planejamento:

ATP = Produção planejada no período t (MPS_t) – pedidos em carteira até o período imediatamente anterior ao próximo período com produção planejada.

Com exceção do primeiro período, em períodos em que não há produção planejada ($Q_i = 0$), o ATP não é calculado, pois pedidos para esses períodos devem ser atendidos a partir de ATPs de períodos anteriores.

Para pedidos de quantidades que excedem o ATP em determinado período, a análise deve ser realizada com base no *ATP acumulado*. Isso porque pode ser de interesse da empresa comprometer ATPs anteriores para atender pedidos maiores em períodos posteriores.

Quando os pedidos acumulados entre dois períodos excedem a produção planejada, ocorre um ATP negativo. Nesses casos, também é preciso comprometer ATPs de períodos anteriores para "zerar" esse ATP negativo.

3.1.4 Análise de capacidade no nível do planejamento mestre

Um processo produtivo sempre possui *capacidade finita*. Se no processo o produto passa por várias operações, então a capacidade será determinada pela operação gargalo – aquela que limita o *output*. No nível do MPS, que exige uma análise de capacidade mais rápida, analisam-se apenas esses recursos gargalos de maneira agregada, ou seja, considerando departamentos ou centros de trabalho. Por isso, essa análise de capacidade é conhecida como "análise grosseira" ou *Rough-Cut Capacity Planning* (RCCP). A consequência disso é que, no nível do planejamento das necessidades de materiais são necessárias novas análises de capacidade, considerando todos os recursos produtivos e de forma individual. Assim como no nível do plano agregado, a análise de capacidade no nível do MPS é somente informativa, ou seja, apenas indica violação da capacidade, não oferecendo caminho(s) para resolver o(s) conflito(s). Por outro lado, as vantagens do RCCP são a pouca necessidade de dados e a rapidez para ser realizado.

3.2 Atenção

Recurso gargalo e recurso restritivo crítico

Gargalo é o recurso de menor capacidade ou mais lento, portanto, o que limita a capacidade do sistema produtivo, ou o recurso com capacidade menor do que a demandada pelo mercado.

Um sistema produtivo que não tem um gargalo real é um sistema produtivo cujos recursos estão superdimensionados em relação à demanda. Nesses casos, embora não haja um gargalo, há recursos restritivos críticos, pois sempre há uma restrição para o nível máximo de produção que é determinado pela demanda. Por exemplo, se a montagem final for utilizada para somente atender a exata demanda de produtos acabados, então tal montagem final é o recurso restritivo crítico.

Quando mais de um recurso possuir capacidade insuficiente para atender a demanda do mercado, haverá mais de um gargalo e, entre esses, aquele que possuir menor capacidade será o recurso restritivo crítico.

Para calcular a utilização dos recursos gargalos é necessário conhecer o tempo de processamento unitário no(s) recurso(s) gargalo(s) e com que *antecedência* (em relação à produção do produto final) esse(s) recurso(s) é(são) consumido(s). Essa antecedência é conhecida como *offset*. Essas duas informações formam o chamado *perfil do recurso* gargalo.

A análise completa consiste em verificar a carga de trabalho necessária, comparar com a capacidade disponível e, em caso de capacidade insuficiente, modificar o MPS ou utilizar horas extras/subcontratação para compatibilizar a carga com a capacidade.

3.2 Exemplos

> **Observação**
>
> *Os cálculos foram realizados utilizando-se uma planilha eletrônica; por isso os resultados, se comparados com cálculos realizados em calculadoras de mão, podem ser diferentes.*

 Considere uma família de produtos composta por quatro produtos finais: PA1, PA2, PA3 e PA4. O plano desagregado dessa família (para janeiro e fevereiro), de acordo com o tempo de esgotamento agregado, é dado pela Tabela 3.1 a seguir.

Tabela 3.1 Plano Desagregado

Sequência	Quantidade a ser produzida em janeiro	Tempo de produção unitário (h)
PA2	2500	0,02
PA1	1600	0,01
PA4	1400	0,01
PA3	2000	0,04

Sequência	Quantidade a ser produzida em fevereiro	Tempo de produção unitário (h)
PA1	3000	0,01
PA3	2000	0,04
PA2	1200	0,02
PA4	2600	0,01

Sabendo-se que a capacidade produtiva mensal é de 160 horas (40 horas semanais), elabore o MPS desses produtos para as oito semanas que compõem os meses de janeiro e fevereiro.

Solução

O MPS desse caso é o de realização do plano desagregado. Dessa forma, é necessário distribuir as quantidades a serem produzidas (já definidas) e de acordo com a sequência (também já definida) em cada uma das quatro semanas de cada mês. A distribuição depende fundamentalmente da carga de trabalho e da disponibilidade de horas em cada semana.

Para calcular a utilização da capacidade, basta multiplicar o tempo de processamento unitário pela quantidade a ser produzida. Se não for possível produzir em apenas uma semana, então deve-se programar a continuação da produção na(s) semana(s) seguinte(s):

Em janeiro

- Para produzir PA2 são necessárias 50 horas = (2500 unidades)(0,02 hora). Como em uma semana há apenas 40 horas, então será necessário produzir 500 unidades na segunda semana de janeiro, ocupando dez horas da segunda semana.
- Para produzir PA1 são necessárias 16 horas = (1600 unidades)(0,01 hora). Como na segunda semana ainda haverá 30 horas disponíveis, então todo o lote de PA1 deve ser produzido na segunda semana de janeiro.
- Para produzir PA4 são necessárias 14 horas = (1400 unidades)(0,01 hora). Como na segunda semana ainda haverá 14 horas disponíveis, então todo o lote de PA4 deve ser produzido na segunda semana de janeiro.
- Para produzir PA3 são necessárias 80 horas = (2000 unidades)(0,04 hora). Dessa forma, a produção de PA3 deverá ser dividida, com metade sendo produzida na terceira semana e a outra metade na última semana de janeiro, finalizando o mês.

Em fevereiro

- Para produzir PA1 são necessárias 30 horas = (3000 unidades)(0,01 hora). Como em uma semana há 40 horas, então todo o lote de PA1 em fevereiro será produzido na primeira semana.
- Para produzir PA3 são necessárias 80 horas = (2000 unidades)(0,04 hora). Como na primeira semana ainda haverá dez horas disponíveis, então será possível produzir 250 unidades de PA3 na primeira semana; o restante (1750) deverá ser distribuído parte na segunda semana (1000) ocupando toda sua carga disponível, e a outra parte (750) do lote de PA3 deverá ser produzida na terceira semana, ocupando 30 horas.
- Para produzir PA2 são necessárias 24 horas = (1200 unidades)(0,02 hora). Como na terceira semana ainda haverá dez horas disponíveis, então parte do lote de PA2 (500) deve ser produzida na terceira semana e o restante (700) deve ser produzido na quarta semana, ocupando 14 horas.
- Para produzir PA4 são necessárias 26 horas = (2600 unidades)(0,01 hora). Dessa forma, todo o lote de PA4 poderá ser produzido na quarta semana de fevereiro, finalizando a produção programada para o mês.

A Tabela 3.2, a seguir, agrupa as quantidades a serem produzidas de cada produto em cada período.

Tabela 3.2 Produção por Período

Produto	Janeiro				Fevereiro			
	Sem. 1	Sem. 2	Sem. 3	Sem. 4	Sem. 1	Sem. 2	Sem. 3	Sem. 4
PA1		1600			3000			
PA2	2000	500					500	700
PA3			1000	1000	250	1000	750	
PA4		1400						2600

 Um fabricante de telhas de fibrocimento tem, como estoque inicial, previsão de demanda e carteira de pedidos para os próximos dois meses, conforme os dados da Tabela 3.3 a seguir (em milhares).

Tabela 3.3 Previsão, Carteira e Estoque

Período	0	1	2	3	4	5	6	7	8
Previsão		400	420	440	400	350	370	360	350
Carteira		456	390	380	250	50	0	0	0
Estoque	100								

Elabore um MPS com produção nivelada para que toda a demanda seja atendida.

Solução

Um cálculo para estabelecer o MPS para que não haja falta de produtos é garantindo que a produção acumulada em cada período seja maior ou igual à demanda acumulada em cada período. Ou seja:

$$Q_i = \text{maior}\left\{\frac{\sum_{k=1}^{t} D_{ik} - I_0}{t}\right\}$$

em que

Q_i = quantidade fixa a ser produzida do produto i em cada um dos períodos;

$\sum_{k=1}^{t} D_{ik}$ = somatório da demanda desde o período 1 até o período t;

I_0 = estoque inicial do produto i;

t = número de períodos.

A demanda D_i refere-se ao maior valor entre a previsão e a carteira de pedidos do produto em questão. E, se houver estoque de segurança, este deve estar somado à demanda acumulada para a realização desse cálculo.

Para o exemplo, tem-se:

$$t = 1 \rightarrow Q = \left\{\frac{\sum_{k=1}^{t} D_k - I_0}{t}\right\} = \left\{\frac{\sum_{k=1}^{1} D_k - I_0}{1}\right\} = \left\{\frac{456 - 100}{1}\right\} = 356;$$

$$t = 2 \rightarrow Q = \left\{\frac{\sum_{k=1}^{2} D_k - I_0}{2}\right\} = \left\{\frac{456 + 420 - 100}{2}\right\} = 388;$$

$$t = 3 \rightarrow Q = \left\{\frac{\sum_{k=1}^{3} D_k - I_0}{3}\right\} = \left\{\frac{456 + 420 + 440 - 100}{3}\right\} = 405,3;$$

$$t = 4 \rightarrow Q = \left\{\frac{\sum_{k=1}^{4} D_k - I_0}{4}\right\} = \left\{\frac{456 + 420 + 440 + 400 - 100}{4}\right\} = 404;$$

$$t = 5 \rightarrow Q = \left\{\frac{\sum_{k=1}^{5} D_k - I_0}{5}\right\} = \left\{\frac{456 + 420 + 440 + 400 + 350 - 100}{5}\right\} = 393,2;$$

$$t = 6 \rightarrow Q = \left\{\frac{\sum_{k=1}^{6} D_k - I_0}{6}\right\} = \left\{\frac{456 + 420 + 440 + 400 + 350 + 370 - 100}{6}\right\} = 389,3;$$

$$t = 7 \rightarrow Q = \left\{\frac{\sum_{k=1}^{7} D_k - I_0}{7}\right\} = \left\{\frac{456 + 420 + 440 + 400 + 350 + 370 + 360 - 100}{7}\right\} = 385,1;$$

$$t = 8 \rightarrow Q = \left\{\frac{\sum_{k=1}^{8} D_k - I_0}{8}\right\} = \left\{\frac{456 + 420 + 440 + 400 + 350 + 370 + 360 + 350 - 100}{8}\right\} = 380,8.$$

Q_i = maior {356, 388, 406, 404, 394, 390, 386, 381} = 406

Note que o valor da demanda utilizado foi o maior valor entre a previsão e a carteira de pedidos e que os valores resultantes foram arredondados para cima. Com isso, conclui-se que a quantidade a ser produzida em cada período é de 406 unidades. Preenchendo a matriz do MPS, tem-se a Tabela 3.4:

Tabela 3.4 MPS Elaborado

Período	0	1	2	3	4	5	6	7	8
Previsão		400	420	440	400	350	370	360	350
Carteira		456	390	380	250	50	0	0	0
Demanda		456	420	440	400	350	370	360	350
Estoque	100	50	36	2	8	64	100	146	202
MPS		406	406	406	406	406	406	406	406

Os cálculos dos estoques projetados foram realizados da seguinte maneira:

$$I_1 = I_0 + Q_1 - D_1 = 100 + 406 - 456 = 50;$$
$$I_2 = I_1 + Q_2 - D_2 = 50 + 406 - 420 = 36;$$
$$I_3 = I_2 + Q_3 - D_3 = 36 + 406 - 440 = 2;$$
$$I_4 = I_3 + Q_4 - D_4 = 2 + 406 - 400 = 8;$$
$$I_5 = I_4 + Q_5 - D_5 = 8 + 406 - 350 = 64;$$
$$I_6 = I_5 + Q_6 - D_6 = 64 + 406 - 370 = 100;$$
$$I_7 = I_6 + Q_7 - D_7 = 100 + 406 - 360 = 146;$$
$$I_8 = I_7 + Q_8 - D_8 = 146 + 406 - 350 = 202.$$

3.3 Atenção

Resolvendo o Exemplo 2 usando o Microsoft Excel®

Para resolver o Exemplo 2 usando uma planilha do Microsoft Excel®, siga os seguintes passos:

1. Digite "Período" na célula A1, digite "Previsão" na célula A2, digite "Carteira" na célula A3, digite "Demanda" na célula A4, digite "Estoque" na célula A5, e digite "MPS" na célula A6;
2. Preencha a planilha com os valores dados na Tabela 3.3;
3. Para preencher a linha dos valores da demanda efetiva, linha correspondente às células de C4 a J4, proceda da seguinte maneira: na célula C4 digite "=máximo(C2:C3)" e pressione Enter; deixando a célula C4 selecionada, posicione o cursor do mouse sobre o canto inferior direito da célula (que ficará em formato de "+"), clique e segure o botão esquerdo do mouse e em seguida arraste para a direita até a célula J4; solte o botão do mouse e, com isso, a mesma fórmula será expandida para todas as células. Com isso, nas células de C4 a J4 devem aparecer os valores 456, 420, 440, 400, 350, 370, 360 e 350;
4. Para preencher a linha dos valores dos estoques, linha correspondente às células de C5 a J5, proceda da seguinte maneira: na célula C5 digite "=B5+C6-C4" e pressione Enter; deixando a célula C5 selecionada, posicione o cursor do mouse sobre o canto inferior direito da célula (que ficará em formato de "+"), clique e segure o botão esquerdo do mouse e em seguida arraste para a direita até a célula J5; solte o botão do mouse e, com isso, a mesma fórmula será expandida para todas as células. Com isso, nas células de C5 a J5 devem aparecer os valores −356, −776, −1216, −1616, −1966, −2336, −2696 e −3046;
5. Para determinar o quanto deverá ser produzido, proceda da seguinte maneira: na célula A8 digite "Xt" e na célula C8 digite "=(SOMA($C4:C4)-$B$5)/C1" e pressione Enter. Deixando a célula C8 selecionada, posicione o cursor do mouse sobre o canto inferior direito da célula (que ficará em formato de "+"), clique e segure o botão esquerdo do mouse e em seguida arraste para a direita até a célula J8; solte o botão do mouse e, com isso, a mesma fórmula será expandida para todas as células. Com isso, nas células de C8 a J8 devem aparecer os valores 356, 388, 405,33, 404, 393,2, 389,33, 385,14, e 380,75;
6. Para encontrar o valor de Xt, faça o seguinte: na célula K8 digite "=ARREDONDAR.PARA.CIMA(MÁXIMO(C8:J8);0)". Com isso, na célula K8 deve aparecer o valor 406;

7. *Para preencher a linha do MPS, das células de C6 a J6, faça o seguinte: digite "=$K$8" na célula C6 e pressione Enter. Deixando a célula C6 selecionada, posicione o cursor do mouse sobre o canto inferior direito da célula (que ficará em formato de "+"), clique e segure o botão esquerdo do mouse e em seguida arraste para a direita até a célula J6; solte o botão do mouse e, então, a mesma fórmula será expandida para todas as células. Com isso, nas células de C6 a J6 deve aparecer o valor 406. Perceba que os valores dos estoques serão automaticamente recalculados.*

3) Para os mesmos dados do Exercício 2, faça um MPS nivelado em blocos, sendo o primeiro bloco correspondente ao primeiro mês e o segundo bloco correspondente ao segundo mês.

Solução

É possível também nivelar a produção por "blocos de períodos". Ou seja, em vez de produzir a mesma quantidade Q_i em todos os períodos, para reduzir o nível médio de estoque ao longo do horizonte de planejamento, pode-se produzir uma determinada quantidade fixa desde o período 1 até o período k ($k < T$) e outra quantidade fixa a partir do período k até o período T (T = último período do horizonte de planejamento). Normalmente, dividem-se esses blocos em tamanhos iguais; por exemplo, para um horizonte de oito semanas, dois blocos de quatro semanas. Para o exemplo seriam dois blocos de quatro semanas cada um.

Então, a quantidade Q_i entre as semanas 1 e 4 seria calculada da maneira como a seguir.

$$t = 1 \to Q = \left\{\frac{\sum_{k=1}^{t} D_k - I_0}{t}\right\} = \left\{\frac{\sum_{k=1}^{1} D_k - I_0}{1}\right\} = \left\{\frac{456 - 100}{1}\right\} = 356;$$

$$t = 2 \to Q = \left\{\frac{\sum_{k=1}^{2} D_k - I_0}{2}\right\} = \left\{\frac{456 + 420 - 100}{2}\right\} = 388;$$

$$t = 3 \to Q = \left\{\frac{\sum_{k=1}^{3} D_k - I_0}{3}\right\} = \left\{\frac{456 + 420 + 440 - 100}{3}\right\} = 405,3;$$

$$t = 4 \to Q = \left\{\frac{\sum_{k=1}^{4} D_k - I_0}{4}\right\} = \left\{\frac{456 + 420 + 440 + 400 - 100}{4}\right\} = 404.$$

Q_i = maior{356, 388, 406, 404} = 406

Já a quantidade Q_i entre as semanas 5 e 8 seria calculada da maneira como a seguir.

$$t = 5 \to Q = \left\{\frac{\sum_{k=5}^{5} D_k - I_0}{1}\right\} = \left\{\frac{350 - 8}{1}\right\} = 342;$$

$$t = 6 \to Q = \left\{ \frac{\sum_{k=5}^{6} D_k - I_0}{2} \right\} = \left\{ \frac{350 + 370 - 8}{2} \right\} = 356;$$

$$t = 7 \to Q = \left\{ \frac{\sum_{k=5}^{7} D_k - I_0}{3} \right\} = \left\{ \frac{350 + 370 + 360 - 8}{3} \right\} = 357,3;$$

$$t = 8 \to Q = \left\{ \frac{\sum_{k=5}^{8} D_k - I_0}{4} \right\} = \left\{ \frac{350 + 370 + 360 + 350 - 8}{4} \right\} = 355,5.$$

$Q_i = \text{maior}\{342, 356, 358, 356\} = 358$

Note que para o segundo bloco foi considerado o estoque inicial como sendo o estoque projetado para o final do período 4. Com isso, conclui-se que a quantidade a ser produzida é de 406 unidades entre as semanas 1 e 4, e 358 unidades entre as semanas 5 e 8. Preenchendo a matriz do MPS tem-se a Tabela 3.5:

Tabela 3.5 MPS Elaborado

Período	0	1	2	3	4	5	6	7	8
Previsão		400	420	440	400	350	370	360	350
Carteira		456	390	380	250	50	0	0	0
Demanda		456	420	440	400	350	370	360	350
Estoque	100	50	36	2	8	16	4	2	10
MPS		406	406	406	406	358	358	358	358

Esse novo MPS, nivelado por blocos, resultou em um estoque médio de aproximadamente 25 unidades, enquanto no MPS do exercício anterior (2) o estoque médio é de aproximadamente 79 unidades.

 Considere ainda os dados do Exercício 2. Faça um MPS em que se pretende produzir em apenas um período o suficiente para atender as necessidades de um número de períodos fixo e igual a 2.

Solução

Nesse caso, a quantidade a ser produzida deve atender a dois períodos de demanda. Dessa forma, a produção deve ocorrer no primeiro período e ser consumida no primeiro e no segundo períodos. Por exemplo, no primeiro e segundo períodos tem-se uma demanda acumulada de 876 (456 + 420). Então no primeiro período devem-se produzir exatamente 876 unidades do produto e no segundo não se deve produzir nada. Já no terceiro período, acumula-se a demanda do terceiro e do quarto períodos (440 + 400 = 840). São produzidas 840 no terceiro período e nada no quarto período. E assim por diante. O MPS completo fica como mostrado na Tabela 3.6 a seguir.

Tabela 3.6 MPS Elaborado

Período	0	1	2	3	4	5	6	7	8
Previsão		400	420	440	400	350	370	360	350
Carteira		456	390	380	250	50	0	0	0
Demanda		456	420	440	400	350	370	360	350
Estoque	100	520	100	500	100	470	100	450	100
MPS		876	0	840	0	720	0	710	0

Nesse caso, o estoque médio ao longo do horizonte de planejamento é de 271.

 Suponha os dados da Tabela 3.7 a seguir, relativa a um determinado produto acabado.

Tabela 3.7 Previsão, Carteira e Estoque

Período	0	1	2	3	4	5	6	7	8
Previsão de vendas		2000	2200	2400	2000	1800	1800	1900	1700
Carteira de pedidos		1980	1900	1900	2000	1500	1300	1000	600
Estoque	880								

Faça o MPS seguindo o método de acompanhamento da demanda.

Solução

O MPS acompanhando a demanda consiste em produzir em cada período exatamente a quantidade demandada (maior valor entre previsão e carteira), ou seja, sem a formação de estoques. Dessa forma, o MPS fica da maneira como está na Tabela 3.8 a seguir.

Tabela 3.8 MPS Elaborado

Período	0	1	2	3	4	5	6	7	8
Previsão de vendas		2000	2200	2400	2000	1800	1800	1900	1700
Carteira de pedidos		1980	1900	1900	2000	1500	1300	1000	600
Demanda		2000	2200	2400	2000	1800	1800	1900	1700
Estoque	880	0	0	0	0	0	0	0	0
MPS		1120	2200	2400	2000	1800	1800	1900	1700

6 Considere os dados do Exercício 5. Elabore um MPS:

a. Sabendo-se que o tamanho do lote de produção deve ser de no mínimo 2000 unidades.
b. Sabendo-se que o tamanho do lote de produção deve ser múltiplo de 500 unidades.

Solução

a. Neste caso, como ocorre em várias situações práticas, há um lote mínimo de produção, ou seja, ou se produz essa exata quantidade (2000 unidades) ou se produz uma quantidade superior a ela (2001, 2002, ... 2500, 3000, 4000 etc.). Dessa forma, embora a necessidade em cada período possa ser menor que 2000 unidades, a quantidade a ser produzida deve ser alterada para um valor maior ou igual a 2000. Como não é desejável que os níveis de estoque sejam ainda maiores do que os níveis causados pela política de lote mínimo, sempre que possível deve-se produzir a exata quantidade de 2000. O MPS completo fica como mostrado na Tabela 3.9 a seguir.

Tabela 3.9 MPS Elaborado

Período	0	1	2	3	4	5	6	7	8
Previsão de vendas		2000	2200	2400	2000	1800	1800	1900	1700
Carteira de pedidos		1980	1900	1900	2000	1500	1300	1000	600
Demanda		2000	2200	2400	2000	1800	1800	1900	1700
Estoque	880	880	680	280	280	480	680	780	1080
MPS		2000	2000	2000	2000	2000	2000	2000	2000

b. Nesse caso, que também ocorre frequentemente em situações práticas, o tamanho do lote deve ser múltiplo de um determinado valor. Ser múltiplo de 500 significa que devem-se produzir ou 500 unidades, ou 1000 unidades, ou 1500 unidades, e assim por diante. Elaborando o MPS com essa restrição, tem-se a Tabela 3.10 como a seguir.

Tabela 3.10 MPS Elaborado

Período	0	1	2	3	4	5	6	7	8
Previsão de vendas		2000	2200	2400	2000	1800	1800	1900	1700
Carteira de pedidos		1980	1900	1900	2000	1500	1300	1000	600
Demanda		2000	2200	2400	2000	1800	1800	1900	1700
Estoque	880	380	180	280	280	480	180	280	80
MPS		1500	2000	2500	2000	2000	1500	2000	1500

Note que o nível de estoque da situação (b) é inferior ao de (a), pois no segundo caso é possível produzir em quantidades que se aproximam mais da demanda. Na verdade, quanto menor o lote mínimo ou menor o lote múltiplo (sendo o menor valor o lote unitário), menor será o nível de estoque, desde que o método seja o de acompanhar a demanda.

7 Um produtor de janelas de alumínio padronizadas possui como previsão de vendas para as próximas oito semanas os seguintes valores: 340, 340, 360, 400, 420, 490, 500 e 500, respectivamente. Também possui pedidos firmes para as próximas cinco semanas com os seguintes valores: 112, 344, 95, 90 e 90, respectivamente. Sendo o estoque no início do período de planejamento igual a 50 unidades, elabore o MPS para essa situação:

a. Sabendo que é política da empresa manter 50 unidades do produto final como estoque de segurança.
b. Sabendo que, além do estoque de segurança de 50 unidades, o lote mínimo é de 1000 unidades.

Solução

a. Nesta situação, no final de cada período, o estoque deve ser maior ou igual a 50 unidades. Dessa forma, ao determinar a quantidade a ser produzida deve-se ficar atento para que sempre o que for produzido no período seja suficiente para atender a demanda e para que "sobrem" 50 unidades ou mais do produto. Como neste caso não há política de tamanho de lote, para minimizar o nível do estoque pode-se planejar a produção para que restem exatamente as 50 unidades. O MPS completo fica como mostrado na Tabela 3.11 a seguir.

Tabela 3.11 MPS Elaborado

Período	0	1	2	3	4	5	6	7	8
Previsão de vendas		340	340	360	400	420	490	500	500
Carteira de pedidos		112	344	95	90	90	0	0	0
Demanda		340	344	360	400	420	490	500	500
Estoque	50	50	50	50	50	50	50	50	50
MPS		340	344	360	400	420	490	500	500

b. Nesta situação, além de "sobrarem" 50 unidades em cada período, é preciso obedecer à política de lote mínimo de 1000 unidades. Com isso, a tendência é de que os níveis de estoque sejam superiores, como se observa no MPS resultante a seguir (Tabela 3.12).

Tabela 3.12 MPS Resultante

Período	0	1	2	3	4	5	6	7	8
Previsão de vendas		340	340	360	400	420	490	500	500
Carteira de pedidos		112	344	95	90	90	0	0	0
Demanda		340	344	360	400	420	490	500	500
Estoque	50	710	366	1006	606	186	696	196	696
MPS		1000	0	1000	0	0	1000	0	1000

8 Para os dados do Exercício 7, calcule o ATP e o ATP acumulado.

Solução

a. Seguindo a regra de cálculo do ATP, tem-se:

- Para $t = 1$: ATP = I_0 + MPS_1 – Σ carteira até o período 1 (pois no segundo período há produção)

$$ATP = 50 + 340 - 112 = 278;$$

- Para $t = 2$: ATP = MPS_2 – Σ carteira até o período 2 (pois no terceiro período há produção)

$$ATP = 344 - 344 = 0;$$

- Para $t = 3$: ATP = MPS_3 – Σ carteira até o período 3 (pois no quarto período há produção)

$$ATP = 360 - 95 = 265;$$

- Para $t = 4$: ATP = MPS_4 – Σ carteira até o período 4 (pois no quinto período há produção)

$$ATP = 400 - 90 = 310;$$

- Para $t = 5$: ATP = MPS_5 – Σ carteira até o período 5 (pois no sexto período há produção)

$$ATP = 420 - 90 = 330;$$

- Para $t = 6$: ATP = MPS_6 – Σ carteira até o período 6 (pois no sétimo período há produção)

$$ATP = 490 - 0 = 490;$$

- Para $t = 7$: ATP = MPS_7 – Σ carteira até o período 7 (pois no oitavo período há produção)

$$ATP = 500 - 0 = 500;$$

- Para $t = 8$: ATP = MPS_8 – Σ carteira até o período 8 (pois é o último período)

$$ATP = 500 - 0 = 500.$$

O ATP acumulado é dado pela soma dos ATPs até o período em consideração, da seguinte forma:

ATP até o período 1 = ATP 1 = 278

ATP até o período 2 = ATP 1 + ATP 2 = 278 + 0 = 278

ATP até o período 3 = ATP 1 + ATP 2 + ATP 3 = 278 + 0 + 265 = 543

ATP até o período 4 = ATP 1 + ATP 2 + ATP 3 + ATP 4 = 278 + 0 + 265 + 310 = 853

ATP até o período 5 = ATP 1 + ATP 2 + ATP 3 + ATP 4 + ATP 5 =
= 278 + 0 + 265 + 310 + 330 = 1183

ATP até o período 6 = ATP 1 + ATP 2 + ATP 3 + ATP 4 + ATP 5 + ATP 6 =
= 278 + 0 + 265 + 310 + 330 + 490 = 1673

ATP até o período 7 = ATP 1 + ATP 2 + ATP 3 + ATP 4 + ATP 5 + ATP 6 + ATP 7 =
= 278 + 0 + 265 + 310 + 330 + 490 + 500 = 2173

ATP até o período 8 = ATP 1 + ATP 2 + ATP 3 + ATP 4 + ATP 5 + ATP 6 + ATP 7 + ATP 8 =
= 278 + 0 + 265 + 310 + 330 + 490 + 500 + 500 = 2673

A matriz completa fica como a seguir (Tabela 3.13).

Tabela 3.13 Matriz Completa do MPS

Período	0	1	2	3	4	5	6	7	8
Previsão de vendas		340	340	360	400	420	490	500	500
Carteira de pedidos		112	344	95	90	90	0	0	0
Demanda		340	344	360	400	420	490	500	500
Estoque	50	50	50	50	50	50	50	0	0
ATP		278	0	265	310	330	490	500	500
ATP acumulado		278	278	543	853	1183	1673	2173	2673
MPS		340	344	360	400	420	490	500	500

b. Seguindo a regra de cálculo do ATP, tem-se:

- Para $t = 1$: ATP = I_0 + MPS_1 − Σ carteira até o período 2 (pois no terceiro período há produção)

$$ATP = 50 + 1000 - 112 - 344 = 594;$$

- Para $t = 2$: uma vez que não há produção no período 2, o ATP não é calculado e, se houver necessidade, os pedidos para esse período podem ser atendidos pelo ATP do período 1;
- Para $t = 3$: ATP = MPS_3 − Σ carteira até o período 5 (pois no sexto período há produção)

$$ATP = 1000 - 95 - 90 - 90 = 725;$$

- Para $t = 4$: ATP = como não há produção no período 4, o ATP não é calculado e, se houver necessidade, os pedidos para esse período podem ser atendidos pelo ATP do período 3;
- Para $t = 5$: ATP = como não há produção no período 5, o ATP não é calculado e, se houver necessidade, os pedidos para esse período podem ser atendidos pelo ATP do período 3;
- Para $t = 6$: ATP = MPS_6 − Σ carteira até o período 7 (pois no oitavo período há produção)

$$ATP = 1000 - 0 - 0 = 1000;$$

- Para $t = 7$: ATP = como não há produção no período 7, o ATP não é calculado e, se houver necessidade, os pedidos para esse período podem ser atendidos pelo ATP do período 6;
- Para $t = 8$: ATP = MPS_8 − Σ carteira até o período 8 (pois é o último período)

$$ATP = 1000 - 0 = 1000.$$

Assim como na situação (a), o ATP acumulado é dado pela soma dos ATPs até o período em consideração. A matriz completa fica como mostrado na Tabela 3.14 a seguir.

Tabela 3.14 MPS Completo

Período	0	1	2	3	4	5	6	7	8
Previsão de vendas		340	340	360	400	420	490	500	500
Carteira de pedidos		112	344	95	90	90	0	0	0
Demanda		340	344	360	400	420	490	500	500
Estoque	50	710	366	1006	606	186	696	196	696
ATP		594	–	725	–	–	1000	–	1000
ATP acumulado		594	594	1319	1319	1319	2319	2319	3319
MPS		1000	0	1000	0	0	1000	0	1000

Note, por exemplo, que, se houver novos pedidos para o período 3, será possível atendê-los sem modificar o MPS até em 725 unidades. Caso haja mais pedidos do que 725 unidades para esse período, então pode-se comprometer parte do ATP do período 1 para supri-los. Pelo ATP acumulado, pode-se notar que é possível atender até 1319 pedidos no terceiro período sem necessidade de alterar o MPS e comprometendo o ATP dos períodos 1 e 3.

9) Uma determinada fábrica produz dois diferentes produtos, P1 e P2, que passam por três centros produtivos críticos X, Y e Z. O produto P1 é formado por três itens: uma unidade de P11 (nível 1), uma unidade de P12 (nível 2), e duas unidades de P13 (nível 2). O item P11 consome 0,10 hora no centro X, uma semana antes da produção de P1; o item P12 consome 0,10 hora no centro Y, duas semanas antes da produção de P1; o item P13 consome 0,20 hora no centro Z, três semanas antes da produção de P1, e 0,15 hora no centro Y duas semanas antes da produção de P1. O produto P2 é formado por três itens: uma unidade de P21 (nível 1), uma unidade de P22 (nível 2) e uma unidade de P23 (nível 2). O item P21 consome 0,20 hora no centro Z, uma semana antes da produção de P2; o item P22 consome 0,30 hora no centro Y, duas semanas antes da produção de P2; o item P23 consome 0,10 hora no centro X, três semanas antes da produção de P2, e 0,2 hora no centro Y, duas semanas antes da produção de P2. O MPS para os dois produtos finais para as próximas oito semanas é dado pela Tabela 3.15 a seguir. Calcule o RCCP, considerando uma capacidade semanal disponível de 80 horas. Desconsidere a capacidade a ser utilizada anteriormente à semana 1.

Tabela 3.15 MPS para os Próximos Oito Períodos

Semana	1	2	3	4	5	6	7	8
P1	100	50	200	70	0	60	50	0
P2	0	90	90	90	0	0	90	90

Solução

Pela descrição dos produtos, os perfis dos recursos X, Y e Z ficam como mostrado na Tabela 3.16:

Tabela 3.16 Perfis dos Recursos X, Y e Z

Perfil de recursos P1			Perfil de recursos P2		
Centro de Trabalho	Tempo de produção unitário (h)	Antecedência (semanas)	Centro de Trabalho	Tempo de produção unitário (h)	Antecedência (semanas)
X	0,1	1	X	0,1	3
Y	0,4	2	Y	0,5	2
Z	0,4	3	Z	0,2	1

Note que para o caso dos centros Z e Y do produto P1 os tempos foram multiplicados por 2, tendo em vista que a relação entre os itens P13 e P1 é de dois para um. Note também que para os dois produtos, como dois itens diferentes passam pelo mesmo centro produtivo com a mesma antecedência, neste caso o centro Y, os tempos de produção foram somados.

Com esses perfis, para determinar o consumo de horas nos centros produtivos em função do planejamento mestre da produção, basta multiplicar as quantidades a serem produzidas em cada período pelos tempos de processamento, obedecendo à antecedência. Por exemplo, para o período 1, no centro X, haverá consumo de 5 horas (50 produtos P1 uma semana depois, cada um consumindo 0,1 hora) mais 9 horas (90 produtos P2 três semanas depois, cada um consumindo 0,1 hora), totalizando 14 horas. A seguir são detalhados esse e os demais cálculos.

- Para o período 1, no centro X: (50)(0,1) + (90)(0,1) = 14 horas;
- Para o período 1, no centro Y: (200)(0,4) + (90)(0,5) = 125 horas;
- Para o período 1, no centro Z: (70)(0,4) + (90)(0,2) = 46 horas;
- Para o período 2, no centro X: (200)(0,1) + (0)(0,1) = 20 horas;
- Para o período 2, no centro Y: (70)(0,4) + (90)(0,5) = 73 horas;
- Para o período 2, no centro Z: (0)(0,4) + (90)(0,2) = 18 horas;
- Para o período 3, no centro X: (70)(0,1) + (0)(0,1) = 7 horas;
- Para o período 3, no centro Y: (0)(0,4) + (0)(0,5) = 0 hora;
- Para o período 3, no centro Z: (60)(0,4) + (90)(0,2) = 42 horas;
- Para o período 4, no centro X: (0)(0,1) + (90)(0,1) = 9 horas;
- Para o período 4, no centro Y: (60)(0,4) + (0)(0,5) = 24 horas;
- Para o período 4, no centro Z: (50)(0,4) + (0)(0,2) = 20 horas;
- Para o período 5, no centro X: (60)(0,1) + (90)(0,1) = 15 horas;
- Para o período 5, no centro Y: (50)(0,4) + (90)(0,5) = 65 horas;
- Para o período 5, no centro Z: (0)(0,4) + (0)(0,2) = 0 hora;
- Para o período 6, no centro X: (50)(0,1) + (0)(0,1) = 5 horas;
- Para o período 6, no centro Y: (0)(0,4) + (90)(0,5) = 45 horas;
- Para o período 6, no centro Z: (0)(0,4) + (90)(0,2) = 18 horas;
- Para o período 7, no centro X: (0)(0,1) + (0)(0,1) = 0 hora;
- Para o período 7, no centro Y: (0)(0,4) + (0)(0,5) = 0 hora;
- Para o período 7, no centro Z: (0)(0,4) + (90)(0,2) = 18 horas.

Para o período 8, por ser o último do horizonte de planejamento, não haverá ainda consumo registrado, visto que a antecedência mínima é de uma semana. As Tabelas 3.17 e 3.18, a seguir, agrupam esses resultados em horas e também em porcentagem de consumo (horas consumidas/horas disponíveis).

Tabela 3.17 Horas Necessárias em Cada Período

Centro de Trabalho	Semanas							
	1	2	3	4	5	6	7	8
X	14	20	7	9	15	5	0	0
Y	125	73	0	24	65	45	0	0
Z	46	18	42	20	0	18	18	0

Tabela 3.18 Utilização em Cada Período

Centros de Trabalho	Utilização								
		Semanas							
	0	1	2	3	4	5	6	7	8
X		17,5%	25,0%	8,7%	11,2%	18,7%	6,2%	0,0%	0,0%
Y		156,2%	91,2%	0,0%	30,0%	81,2%	56,2%	0,0%	0,0%
Z		57,5%	22,5%	52,5%	25,0%	0,0%	22,5%	22,5%	0,0%

Percebe-se, pelos resultados, que há falta de capacidade no centro Y no período 1, pois a carga de trabalho necessária ultrapassou em 56,2% a disponibilidade de horas. Uma solução, tendo em vista que o excesso é grande, poderia ser a de modificar o MPS, por exemplo, diminuindo de 200 para 86 o número de produtos P1 no terceiro período e aumentando de 0 para 114 o número de produtos P1 no período 5.

3.3 Exercícios propostos

1. Há dois produtos que precisam ser produzidos ao longo de oito semanas para atender as demandas mostradas na Tabela 3.19 a seguir.

Tabela 3.19 Demandas dos Produtos 1 e 2

Semana	1	2	3	4	5	6	7	8
Produto 1	100	200	50	50	200	250	100	100
Produto 2	50	200	100	40	40	40	40	30

Para produzir um produto do tipo 1 é necessária 0,1 hora de utilização do recurso gargalo do processo. Para produzir uma unidade do produto 2 é necessária 0,2 hora do mesmo recurso gargalo. O custo unitário de estocagem do produto 1 é de R$ 2,00 por semana e do produto 2 é de R$ 3,00 por semana. Para realizar um *setup* no recurso gargalo para produção do produto 1, gasta-se uma quantia de R$ 12,00, e para produzir o produto 2 gasta-se a quantia de R$ 10,00. Há um estoque inicial do produto 1 de 100 unidades e não há estoque inicial do produto 2. Por semana, a capacidade de produção é de 40 horas. Os produtos podem ser entregues com atraso, sem custo, e todos os pedidos devem ser atendidos. Quantos produtos 1 e quantos produtos 2 devem ser produzidos em cada período para que o custo total seja mínimo?

2. Se, no caso do Exercício 1, forem permitidas faltas e houver um custo de falta de R$ 3,00 para cada produto 1 e de R$ 4,00 para cada produto 2, determine:

   a. O menor custo total se a demanda puder ser atendida com atraso (*backorder*). Considere agora que a capacidade semanal é de apenas 24 horas. Neste caso não é necessário atender a demanda total do período.
   b. O menor custo total se a demanda não puder ser atendida com atraso (*lost sale*). Considere a capacidade semanal de apenas 24 horas.

3. Considere o plano desagregado de produção dos produtos alfa, beta, gama, delta, épsilon e zeta dado pela Tabela 3.20 a seguir.

Tabela 3.20 Sequência e Quantidades a Serem Produzidas

Sequência no mês 1	Quantidade do mês 1	Sequência no mês 2	Quantidade do mês 2
alfa	450	beta	250
beta	300	gama	380
gama	220	delta	450
delta	350	zeta	350
épsilon	300	épsilon	200
zeta	230	alfa	300

Os tempos de produção unitários de alfa, beta, gama, delta, épsilon e zeta são 0,1, 0,2, 0,15, 0,21, 0,3 e 0,08, respectivamente. Sabendo que a capacidade semanal é de 80 horas produtivas, faça o MPS a partir da realização do plano desagregado.

4. Uma empresa que produz sob encomenda fabrica três produtos diferentes pertencentes a uma mesma família. O produto 1 possui a seguinte carteira de pedidos para as próximas quatro semanas: 120, 98, 86 e 80, respectivamente; o produto 2 possui 112, 96, 95 e 90, respectivamente, e o produto 3 possui 215, 190, 155 e 162, respectivamente. O MPS dessa empresa deve ser o de acompanhamento da demanda, dada exclusivamente pela carteira de pedidos. Qual a carga total de trabalho em cada semana se os tempos unitários de processamento para os produtos 1, 2 e 3 são 1,2, 1,4 e 1,15, respectivamente?

5. Sejam os dados da Tabela 3.21, a seguir, relativos a determinado produto acabado.

Tabela 3.21 Previsão, Carteira e Estoque

Período	0	1	2	3	4	5	6	7	8
Previsão da demanda		1300	1250	1400	1100	1520	1680	1700	1200
Carteira de pedidos		1180	970	1440	875	1300	1240	1700	660
Estoque	330								

Qual o estoque projetado em cada período se a produção for nivelada ao longo de todo o horizonte de planejamento?

6. Quais os valores de demanda foram utilizados para elaborar o MPS a seguir (Tabela 3.22)?

Tabela 3.22 Dados do MPS

Período	0	1	2	3	4	5	6
Previsão da demanda							
Carteira de pedidos		967	800	983	164	480	200
Estoque	1090	1123	1208	225	561	1026	378
MPS		1000	1000	500	500	1000	0

7. A Tabela 3.23, a seguir, mostra a previsão da demanda, os pedidos em carteira e o estoque inicial de um determinado produto final produzido para estoque.

Tabela 3.23 Previsão, Carteira e Estoque

Período	0	1	2	3	4	5	6	7	8
Previsão da demanda		200	100	500	250	300	150	620	350
Carteira de pedidos		180	100	440	312	280	119	108	98
Estoque	0								

Elabore o MPS nivelando a produção em blocos de quatro períodos. Quanto deve ser produzido do período 1 ao 4? Quanto deve ser produzido do período 5 ao 8? Qual o estoque médio ao longo dos oito períodos?

8. Considere a Tabela 3.24 a seguir, em que são mostrados a previsão da demanda, os pedidos confirmados e o estoque inicial de determinado produto produzido para estoque.

Tabela 3.24 Previsão, Carteira e Estoque

Período	0	1	2	3	4	5	6
Previsão da demanda		1200	1250	1300	900	1470	1530
Carteira de pedidos		920	960	100	1000	1128	1174
Estoque	800						

(continua)

Tabela 3.24 Previsão, Carteira e Estoque (*continuação*)

Período	7	8	9	10	11	12
Previsão da demanda	1590	1110	1936	2014	2092	1468
Carteira de pedidos	990	660	574	422	350	100
Estoque						

Nessa empresa a política produtiva consiste em fabricar lotes que atendam à demanda acumulada de quatro períodos. Sabendo-se disso, quanto deve ser produzido em cada período? Calcule os estoques projetados.

9. Considere a Figura 3.1 a seguir, um recorte de uma planilha eletrônica em que um planejador mestre da produção faz o MPS de um determinado produto.

	A	B	C	D	E	F	G	H	I	J
1	**Período**	0	1	2	3	4	5	6	7	8
2	Previsão de demanda									
3	Pedidos em carteira									
4	Demanda									
5	Estoque disponível / projetado									
6	Disponível para promessa (ATP)									
7	ATP acumulado									
8	Programa Mestre de Produção (MPS)									

Figura 3.1 Planilha eletrônica para elaboração de um MPS.

O que as fórmulas a seguir calculam?

a. =B5+C8–C4.
b. =C6+D6+E6+F6.
c. =MÁXIMO(H2:H3).

10. Seja a Tabela 3.25, a seguir, referente à previsão de vendas, carteira de pedidos e estoque inicial em quilogramas de um achocolatado em pó produzido por um grande fabricante multinacional.

Tabela 3.25 Previsão, Carteira e Estoque

Período	0	1	2	3	4	5	6
Previsão		830	900	770	690	550	490
Carteira		722	696	780	532	444	337
Estoque	0						

Considerando que há uma perda de 3% do produto durante a colocação do pó na embalagem, de quanto deve ser a produção em cada período para acompanhar a demanda?

11. Uma fábrica de colchões possui a seguinte previsão de demanda para as próximas oito semanas: 685, 700, 350, 685, 595, 625, 610, 590, respectivamente. Por enquanto, a carteira de pedidos possui encomendas para as seis primeiras semanas, nas seguintes quantidades: 500, 470, 342, 260, 84, 4, respectivamente. A partir desses dados, considerando que há um estoque atual de 95 unidades, que a empresa produz em lotes múltiplos de 800 e que se deve manter um estoque de segurança de 50 unidades, determine o MPS, o ATP e o ATP acumulado.

12. Uma fábrica de chuveiros elétricos possui a seguinte previsão de demanda para as próximas oito semanas: 440, 450, 480, 440, 380, 400, 390, 380, respectivamente. Por enquanto, a carteira de pedidos possui encomendas para as cinco primeiras semanas, nas seguintes quantidades: 490, 470, 420, 260, 50, respectivamente. A partir desses dados, considerando que há um estoque atual disponível de 540 unidades, que a empresa produz em lotes mínimos de 500 e que se deve manter um estoque de segurança de 50 unidades, determine o MPS, o ATP e o ATP acumulado. Se um cliente fizer um pedido de 200 chuveiros para o período 3, é possível atendê-lo?

13. Um fabricante de aspiradores de pó de uso doméstico possui a seguinte previsão de vendas do seu principal produto para as próximas oito semanas: 500, 500, 450, 450, 350, 300, 300 e 200, respectivamente. Os pedidos já confirmados por clientes, para as próximas seis semanas, são: 480, 550, 370, 380, 100 e 50, respectivamente. Atualmente há um estoque de 400 unidades desse aspirador. Para reduzir os custos de preparação de alguns equipamentos importantes do processo, o lote mínimo de produção desse produto é de 800 unidades e, para evitar falta de produtos, são mantidas, no mínimo, 200 unidades desse produto estocadas ao final de cada semana. Com estas informações, calcule o MPS, os estoques projetados e o ATP para cada período.

14. Considere os produtos P1 e P2, com perfis segundo a Tabela 3.26, a seguir, e também a Tabela 3.27 que mostra o MPS para as próximas oito semanas.

Tabela 3.26 Perfil de Recursos dos Produtos P1 e P2

Produto P1			Produto P2		
Centro de trabalho	Tempo unitário (h)	Antecedência (semana)	Centro de trabalho	Tempo unitário (h)	Antecedência (semana)
X	0,1	1	X	0,1	3
Y	0,25	2	Y	0,5	2
Z	0,2	3	Z	0,2	1

Tabela 3.27 MPS para as Próximas Oito Semanas

Semana	1	2	3	4	5	6	7	8
P1	100	50	200	70	0	60	50	0
P2	0	90	90	90	0	0	90	90

Calcule o RCCP, considerando uma capacidade semanal disponível de 80 horas. Desconsidere a capacidade a ser utilizada anteriormente à semana 1.

15. As Tabelas 3.28 e 3.29, a seguir, mostram os planos mestres de três produtos diferentes que passam por quatro departamentos críticos de uma fábrica e os perfis dos recursos críticos, respectivamente. Faça o RCCP desse caso, considerando que há 40 horas semanais disponíveis. Se a capacidade for insuficiente, modifique o MPS para obter um plano exequível.

Tabela 3.28 MPS para os Produtos A, B e C

Semana	1	2	3	4	5	6	7	8
MPS Produto A	50	50	50	100	100	120	120	120

Semana	1	2	3	4	5	6	7	8
MPS Produto B	80	80	80	60	40	40	40	40

Semana	1	2	3	4	5	6	7	8
MPS Produto C	60	0	60	0	60	0	60	0

Tabela 3.29 Perfil dos Recursos

Perfil A		
Depart.	Carga horária	Offset
D11	0,2	1
D12	0,2	2
D13	0,1	2
D14	0,1	3

Perfil B		
Depart.	Carga horária	Offset
D11	0,1	3
D12	0,1	3
D13	0,1	2
D14	0,2	2

Perfil C		
Depart.	Carga horária	Offset
D11	0,4	1
D12	0,3	2
D13	0,4	3
D14	0,3	1

16. Considere o gráfico da Figura 3.2 a seguir, que representa o uso da capacidade semanal de um sistema produtivo durante oito semanas para a produção dos produtos A, B, C e D. Sabe-se que os tamanhos dos lotes de produção são 50, 100, 80 e 200, respectivamente, e que as horas necessárias por lote são 5, 2,5, 4 e 20, respectivamente.

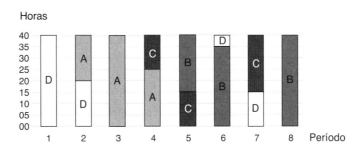

Figura 3.2 Gráfico de produção dos produtos A, B, C e D.

Calcule:

a. A quantidade produzida de cada um dos produtos finais em cada um dos períodos.
b. A quantidade total produzida de cada um dos produtos.

17. Seja a Tabela 3.30, a seguir, com as previsões de demanda e carteira de pedidos de um determinado produto.

Tabela 3.30 Previsão, Carteira de Pedidos e Estoque Inicial

Período	0	1	2	3	4	5	6
Previsão		872	916	960	872	763	807
Carteira		995	851	829	545	109	0
Estoque	340						

a. Faça o planejamento da produção e calcule os estoques para cada período, sendo necessário manter pelo menos 200 unidades de estoque de segurança e produzir em lotes múltiplos de 100 unidades.
b. Considere o período 1 do MPS realizado no item (a). Lance um dado uma vez: se o número da face de cima for 1, 2 ou 3, considere que a demanda real no final desse período foi menor do que a previsão, e se o número da face de cima for 4, 5 ou 6, considere que a demanda real no final desse período foi maior do que a previsão; lance o dado novamente: se o resultado for 1 a diferença foi de 2%, se for 2 a diferença foi de 5%, se for 3 a diferença foi de 8%, se for 4 a diferença foi de 10%, se for 5 a diferença foi de 12% e se for 6 a diferença foi de 15%. Arredonde os valores para cima. Por exemplo, se nos lançamentos do dado os valores foram 1 e 3, então as vendas reais no período 1 foram menores que a previsão em 8%. Com isso, anote que a demanda real foi de 803, pois deve-se reduzir (valor 1 no primeiro lançamento) a demanda em 8% (valor 3 no segundo lançamento), o que resulta em 872*0,92 = 802,24, que arredondando para cima fica igual a 803. Após essa atualização do valor da venda real no período, recalcule o estoque do período e refaça o planejamento da produção para os demais períodos.

Dica: Para simular o lançamento de um dado no Microsoft Excel® utilize a seguinte fórmula: =ALEATÓRIOENTRE(1;6).

c. Com o MPS atualizado pelo item (b), faça os lançamentos do dado novamente seguindo as mesmas regras, agora para o período 2. Recalcule o estoque do período e refaça o planejamento da produção para os demais períodos.

d. Com o MPS atualizado pelo item (c), faça os lançamentos do dado novamente seguindo as mesmas regras, agora para o período 3. Recalcule o estoque do período e refaça o planejamento da produção para os demais períodos.

e. Faça, período a período, até o período 6, os lançamentos do dado e a atualização do MPS.

18. Uma superlista de materiais é uma opção de lista de materiais para quando o produto final é vendido sob pedido e montado a partir de módulos. Assim, a superlista descreve os módulos (que são diferentes opções de componentes que podem fazer parte do produto final) que compõem um item "médio". Por exemplo, um determinado automóvel pode ter em sua superlista o módulo ar-condicionado na relação de 1 para 0,4. Isso significa que a demanda final desse automóvel terá em média 40% dos pedidos com a versão que inclui ar-condicionado e 60% com a versão que não inclui. Nesses casos, para o recebimento de novos pedidos, o planejador deve verificar o disponível para promessa (ATP) para cada opção do pedido. Considere os planejamentos abaixo (MPS) dados pela Tabela 3.31 de dois componentes A e B diferentes e que fazem parte de um produto final cuja lista é do tipo superlista.

Tabela 3.31 MPS dos Itens A e B

Item A							
Período	0	1	2	3	4	5	6
Previsão		800	900	900	1000	700	800
Pedidos em carteira		820	700	610	444	52	16
Estoque	500	200	200	200	200	200	200
MPS		520	900	900	1000	700	800

Item B							
Período	0	1	2	3	4	5	6
Previsão		400	500	400	400	550	380
Pedidos em carteira		390	208	195	0	0	0
Estoque	30	30	30	30	30	80	100
MPS		400	500	400	400	600	400

a. Calcule o ATP e o ATP acumulado dos itens A e B.
b. Se um cliente fizer um pedido de 520 produtos finais para o período 3 que inclua o item A e o item B, é possível atendê-lo?
c. Suponha um pedido de 1000 produtos finais para o período 4 que inclua o item A e o item B. O que deve ser mudado no MPS do item A e o que deve ser mudado no MPS do item B para atender esse pedido? O estoque de segurança do item A é de 200 e o estoque de segurança o item B é de 30. O lote do item A pode ser de qualquer tamanho e o lote do item B deve ser múltiplo de 100.

19. Um produtor de camas hospitalares possui como um dos principais produtos finais a cama manual modelo Clean, vendida em todo o território nacional. O lote de montagem pode ser de qualquer tamanho e sempre são mantidas, pelo menos, 60 unidades em estoque de segurança. O MPS para essa cama é mostrado na Tabela 3.32 a seguir.

Tabela 3.32 MPS da Cama Hospitalar Modelo Clean

Semana	0	1	2	3	4	5	6	7	8
Previsão de vendas		250	250	190	190	180	180	360	360
Carteira de pedidos		234	185	120	98	76	42	0	20
Demanda		250	250	190	190	180	180	360	360
Estoque	60	60	60	60	60	60	60	60	60
ATP		76	65	70	92	104	138	360	340
ATP Acumulado		76	141	211	303	407	545	905	1245
MPS		250	250	190	190	180	180	360	360

Para o planejamento desse produto há um *time fence* de duas semanas, ou seja, não se pode mudar a quantidade a ser produzida (linha MPS) da semana atual e da semana seguinte, mesmo que ocorram mudanças nos pedidos dos clientes.

a. Suponha que a semana atual seja a semana 1 e que foram acrescentados, na carteira da semana 2, mais 70 pedidos. Qual(is) a(s) mudança(s) necessária(s) no plano? Atualize o plano.

b. Suponha agora que a semana atual seja a semana 2 e que as vendas reais da semana 1 foram exatamente iguais à previsão da demanda e que foram acrescentados, na carteira da semana 3, mais 40 pedidos. Qual(is) a(s) mudança(s) necessária(s) no plano?

c. Suponha agora que a semana atual seja a semana 3 e que as vendas reais da semana 2 foram exatamente os pedidos da carteira e que foram acrescentados, na carteira da semana 6, mais 178 pedidos. Qual(is) a(s) mudança(s) necessária(s) no plano? Atualize o plano.

d. Suponha agora que a semana atual seja a semana 4 e que as vendas reais da semana 3 foram exatamente os pedidos da carteira e que não foram feitos novos pedidos. Qual(is) a(s) mudança(s) necessária(s) no plano?

20. Considere novamente o enunciado do Exercício proposto (19).

a. Qual a data mais cedo em que um cliente que fizer um pedido de 150 camas poderá recebê-lo completamente?

b. Se o pedido puder ser entregue aos poucos em semanas separadas e em quaisquer quantidades, o quanto deveria ser entregue em cada semana para que esse cliente recebesse o pedido o mais rapidamente possível?

c. Se a fabricação da cama consome seis minutos de processamento por unidade no gargalo da empresa com antecedência de uma semana e há um *setup* de 30 minutos nesse mesmo gargalo a cada nova produção, independentemente do lote anterior e do tamanho do lote atual, qual o consumo de horas no gargalo para o MPS planejado?

4
Planejamento das necessidades de materiais

O planejamento das necessidades de materiais consiste em determinar as quantidades e os momentos das ordens de produção e de compra de componentes/matérias-primas que fazem parte dos produtos finais. Na prática, o método mais utilizado é o Material Requirements Planning (MRP) desenvolvido por Joseph Orlicky na década de 1970. Trata-se de um plano de curto prazo que se baseia em informações como plano mestre de produção, lista de materiais, lead times, quantidade em estoque, entre outros. Da mesma forma como nos níveis do plano agregado e do plano mestre, no nível do MRP é necessária uma avaliação da capacidade para verificar a viabilidade do plano desenvolvido. Essa avaliação de capacidade é conhecida como Capacity Requirements Planning (CRP)

Resumo teórico

Se para a receita de um bolo são necessários dois ovos, então para fazer duas receitas do bolo são necessários quatro ovos. Se na geladeira já houver três ovos, então a necessidade líquida para fazer as duas receitas é de apenas um ovo. Suponha que seja necessário esperar que o ovo retirado da geladeira atinja a temperatura ambiente antes de ser usado na receita e que isso leve em torno de duas horas. Então, para que o ovo esteja disponível para o início da confecção do bolo às 14 horas, deve-se retirar o ovo da geladeira às 12 horas.

A mesma lógica anterior pode ser utilizada para a fabricação de produtos. O bolo é o produto final, a quantidade de bolos é a demanda, os ingredientes são a lista de materiais, a quantidade de ovos na geladeira é o estoque e o tempo de antecedência para disponibilizar o ovo é o *lead time* de obtenção do item.

É de acordo com essa lógica que o MRP funciona, mas em vez da "receita" é preciso conhecer a lista de materiais. A lista de materiais ou *Bill Of Materials* (BOM) deve conter toda a sequência na qual as matérias-primas e componentes estão estruturados. Essa lista normalmente está disponível em dois formatos: *diagrama da estrutura do produto* e *lista indentada*. A estrutura do produto ou árvore do produto é a sequência de composição de um item final e a interdependência de seus componentes geralmente em formato gráfico. A *lista indentada* é uma representação alternativa à estrutura gráfica, sendo mais fácil de ser tratada pelos sistemas computacionais. Os níveis mais altos da lista de materiais são colocados na extrema esquerda da margem, e seus componentes são colocados sucessivamente para a direita, à medida que se vai descendo ao longo dos níveis na lista indentada. A Figura 4.1 e a Tabela 4.1 ilustram simplificadamente esses dois formatos para o produto "caneta esferográfica".

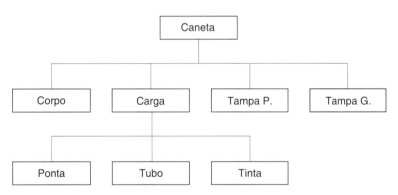

Figura 4.1 Estrutura do produto caneta esferográfica.
Fonte: adaptado de Laurindo e Mesquita (2000).

O item mais acima da estrutura/lista é o produto final e diz-se que está no nível 0 (zero). Os itens logo abaixo são os itens do nível 1 (um), depois vêm os itens do nível 2 (dois), e assim por diante. Um produto completo pode ter mais de uma centena de níveis. Um item que tiver um ou mais itens abaixo dele é chamado de item pai; os itens abaixo dele são, consequentemente, chamados de itens filhos. Na Figura 4.1 a relação entre os pais e filhos, com exceção da tinta, são de 1 (um) para 1 (um), ou seja, para cada caneta é necessário apenas um corpo, por exemplo.

Tabela 4.1 Lista de Materiais Indentada

Item	Quantidade
0 Caneta	1
1.1 Corpo	1
1.2 Carga	1
2.1 Ponta	1
2.2 Tubo	1
2.3 Tinta	0,5 mL
1.3 Tampa P.	1
1.4 Tampa G.	1

Fonte: adaptado de Laurindo e Mesquita (2000).

O cálculo do MRP consiste basicamente em quatro passos:

a. "*explosão*" – com base no MPS e na lista de materiais, calculam-se as quantidades brutas de cada item;
b. "*netting*" – é o cálculo das necessidades líquidas a partir das necessidades brutas, descontando-se as quantidades em estoque de cada item;
c. "*offsetting*" – ou data das necessidades, com base nas necessidades líquidas e nos *lead times* para obtenção dos itens; e
d. "*lot sizing*" – determinação dos tamanhos dos lotes de produção e compra dos itens. Vários métodos podem ser utilizados.

Com relação à determinação dos tamanhos de lote, em algumas situações existem restrições de processo ou mesmo conveniências para sua determinação. Um *lote mínimo* indica a quantidade mínima de abertura de uma ordem, sendo permitidas quaisquer quantidades acima desse nível. Um *lote máximo* indica a quantidade máxima que pode ser ordenada, geralmente porque existe restrição física de volume no processo. *Lotes de período fixo* são aqueles em que a liberação das ordens ocorre com periodicidade fixa e predefinida, considerando o total de necessidades ao longo do horizonte de planejamento.

O *lead time* do item é o tempo que decorre desde a liberação da sua ordem (produção ou de compra) e o item estar disponível para uso. Esse *lead time* é, portanto, formado pelo tempo de emissão da ordem, transporte, fila, preparação (*setup*), produção e inspeções.

O MRP é calculado por meio de uma matriz em que as colunas indicam os períodos do horizonte de planejamento (normalmente semanas) e as linhas indicam:

a. *Necessidade bruta*: quantidades necessárias do item em cada período, resultante do MPS para itens do nível 0 ou da *explosão* (*liberação planejada de ordens*) para itens dos níveis inferiores ao nível 0. Assim, para itens abaixo do nível 0 a necessidade bruta é calculada pela multiplicação das quantidades necessárias do item pai pela relação entre itens pais e respectivos itens filhos (resultado do processo de explosão).
b. *Recebimentos programados*: registro das quantidades dos itens que deverão estar disponíveis em cada período e que foram determinadas pelos cálculos do MRP em rodadas anteriores à rodada atual.

c. *Estoque*: nesta linha são registrados o *estoque atual* (I_0 – estoque no final do período anterior ao primeiro período do novo horizonte de planejamento) e os estoques projetados para o final dos demais períodos do horizonte de planejamento. Seu cálculo é feito com base em uma equação de balanceamento de materiais.
d. *Necessidade líquida*: registro das quantidades necessárias descontando-se os estoques (resultado do processo de *netting*).
e. *Necessidade líquida defasada pelo lead time*: registro das quantidades necessárias atrasadas no tempo com base no *lead time* de obtenção do item (resultado do processo de *offsetting*).
f. *Liberação planejada de ordens*: registro das quantidades a serem ordenadas (ordens de compra ou ordens de produção) com base na política de determinação do tamanho dos lotes (resultado do processo de *lot sizing*).
g. *Recebimento de ordens planejadas*: indica a mesma quantidade de materiais que fora liberada na linha liberação planejada de ordens. A diferença entre as linhas é que a primeira informa o momento de recebimento do material e a segunda define o momento de abertura da ordem.

4.1 Atenção

Segurança no MRP

Há duas formas básicas de prevenção de falta de itens no sistema MRP. A mais comum é a utilização de estoques pela produção de quantidades superiores à real necessidade para absorver as flutuações estatísticas da demanda em torno da demanda esperada. A outra possibilidade é estabelecer um lead time *de segurança, ou seja, o planejamento de liberação das ordens mais cedo do que o indicado pelos planos. Ambas geram aumento dos níveis de estoque, mas oferecem melhores níveis de serviço.*

Os registros do MRP podem ser atualizados (em função de mudanças como atraso nas entregas, por exemplo) de duas maneiras diferentes: *método da regeneração*, em que tudo é recalculado e os registros refeitos; e *método da mudança líquida* ou *net change*, em que somente os itens afetados por mudanças têm seus registros recalculados. O método da mudança líquida é mais rápido, porém pode propagar erros, sendo realizado com maior frequência. Já o método da regeneração é mais demorado, por outro lado é mais preciso. Na prática usam-se os dois métodos combinados, realizando mudanças líquidas entre as regenerações.

Entre as principais vantagens do MRP pode-se citar que possibilita maior controle em sistemas produtivos complexos (alta variedade de produtos), auxilia na definição de prazos de entrega, e identifica faltas ou excessos de estoques. Entre as desvantagens destaca-se que é um sistema de *capacidade infinita*, considera o *lead time* um valor fixo, e a aquisição ou desenvolvimento de *softwares* com a lógica do MRP pode ser caro.

4.2 CRP

Assim como nos níveis do plano agregado e do plano mestre, a análise de capacidade no nível do MRP apenas indica violação da capacidade, não oferecendo caminho(s) para resolver o(s) conflito(s). Por isso diz-se que o MRP é um sistema de capacidade infinita, ou seja, as violações de capacidade são ignoradas e devem ser removidas externamente.

Capítulo 4

O objetivo do planejamento de capacidade de curto prazo, também conhecido como *Capacity Requirements Planning* (CRP), é subsidiar as decisões do planejamento das necessidades de materiais para que seja possível para o planejador antecipar necessidades de capacidade de recursos dentro do horizonte de planejamento e gerar um plano detalhado de produção e compras viável, pelos ajustes efetuados no plano original sugerido pelo MRP.

Admitindo-se que o RCCP fora bem realizado, na análise do CRP não devem surgir grandes problemas, ou seja, os problemas que surgirem, se surgirem, normalmente podem ser resolvidos por meio de pequenos ajustes nas ordens de produção.

Quando a capacidade necessária for maior que a capacidade disponível, possíveis alternativas a serem adotadas são horas extras, deslocamento de funcionários entre os centros produtivos, antecipação de ordens de produção para semanas com ociosidade, levando-se em consideração os impactos nas necessidades de outros materiais, postergação de ordens de produção para semanas com ociosidade, levando-se em consideração também os impactos na disponibilidade dos itens pais, e redução da quantidade produzida, mesmo desrespeitando o parâmetro do tamanho do lote, e ainda considerando que isso pode causar um maior número de *setups*.

4.2 Atenção

Convenções de uso do MRP

Para o adequado funcionamento do sistema MRP, algumas regras ou convenções devem ser observadas:

1. *Não se declara se as ocorrências informadas dentro de um time bucket ocorrerá em uma única vez ou aos poucos.*

2. *Não se declara se as ocorrências informadas dentro de um time bucket ocorrerá no início, no meio ou no final do período. Para evitar faltas, os recebimentos devem ser realizados no início do período; assim, qualquer necessidade dentro do mesmo período será atendida independentemente do momento em que ocorrer. Equivalentemente, a liberação da ordem deve ser feita no início de cada período.*

3. *O estoque projetado somente pode ser confirmado no final do time bucket, devido às incertezas dos momentos de consumo e recebimento (itens 1 e 2).*

4. *Os recebimentos programados não são modificados, pois trata-se de ordens que já estão em andamento.*

5. *As ordens liberadas planejadas podem ser modificadas, pois trata-se de ordens ainda não emitidas.*

6. *O lançamento das ordens é feito pelo MRP quando a liberação de uma ordem planejada está no período atual, chamado de "time bucket de ações" ou "action bucket". O lançamento da ordem transforma a ordem planejada em um recebimento programado, e o fechamento dessa ordem ocorre quando um recebimento programado se torna estoque em mãos.*

7. *Antes do lançamento de uma ordem, é necessário verificar a disponibilidade dos componentes filhos. O lançamento da ordem aloca as quantidades necessárias de cada item a essa ordem, ou seja, o sistema "empenha" os itens tornando-os indisponíveis para outras ordens.*

4.3 Exemplos

1 Considere um produto com a estrutura dada pela Figura 4.2 a seguir e com os seguintes parâmetros:

- MPS do item A para os períodos 5, 6, 7 e 8 iguais a 800, e demais períodos iguais a 0;
- Estoque inicial do item A igual a 0 e *lead time* de 1 período;
- Estoque inicial do item B de 600 unidades e *lead time* de dois períodos;
- Lote mínimo de B de 500;
- Estoque de segurança de B de 200;
- Recebimento programado de B para o período 1 de 400 unidades;
- Estoque inicial do item C de 300 unidades e *lead time* de 1 período;
- Estoque de segurança de C de 100;
- Lote mínimo de C de 200;
- Recebimento programado de C para o período 1 de 200 unidades;
- Estoque inicial de D de 800 e *lead time* de um período;
- Estoque de segurança de D de 500;
- Lote mínimo de D de 1000;
- Recebimento programado de D de 1500 no período 1.

> **Observação**
>
> Os cálculos foram realizados utilizando-se uma planilha eletrônica, por isso os resultados, se comparados com cálculos realizados em calculadoras de mão, podem ser diferentes.

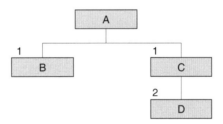

Figura 4.2 Estrutura do produto.

Determine as necessidades de materiais para cada item segundo a lógica do MRP. Para o item A, utilize o "lote por lote" (L4L) como política de determinação do tamanho do lote.

Solução

No MRP, o cálculo das necessidades dos materiais deve ser iniciado pelo item do nível 0. Em seguida, devem-se realizar os cálculos para os itens do nível 1, depois para os itens do nível 2, e assim por diante. Dessa forma, deve-se começar pelo item A, cujas necessidades brutas são determinadas pelo MPS.

Após preencher a linha correspondente às necessidades brutas de A, ou seja, os valores do MPS de A nos períodos 5, 6, 7 e 8, deve-se proceder aos cálculos da seguinte maneira:

- período 1: não há necessidades brutas; não há recebimentos programados; o estoque do período anterior, período "0" (início do horizonte de planejamento), é igual a 0. Dessa forma,

o estoque projetado para o período 1 é igual a 0 e a necessidade líquida também é igual a zero, visto que não há necessidade de se manterem estoques de A.
- período 2: idem ao período 1;
- período 3: idem ao período 1;
- período 4: idem ao período 1;
- período 5: a necessidade bruta é igual a 800; não há recebimentos programados; o estoque do período anterior, período 4, é igual a 0. Dessa forma, o estoque projetado para o período 5, caso não haja produção, será de –800. Isso gera uma necessidade líquida de 800 itens do tipo A para o período. Como o *lead time* de obtenção de A é de 1 período, então a necessidade líquida defasada pelo *lead time* (Nec. Líq. Def. LT) é igual a 800, porém no período 4 (um período antes). Isso gera uma liberação planejada de ordens de 800 no período 4. Como a política de determinação do tamanho do lote é L4L, então pode-se produzir esta exata quantidade, visto que por essa política deve-se produzir somente o que for necessário para atender à necessidade líquida. Essa liberação gera um recebimento de ordens planejadas de 800 no período 5. Com isso, o novo estoque projetado, após o recebimento da ordem, passa a ser de 0 item.

Ao final desses cálculos, a matriz para o produto A fica da seguinte maneira (Tabela 4.2):

Tabela 4.2 MRP Parcial

Período	0	1	2	3	4	5	6	7	8
Necessidades brutas						800	800	800	800
Recebimentos programados									
Estoque disponível/projetado	0	0	0	0	0	0			
Necessidades líquidas						800			
Nec. Líq. Def. LT					800				
Rec. ordens planejadas						800			
Lib. planejada de ordens					800				

Seguindo com os cálculos, tem-se:

- período 6: a necessidade bruta é igual a 800; não há recebimentos programados; o estoque do período anterior, período 5, é igual a 0. Dessa forma, o estoque projetado para o período 6, caso não haja produção, será de –800. Isso gera uma necessidade líquida de 800 itens do tipo A para o período. Como o *lead time* de obtenção de A é de 1 período, então a necessidade líquida defasada pelo *lead time* (Nec. Líq. Def. LT) é igual a 800, porém no período 5 (um período antes). Isso gera uma liberação planejada de ordens de 800 no período 5. Essa liberação gera um recebimento de ordens planejadas de 800 no período 6. Com isso, o novo estoque, após o recebimento da ordem, passa a ser de 0 item;
- período 7: a necessidade bruta é igual a 800; não há recebimentos programados; o estoque do período anterior, período 6, é igual a 0. Dessa forma, o estoque projetado para o período 7, caso não haja produção, será de –800. Isso gera uma necessidade líquida de 800 itens do tipo A para o período. Como o *lead time* de obtenção de A é de 1 período, então a

necessidade líquida defasada pelo *lead time* (Nec. Líq. Def. LT) é igual a 800, porém no período 6 (um período antes). Isso gera uma liberação planejada de ordens de 800 no período 6. Essa liberação gera um recebimento de ordens planejadas de 800 no período 7. Com isso, o novo estoque, após o recebimento da ordem, passa a ser de 0 item;

- período 8: a necessidade bruta é igual a 800; não há recebimentos programados; o estoque do período anterior, período 7, é igual a 0. Dessa forma, o estoque projetado para o período 8, caso não haja produção, será de –800. Isso gera uma necessidade líquida de 800 itens do tipo A para o período. Como o *lead time* de obtenção de A é de 1 período, então a necessidade líquida defasada pelo *lead time* (Nec. Líq. Def. LT) é igual a 800, porém no período 7 (um período antes). Isso gera uma liberação planejada de ordens de 800 no período 7. Essa liberação gera um recebimento de ordens planejadas de 800 no período 8. Com isso, o novo estoque, após o recebimento da ordem, passa a ser de 0 item.

Ao final de todos esses cálculos, tem-se a seguinte matriz final para o produto A (Tabela 4.3):

Tabela 4.3 MRP Final

Período	0	1	2	3	4	5	6	7	8
Necessidades brutas						800	800	800	800
Recebimentos programados									
Estoque disponível/projetado	0	0	0	0	0	0	0	0	0
Necessidades líquidas						800	800	800	800
Nec. Líq. Def. LT					800	800	800	800	
Rec. ordens planejadas						800	800	800	800
Lib. planejada de ordens					800	800	800	800	

Agora que já existem as liberações planejadas de ordens para o item A (última linha da matriz), é possível determinar as necessidades brutas dos itens filhos de A, ou seja, dos itens B e C. Começando por B, a relação entre A e B é de 1 para 1 (um para um), ou seja, para cada item A é necessário um item B. Dessa forma, as necessidades brutas de B são iguais a 800 nos períodos 4, 5, 6 e 7. Isso porque para iniciar a montagem do item A em determinado período, o item B deve estar disponível naquele mesmo período. Por exemplo, para montar 800 itens A no período 4, deve haver pelo menos 800 itens B disponíveis no início do período 4. Para montar 800 itens A no período 5, precisa haver pelo menos 800 itens B disponíveis no início do período 5, e assim por diante.

Após preencher a linha correspondente às necessidades brutas de B, deve-se proceder aos cálculos da seguinte maneira:

- período 1: não há necessidades brutas; há um recebimento programado de 400; o estoque do período anterior, período "0" (início do horizonte de planejamento), é igual a 600. Dessa forma, o estoque projetado para o período 1 é igual a 1000 e, portanto, a necessidade líquida é igual a zero, visto que há um estoque de B superior ao estoque de segurança (estoque superior a 200);

- período 2: não há necessidades brutas; não há recebimentos programados; o estoque do período anterior, período "1", é igual a 1000. Dessa forma, o estoque projetado para o período 2 é igual a 1000 e, portanto, a necessidade líquida é igual a zero, visto que há um estoque de B superior ao estoque de segurança (estoque superior a 200);
- período 3: idem ao período 2;
- período 4: a necessidade bruta é igual a 800; não há recebimentos programados; o estoque do período anterior, período 3, é igual a 1000. Dessa forma, o estoque projetado para o período 4, caso não haja produção, será de 200 e, portanto, a necessidade líquida é igual a zero, visto que há um estoque de B igual ao estoque de segurança (estoque igual a 200).

Ao final desses cálculos, a matriz para o item B fica da seguinte maneira (Tabela 4.4):

Tabela 4.4 MRP Parcial

Período	0	1	2	3	4	5	6	7	8
Necessidades brutas					800	800	800	800	
Recebimentos programados		400							
Estoque disponível/projetado	600	1000	1000	1000	200				
Necessidades líquidas									
Nec. Líq. Def. LT									
Rec. ordens planejadas									
Lib. planejada de ordens									

Seguindo com os cálculos, tem-se:

- período 5: a necessidade bruta é igual a 800; não há recebimentos programados; o estoque do período anterior, período 4, é igual a 200. Dessa forma, o estoque projetado para o período 5, caso não haja produção, será de –600. Isso gera uma necessidade líquida de 800 itens do tipo B para o período, visto que são necessários 600 itens para cobrir a necessidade bruta e mais 200 itens para sobrar como estoque de segurança. Como o *lead time* de obtenção de B é de dois períodos, então a necessidade líquida defasada pelo *lead time* (Nec. Líq. Def. LT) é igual a 800, porém no período 3 (dois períodos antes). Isso gera uma liberação planejada de ordens de 800 no período 3. Perceba que a ordem liberada possui um tamanho superior ao tamanho do lote mínimo (lote mínimo de 500). Essa liberação gera um recebimento de ordens planejadas de 800 no período 5. Com isso, o novo estoque projetado, após o recebimento da ordem, passa a ser de 200 itens;
- período 6: a necessidade bruta é igual a 800; não há recebimentos programados; o estoque do período anterior, período 5, é igual a 200. Dessa forma, o estoque projetado para o período 6, caso não haja produção, será de –600. Isso gera uma necessidade líquida de 800 itens do tipo B para o período, visto que são necessários 600 itens para cobrir a necessidade bruta e mais 200 itens para sobrar como estoque de segurança. Como o *lead time* de obtenção de B é de dois períodos, então a necessidade líquida defasada pelo *lead time* (Nec. Líq. Def. LT) é igual a 800, porém no período 4 (dois períodos antes). Isso gera uma liberação planejada de ordens de 800 no período 4. Essa liberação gera um recebimento de ordens

planejadas de 800 no período 6. Com isso, o novo estoque projetado, após o recebimento da ordem, passa a ser de 200 itens;

- período 7: a necessidade bruta é igual a 800; não há recebimentos programados; o estoque do período anterior, período 6, é igual a 200. Dessa forma, o estoque projetado para o período 7, caso não haja produção, será de −600. Isso gera uma necessidade líquida de 800 itens do tipo B para o período, visto que são necessários 600 itens para cobrir a necessidade bruta e mais 200 itens para sobrar como estoque de segurança. Como o *lead time* de obtenção de B é de dois períodos, então a necessidade líquida defasada pelo *lead time* (Nec. Líq. Def. LT) é igual a 800, porém no período 5 (dois períodos antes). Isso gera uma liberação planejada de ordens de 800 no período 5. Essa liberação gera um recebimento de ordens planejadas de 800 no período 7. Com isso, o novo estoque projetado, após o recebimento da ordem, passa a ser de 200 itens;
- período 8: a necessidade bruta é igual a 0; não há recebimentos programados; o estoque do período anterior, período 7, é igual a 200. Dessa forma, o estoque projetado para o período 8, caso não haja produção, será de 200, o que significa que a necessidade líquida é igual a 0.

A matriz final para o item B fica da seguinte forma (Tabela 4.5):

Tabela 4.5 MRP Final

Período	0	1	2	3	4	5	6	7	8
Necessidades brutas					800	800	800	800	
Recebimentos programados		400							
Estoque disponível/projetado	600	1000	1000	1000	200	200	200	200	200
Necessidades líquidas						800	800	800	
Nec. Líq. Def. LT				800	800	800			
Rec. ordens planejadas						800	800	800	
Lib. planejada de ordens				800	800	800			

Agora fazendo os cálculos para o item C, tem-se que a relação entre A e C é de 1 para 1 (um para um), ou seja, para cada item A precisa-se de um item C. Dessa forma, as necessidades brutas de C são iguais a 800 nos períodos 4, 5, 6 e 7.

Após preencher a linha correspondente às necessidades brutas de C, ou seja, os valores das liberações planejadas de ordens de A nos períodos 4, 5, 6 e 7 multiplicadas por 1, deve-se proceder aos cálculos da seguinte maneira:

- período 1: não há necessidades brutas; há um recebimento programado de 200; o estoque do período anterior, período "0" (início do horizonte de planejamento), é igual a 300. Dessa forma, o estoque projetado para o período 1 é igual a 500 e, portanto, a necessidade líquida é igual a zero, visto que há um estoque de C superior ao estoque de segurança (estoque superior a 100);
- período 2: não há necessidades brutas; não há recebimentos programados; o estoque do período anterior, período "1", é igual a 500. Dessa forma, o estoque projetado para o período

2 é de 500 e, portanto, a necessidade líquida é igual a zero, visto que há um estoque de C superior ao estoque de segurança (estoque superior a 100);

- período 3: idem ao período 2;
- período 4: a necessidade bruta é igual a 800; não há recebimentos programados; o estoque do período anterior, período 3, é igual a 500. Dessa forma, o estoque projetado para o período 4, caso não haja produção, será de –300. Isso gera uma necessidade líquida de 400 itens do tipo C para o período, visto que são necessários 300 itens para cobrir a necessidade bruta e mais 100 itens para sobrar como estoque de segurança. Como o *lead time* de obtenção de C é de 1 período, então a necessidade líquida defasada pelo *lead time* (Nec. Líq. Def. LT) é igual a 400, porém no período 3 (um período antes). Isso gera uma liberação planejada de ordens de 400 no período 3. Essa liberação gera um recebimento de ordens planejadas de 400 no período 4. Com isso, o novo estoque projetado, após o recebimento da ordem, passa a ser de 100 itens.

Ao final desses cálculos, a matriz para o item C fica da seguinte maneira (Tabela 4.6):

Tabela 4.6 MRP Parcial

Período	0	1	2	3	4	5	6	7	8
Necessidades brutas					800	800	800	800	
Recebimentos programados		200							
Estoque disponível/projetado	300	500	500	500	100				
Necessidades líquidas					400				
Nec. Líq. Def. LT				400					
Rec. ordens planejadas					400				
Lib. planejada de ordens				400					

Seguindo com os cálculos, tem-se:

- período 5: a necessidade bruta é igual a 800; não há recebimentos programados; o estoque do período anterior, período 4, é igual a 100. Dessa forma, o estoque projetado para o período 5, caso não haja produção, será de –700. Isso gera uma necessidade líquida de 800 itens do tipo C para o período, visto que são necessários 700 itens para cobrir a necessidade bruta e mais 100 itens para sobrar como estoque de segurança. Como o *lead time* de obtenção de C é de 1 período, então a necessidade líquida defasada pelo *lead time* (Nec. Líq. Def. LT) é igual a 800, porém no período 4 (um período antes). Isso gera uma liberação planejada de ordens de 800 no período 4. Essa liberação gera um recebimento de ordens planejadas de 800 no período 5. Com isso, o novo estoque projetado, após o recebimento da ordem, passa a ser de 100 itens;
- período 6: a necessidade bruta é igual a 800; não há recebimentos programados; o estoque do período anterior, período 5, é igual a 100. Dessa forma, o estoque projetado para o período 6, caso não haja produção, é de –700. Isso gera uma necessidade líquida de 800 itens do tipo C para o período, visto que são necessários 700 itens para cobrir a necessidade bruta e mais 100 itens para sobrar como estoque de segurança. Como o *lead time* de obtenção de C é de 1 período, então a necessidade líquida defasada pelo *lead time* (Nec. Líq. Def. LT)

é igual a 800, porém no período 5 (um período antes). Isso gera uma liberação planejada de ordens de 800 no período 5. Essa liberação gera um recebimento de ordens planejadas de 800 no período 6. Com isso, o novo estoque projetado, após o recebimento da ordem, passa a ser de 100 itens;

- período 7: a necessidade bruta é igual a 800; não há recebimentos programados; o estoque do período anterior, período 6, é igual a 100. Dessa forma, o estoque projetado para o período 7, caso não haja produção, é de –700. Isso gera uma necessidade líquida de 800 itens do tipo C para o período, visto que são necessários 700 itens para cobrir a necessidade bruta e mais 100 itens para sobrar como estoque de segurança. Como o *lead time* de obtenção de C é de 1 período, então a necessidade líquida defasada pelo *lead time* (Nec. Líq. Def. LT) é igual a 800, porém no período 6 (um período antes). Isso gera uma liberação planejada de ordens de 800 no período 6. Essa liberação gera um recebimento de ordens planejadas de 800 no período 7. Com isso, o novo estoque projetado, após o recebimento da ordem, passa a ser de 100 itens;
- período 8: a necessidade bruta é igual a 0; não há recebimentos programados; o estoque do período anterior, período 7, é igual a 100. Dessa forma, o estoque projetado para o período 8, caso não haja produção, é de 100, o que significa que a necessidade líquida é igual a 0.

A matriz final para o item C fica da seguinte forma (Tabela 4.7):

Tabela 4.7 MRP Final

Período	0	1	2	3	4	5	6	7	8
Necessidades brutas					800	800	800	800	
Recebimentos programados		200							
Estoque disponível/projetado	300	500	500	500	100	100	100	100	100
Necessidades líquidas					400	800	800	800	
Nec. Líq. Def. LT				400	800	800	800		
Rec. ordens planejadas					400	800	800	800	
Lib. planejada de ordens				400	800	800	800		

Agora que já foram definidas as liberações planejadas de ordens para o item C (última linha da matriz), podem-se determinar as necessidades brutas do item filho de C, ou seja, do item D. A relação entre C e D é de 2 para 1 (dois para um), ou seja, para cada item C precisa-se de dois itens D. Dessa forma, as necessidades brutas de D são iguais a 800 no período 3, e 1600 nos períodos 4, 5 e 6.

Após preencher a linha correspondente às necessidades brutas de D, os cálculos devem proceder da seguinte maneira:

- período 1: não há necessidades brutas; há um recebimento programado de 1500; o estoque do período anterior, período "0" (início do horizonte de planejamento), é igual a 800. Dessa forma, o estoque projetado para o período 1 é igual a 2300 e, portanto, a necessidade líquida é igual a zero, visto que há um estoque de D superior ao estoque de segurança (estoque superior a 500);

- período 2: não há necessidades brutas; não há recebimentos programados; o estoque do período anterior, período "1", é igual a 2300. Dessa forma, o estoque projetado para o período 2 é igual a 2300 e, portanto, a necessidade líquida é igual a zero, visto que há um estoque de D superior ao estoque de segurança (estoque superior a 500);
- período 3: a necessidade bruta é igual a 800; não há recebimentos programados; o estoque do período anterior, período 2, é igual a 2300. Dessa forma, o estoque projetado para o período 3, caso não haja produção, é de 1500 e, portanto, a necessidade líquida é igual a zero, visto que há um estoque de D superior ao estoque de segurança (estoque superior a 500).

Ao final desses cálculos, a matriz para o item D fica da seguinte maneira (Tabela 4.8):

Tabela 4.8 MRP Parcial

Período	0	1	2	3	4	5	6	7	8
Necessidades brutas				800	1600	1600	1600		
Recebimentos programados		1500							
Estoque disponível/projetado	800	2300	2300	1500					
Necessidades líquidas									
Nec. Líq. Def. LT									
Rec. ordens planejadas									
Lib. planejada de ordens									

Seguindo com os cálculos, tem-se:

- período 4: a necessidade bruta é igual a 1600; não há recebimentos programados; o estoque do período anterior, período 3, é igual a 1500. Dessa forma, o estoque projetado para o período 4, caso não haja produção, será de –100. Isso gera uma necessidade líquida de 600 itens do tipo D para o período, visto que são necessários 100 itens para cobrir a necessidade bruta e mais 500 itens para sobrar como estoque de segurança. Como o *lead time* de obtenção de D é de 1 período, então a necessidade líquida defasada pelo *lead time* (Nec. Líq. Def. LT) é igual a 600, porém no período 3 (um período antes). Isso gera uma liberação planejada de ordens de 1000 no período 3. Perceba que a ordem liberada possui um tamanho igual ao tamanho mínimo, ou seja, 1000, pois, embora a necessidade fosse de apenas 600, há uma política da empresa de produzir sempre lotes iguais ou superiores a 1000. Essa liberação gera um recebimento de ordens planejadas de 1000 no período 4. Com isso, o novo estoque projetado, após o recebimento da ordem, passa a ser de 900 itens;
- período 5: a necessidade bruta é igual a 1600; não há recebimentos programados; o estoque do período anterior, período 4, é igual a 900. Dessa forma, o estoque projetado para o período 5, caso não haja produção, será de –700. Isso gera uma necessidade líquida de 1200 itens do tipo D para o período, visto que são necessários 700 itens para cobrir a necessidade bruta e mais 500 itens para sobrar como estoque de segurança. Como o *lead time* de obtenção de D é de 1 período, então a necessidade líquida defasada pelo *lead time* (Nec. Líq. Def. LT) é igual a 1200, porém no período 4 (um período antes). Isso gera uma liberação planejada de ordens de 1200 no período 4. Perceba que a necessidade já é superior ao tamanho do

lote mínimo, não exigindo que seja feito ajuste na linha da liberação de ordens planejadas. Essa liberação gera um recebimento de ordens planejadas de 1200 no período 5. Com isso, o novo estoque projetado, após o recebimento da ordem, passa a ser de 500 itens;

- período 6: a necessidade bruta é igual a 1600; não há recebimentos programados; o estoque do período anterior, período 5, é igual a 500. Dessa forma, o estoque projetado para o período 6, caso não haja produção, será de –1100. Isso gera uma necessidade líquida de 1600 itens do tipo D para o período, visto que são necessários 1100 itens para cobrir a necessidade bruta e mais 500 itens para sobrar como estoque de segurança. Como o *lead time* de obtenção de D é de 1 período, então a necessidade líquida defasada pelo *lead time* (Nec. Líq. Def. LT) é igual a 1600, porém no período 5 (um período antes). Isso gera uma liberação planejada de ordens de 1600 no período 5. Essa liberação gera um recebimento de ordens planejadas de 1600 no período 6. Com isso, o novo estoque projetado, após o recebimento da ordem, passa a ser de 500 itens;
- período 7: a necessidade bruta é igual a 0; não há recebimentos programados; o estoque do período anterior, período 6, é igual a 500. Dessa forma, o estoque projetado para o período 7, caso não haja produção, será de 500, o que significa que a necessidade líquida é igual a 0;
- período 8: a necessidade bruta é igual a 0; não há recebimentos programados; o estoque do período anterior, período 7, é igual a 500. Dessa forma, o estoque projetado para o período 8, caso não haja produção, será de 500, o que significa que a necessidade líquida é igual a 0.

A matriz final para o item D fica da seguinte forma (Tabela 4.9):

Tabela 4.9 MRP Final

Período	0	1	2	3	4	5	6	7	8
Necessidades brutas				800	1600	1600	1600		
Recebimentos programados		1500							
Estoque disponível/projetado	800	2300	2300	1500	900	500	500	500	500
Necessidades líquidas					600	1200	1600		
Nec. Líq. Def. LT				600	1200	1600			
Rec. ordens planejadas					1000	1200	1600		
Lib. planejada de ordens				1000	1200	1600			

4.3 Atenção

Resolvendo o Exemplo 2 usando o Microsoft Excel®

A automatização da resolução deste exemplo no Microsoft Excel® exige o uso de diversas fórmulas suficientemente complexas para tornar uma explicação passo a passo um tanto quanto entediante. Por isso, este exemplo será resolvido de forma bastante simples, apenas utilizando fórmulas comuns.

Preparando as matrizes

1. Na célula A1 digite "Item A", na célula A13 digite "Item B", na célula A25 digite "Item C", e na célula A37 digite "Item D".

2. Nas células de A3 a A10 digite "Período", "Necessidades brutas", "Recebimentos programados", "Estoque disponível/projetado", "Necessidades Líquidas", "Nec. Líq. Def. LT", "Rec. Ordens planejadas" e "Lib. Planejada de ordens", respectivamente; faça o mesmo entre as células A15 a A22, depois entre as células A27 a A34, depois entre as células A39 a A46.

3. Nas linhas correspondentes aos períodos, preencha com os valores de 0 a 8 (isso deve ser feito nas células de B3 a J3, nas células de B15 a J15, nas células de B27 a J27 e nas células de B39 a J39).

Calculando as necessidades do item A

4. Para preencher a linha das necessidades brutas do item A, linha correspondente às células de C4 a J4, digite o valor 800 em cada uma das células G4, H4, I4 e J4.

5. Para preencher o valor do estoque inicial do item A, na célula B6 digite o valor "0".

6. Para calcular os estoques do item A, na célula C6 digite "=B6+C9+C5–C4" e pressione Enter. Deixando a célula C6 selecionada, posicione o cursor do mouse sobre o canto inferior direito da célula (que ficará em formato de "+"), clique e segure o botão esquerdo do mouse e em seguida arraste para a direita até a célula J6; solte o botão do mouse e, com isso, a mesma fórmula será expandida para todas as células. Com isso, nas células de C6 a J6 devem aparecer os valores 0, 0, 0, 0, –800, –1600, –2400, e –3200.

7. Como há necessidades líquidas iguais a 800 nos períodos de 5 a 8, digite em cada uma das células de B7 a F7 o valor "0" e digite em cada uma das células de G7 a J7 o valor "800".

8. Como o *lead time* do item A é igual a 1, digite na célula C8 a fórmula "=D7". Deixando a célula C8 selecionada, posicione o cursor do mouse sobre o canto inferior direito da célula (que ficará em formato de "+"), clique e segure o botão esquerdo do mouse e, em seguida, arraste para a direita até a célula K7; solte o botão do mouse e com isso a mesma fórmula será expandida para todas as células. Com isso, nas células de C8 a J8 devem aparecer os valores 0, 0, 0, 800, 800, 800, 800 e 0.

9. Para preencher a linha da liberação planejada de ordens do item A, na célula C10 digite "=C8". Deixando a célula C10 selecionada, posicione o cursor do mouse sobre o canto inferior direito da célula (que ficará em formato de "+"), clique e segure o botão esquerdo do mouse e, em seguida, arraste para a direita até a célula J10; solte o botão do mouse e, com isso, a mesma fórmula será expandida para todas as células. Com isso, nas células de C10 a J10 devem aparecer os valores 0, 0, 0, 800, 800, 800, 800 e 0.

10. Para preencher a linha de recebimento de ordens planejadas do item A, na célula D9 digite "=C10". Deixando a célula D9 selecionada, posicione o cursor do mouse sobre o canto inferior direito da célula (que ficará em formato de "+"), clique e segure o botão esquerdo do mouse e em seguida arraste para a direita até a célula J9; solte o botão do mouse e, com isso, a mesma fórmula será expandida para todas as células. Com isso, nas células de D9 a J9 devem aparecer os valores 0, 0, 0, 800, 800, 800 e 800.

Calculando as necessidades do item B

11. Para preencher a linha das necessidades brutas do item B, linha correspondente às células de C16 a J16, digite na célula C16 a fórmula "=1*C10". Deixando a célula C16 selecionada, posicione o cursor do mouse sobre o canto inferior direito da célula (que ficará em formato de "+"), clique e segure o botão esquerdo do mouse e em seguida arraste para a direita até a célula J16; solte o botão do mouse e, com isso, a mesma fórmula será expandida para todas as células. Com isso, nas células de C16 a J16 devem aparecer os valores 0, 0, 0, 800, 800, 800, 800 e 0.

12. Para preencher o valor do estoque inicial do item B, na célula B18 digite o valor "600".

13. Para preencher o valor do recebimento programado do item B no período 1, na célula C17 digite o valor "400".

14. Para calcular os estoques do item B, na célula C18 digite "=B18+C17+C21–C16" e pressione Enter. Deixando a célula C18 selecionada, posicione o cursor do mouse sobre o canto inferior direito da célula (que ficará em formato de "+"), clique e segure o botão esquerdo do mouse e em seguida arraste para a direita até a célula J18; solte o botão do mouse e, com isso, a mesma fórmula será expandida para todas as células. Com isso, nas células de C18 a J18 devem aparecer os valores 1000, 1000, 1000, 200, –600, –1400, –2200 e –2200.

15. Como há necessidades líquidas iguais a 800 nos períodos de 5 a 7, digite em cada uma das células de G19 a I19 o valor "800".

16. Como o lead time do item B é igual a 2, digite na célula C20 a fórmula "=E19". Deixando a célula C20 selecionada, posicione o cursor do mouse sobre o canto inferior direito da célula (que ficará em formato de "+"), clique e segure o botão esquerdo do mouse e, em seguida, arraste para a direita até a célula J20; solte o botão do mouse e, com isso, a mesma fórmula será expandida para todas as células. Com isso, nas células de C20 a J20 devem aparecer os valores 0, 0, 800, 800, 800, 0, 0 e 0.

17. Para preencher a linha da liberação planejada de ordens do item B, na célula C22 digite "=C20". Deixando a célula C22 selecionada, posicione o cursor do mouse sobre o canto inferior direito da célula (que ficará em formato de "+"), clique e segure o botão esquerdo do mouse e em seguida arraste para a direita até a célula J22; solte o botão do mouse e, com isso, a mesma fórmula será expandida para todas as células. Com isso, nas células de C22 a J22 devem aparecer os valores 0, 0, 800, 800, 800, 0, 0 e 0.

18. Para preencher a linha de recebimento de ordens planejadas do item B, na célula E21 digite "=C22". Deixando a célula E21 selecionada, posicione o cursor do mouse sobre o canto inferior direito da célula (que ficará em formato de "+"), clique e segure o botão esquerdo do mouse e em seguida arraste para a direita até a célula J21; solte o botão do mouse e, com isso, a mesma fórmula será expandida para todas as células. Com isso, nas células de E21 a J21 devem aparecer os valores 0, 0, 800, 800, 800 e 0.

Calculando as necessidades do item C

19. Para preencher a linha das necessidades brutas do item C, linha correspondente às células de C28 a J28, digite na célula C28 a fórmula "=1*C10". Deixando a célula C28 selecionada, posicione o cursor do mouse sobre o canto inferior direito da célula (que ficará em formato de "+"), clique e segure o botão esquerdo do mouse e,

em seguida, arraste para a direita até a célula J28; solte o botão do mouse e, com isso, a mesma fórmula será expandida para todas as células. Com isso, nas células de C28 a J28 devem aparecer os valores 0, 0, 0, 800, 800, 800, 800 e 0.

20. Para preencher o valor do estoque inicial do item C, na célula B30 digite o valor "300".

21. Para preencher o valor do recebimento programado do item C no período 1, na célula C29 digite o valor "200".

22. Para calcular os estoques do item C, na célula C30 digite "=B30+C33+C29–C28" e pressione Enter. Deixando a célula C30 selecionada, posicione o cursor do mouse sobre o canto inferior direito da célula (que ficará em formato de "+"), clique e segure o botão esquerdo do mouse e em seguida arraste para a direita até a célula J30; solte o botão do mouse e, com isso, a mesma fórmula será expandida para todas as células. Com isso, nas células de C30 a J30 devem aparecer os valores 500, 500, 500, –300, –1100, –1900, –2700 e –2700.

23. Como há uma necessidade líquida de 400 no período 4 e necessidades líquidas iguais a 800 nos períodos de 5 a 7, digite em cada uma das células de C31 a E31 o valor "0", na célula F31 o valor "400", digite nas células G31 a I31 o valor "800" e digite na célula J31 o valor "0".

24. Como o lead time do item C é igual a 1, digite na célula C32 a fórmula "=D31". Deixando a célula C32 selecionada, posicione o cursor do mouse sobre o canto inferior direito da célula (que ficará em formato de "+"), clique e segure o botão esquerdo do mouse e, em seguida, arraste para a direita até a célula J32; solte o botão do mouse e, com isso, a mesma fórmula será expandida para todas as células. Com isso, nas células de C32 a J32 devem aparecer os valores 0, 0, 400, 800, 800, 800, 0, 0.

25. Para preencher a linha da liberação planejada de ordens do item C, na célula C34 digite "=C32". Deixando a célula C34 selecionada, posicione o cursor do mouse sobre o canto inferior direito da célula (que ficará em formato de "+"), clique e segure o botão esquerdo do mouse e em seguida arraste para a direita até a célula J34; solte o botão do mouse e, com isso, a mesma fórmula será expandida para todas as células. Com isso, nas células de C34 a J34 devem aparecer os valores 0, 0, 400, 800, 800, 800, 0 e 0.

26. Para preencher a linha de recebimento de ordens planejadas do item C, na célula D33 digite "=C34". Deixando a célula D33 selecionada, posicione o cursor do mouse sobre o canto inferior direito da célula (que ficará em formato de "+"), clique e segure o botão esquerdo do mouse e em seguida arraste para a direita até a célula J33; solte o botão do mouse e, com isso, a mesma fórmula será expandida para todas as células. Com isso, nas células de D33 a J33 devem aparecer os valores 0, 0, 400, 800, 800, 800, 0.

Calculando as necessidades do item D

27. Para preencher a linha das necessidades brutas do item D, linha correspondente às células de C40 a J40, digite na célula C40 a fórmula "=2*C34". Deixando a célula C40 selecionada, posicione o cursor do mouse sobre o canto inferior direito da célula (que ficará em formato de "+"), clique e segure o botão esquerdo do mouse e em seguida arraste para a direita até a célula J40; solte o botão do mouse e, com isso, a mesma fórmula será expandida para todas as células. Com isso, nas células de C40 a J40 devem aparecer os valores 0, 0, 800, 1600, 1600, 1600, 0 e 0.

28. Para preencher o valor do estoque inicial do item D, na célula B42 digite o valor "800".

29. *Para preencher o valor do recebimento programado do item D no período 1, na célula C41 digite o valor "1500".*

30. *Para calcular os estoques do item D, na célula C42 digite "=B42+C45+C41−C40" e pressione Enter. Deixando a célula C42 selecionada, posicione o cursor do mouse sobre o canto inferior direito da célula (que ficará em formato de "+"), clique e segure o botão esquerdo do mouse e em seguida arraste para a direita até a célula J42; solte o botão do mouse e, com isso, a mesma fórmula será expandida para todas as células. Com isso, nas células de C42 a J42 devem aparecer os valores 2300, 2300, 1500, −100, −1700, −3300, −3300, −3300.*

31. *Como há uma necessidade líquida de 1000 no período 4, uma necessidade líquida de 1200 no período 5 e uma necessidade líquida de 1600 no período 6, digite os valores "1000", "1200" e "1600" nas células F43, G43 e H43, respectivamente.*

32. *Como o lead time do item D é igual a 1, digite na célula C44 a fórmula "=D43". Deixando a célula C44 selecionada, posicione o cursor do mouse sobre o canto inferior direito da célula (que ficará em formato de "+"), clique e segure o botão esquerdo do mouse e, em seguida, arraste para a direita até a célula J44; solte o botão do mouse e, com isso, a mesma fórmula será expandida para todas as células. Com isso, nas células de C44 a J4 devem aparecer os valores 0, 0, 1000, 1200, 1600, 0, 0 e 0.*

33. *Para preencher a linha da liberação planejada de ordens do item D, na célula C46 digite "=C44". Deixando a célula C46 selecionada, posicione o cursor do mouse sobre o canto inferior direito da célula (que ficará em formato de "+"), clique e segure o botão esquerdo do mouse e, em seguida, arraste para a direita até a célula J46; solte o botão do mouse e, com isso, a mesma fórmula será expandida para todas as células. Com isso, nas células de C46 a J46 devem aparecer os valores 0, 0, 1000, 1200, 1600, 0, 0 e 0.*

34. *Para preencher a linha de recebimento de ordens planejadas do item D, na célula D45 digite "=C46". Deixando a célula D45 selecionada, posicione o cursor do mouse sobre o canto inferior direito da célula (que ficará em formato de "+"), clique e segure o botão esquerdo do mouse e em seguida arraste para a direita até a célula J45; solte o botão do mouse e, com isso, a mesma fórmula será expandida para todas as células. Com isso, nas células de D45 a J45 devem aparecer os valores 0, 0, 1000, 1200, 1600, 0 e 0.*

---

(2) Considere o produto B1 com a estrutura a seguir e com os seguintes parâmetros: MPS do item B1 para os períodos 4, 6 e 7 iguais a 300, e demais períodos 0; estoque do item B1 inicial igual a 0 e *lead time* de 1 período; estoque inicial do item B21 de 250 unidades e *lead time* de 1 período; lote mínimo de B21 de 100; recebimento programado de B21 para o período 1 de 200 unidades; estoque inicial do item B22 de 200 unidades e *lead time* de 2 períodos; estoque de segurança de B22 de 75; lote mínimo de B22 de 300; recebimento programado de B22 para o período 1 de 500 unidades. Determine as necessidades de materiais para cada item segundo a lógica do MRP. Para o item B1, utilize o "lote por lote" (L4L) como política de determinação do tamanho do lote.

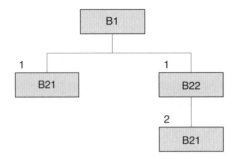

Figura 4.3 Estrutura do produto.

Solução

Pela lógica de cálculos do MRP, deve-se sempre percorrer a estrutura do produto do nível mais elevado para o nível mais abaixo, calculando todos os itens de cada nível antes de se passar para o nível abaixo. No entanto, no caso do produto B1 há uma situação que requer um ajuste nos cálculos. Perceba que o item B21 está presente em dois níveis diferentes da estrutura, no nível 1 e no nível 2. Dessa forma, para saber a quantidade total das necessidades brutas de B21 é preciso, antes, determinar tanto as liberações planejadas de ordens do item B1 como as liberações planejadas de ordens do item B22, pois ambos são "pais" do item B21. Com isso, a sequência dos cálculos será: primeiro calcula-se B1, depois B22 e, por último, B21.

Após preencher a linha correspondente às necessidades brutas de B1, ou seja, os valores do MPS de B1 nos períodos 4, 6 e 7, deve-se proceder aos cálculos da seguinte maneira:

- período 1: não há necessidades brutas; não há recebimentos programados; o estoque do período anterior, período "0" (início do horizonte de planejamento), é igual a 0. Dessa forma, o estoque projetado para o período 1 é igual a 0 e a necessidade líquida também é igual a zero, visto que não há necessidade de manter estoques de B1.
- período 2: idem ao período 1;
- período 3: idem ao período 1;
- período 4: a necessidade bruta é igual a 300; não há recebimentos programados; o estoque do período anterior, período 3, é igual a 0. Dessa forma, o estoque projetado para o período 4, caso não haja produção, será de –300. Isso gera uma necessidade líquida de 300 itens do tipo B1 para o período. Como o *lead time* de obtenção de B1 é de 1 período, então a necessidade líquida defasada pelo *lead time* (Nec. Líq. Def. LT) é igual a 300, porém no período 3 (um período antes). Isso gera uma liberação planejada de ordens de 300 no período 3. Como a política de determinação do tamanho do lote é L4L, então pode-se produzir esta exata quantidade, visto que por essa política deve-se produzir somente o que for necessário para atender à necessidade líquida. Essa liberação gera um recebimento de ordens planejadas de 300 no período 4. Com isso, o novo estoque projetado, após o recebimento da ordem, passa a ser de 0 item;
- período 5: não há necessidades brutas; não há recebimentos programados; o estoque do período anterior, período 4, é igual a 0. Dessa forma, o estoque projetado para o período 5 é igual a 0 e a necessidade líquida também é igual a zero, visto que não há necessidade de manter estoques de B1;

- período 6: a necessidade bruta é igual a 300; não há recebimentos programados; o estoque do período anterior, período 5, é igual a 0. Dessa forma, o estoque projetado para o período 6, caso não haja produção, será de –300. Isso gera uma necessidade líquida de 300 itens do tipo B1 para o período. Como o *lead time* de obtenção de B1 é de 1 período, então a necessidade líquida defasada pelo *lead time* (Nec. Líq. Def. LT) é igual a 300, porém no período 5 (um período antes). Isso gera uma liberação planejada de ordens de 300 no período 5. Essa liberação gera um recebimento de ordens planejadas de 300 no período 6. Com isso, o novo estoque, após o recebimento da ordem, passa a ser de 0 item;

- período 7: a necessidade bruta é igual a 300; não há recebimentos programados; o estoque do período anterior, período 6, é igual a 0. Dessa forma, o estoque projetado para o período 7, caso não haja produção, será de –300. Isso gera uma necessidade líquida de 300 itens do tipo B1 para o período. Como o *lead time* de obtenção de B1 é de 1 período, então a necessidade líquida defasada pelo *lead time* (Nec. Líq. Def. LT) é igual a 300, porém no período 6 (um período antes). Isso gera uma liberação planejada de ordens de 300 no período 6. Essa liberação gera um recebimento de ordens planejadas de 300 no período 7. Com isso, o novo estoque, após o recebimento da ordem, passa a ser de 0 item;

- período 8: a necessidade bruta é igual a 0; não há recebimentos programados; o estoque do período anterior, período 7, é igual a 0. Dessa forma, o estoque projetado para o período 8, caso não haja produção, será de 0, o que significa que a necessidade líquida é igual a 0.

Ao final de todos esses cálculos, tem-se a seguinte matriz final para o produto B1, dada pela Tabela 4.10:

Tabela 4.10 MRP Final

Período	0	1	2	3	4	5	6	7	8
Necessidades brutas					300		300	300	
Recebimentos programados									
Estoque disponível/projetado	0	0	0	0	0	0	0	0	0
Necessidades líquidas					300		300	300	
Nec. Líq. Def. LT				300		300	300		
Rec. ordens planejadas					300		300	300	
Lib. planejada de ordens				300		300	300		

Agora que já estão definidas as liberações planejadas de ordens para o item B1, podem-se determinar as necessidades brutas do item filho B22. A relação entre B1 e B22 é de 1 para 1 (um para um), ou seja, para cada item B1 precisa-se de um item B22. Assim, as necessidades brutas de B22 serão de 300 itens nos períodos 3, 5 e 6.

Após preencher a linha correspondente às necessidades brutas de B22, deve-se proceder aos cálculos da seguinte maneira:

- período 1: não há necessidades brutas; há um recebimento programado de 500; o estoque do período anterior, período "0" (início do horizonte de planejamento), é igual a 200. Dessa forma, o estoque projetado para o período 1 é igual a 700 e a necessidade líquida é igual a zero, visto que o estoque projetado está acima do estoque de segurança;

- período 2: não há necessidades brutas; não há recebimentos programados; o estoque do período anterior, período1, é de 700. Dessa forma, o estoque projetado para o período 2 é igual a 700 e a necessidade líquida é igual a zero, visto que o estoque projetado está acima do estoque de segurança;
- período 3: a necessidade bruta é igual a 300; não há recebimentos programados; o estoque do período anterior, período 2, é igual a 700. Dessa forma, o estoque projetado para o período 3, se não houver produção, é de 400, ou seja, a necessidade líquida é igual a 0;
- período 4: a necessidade bruta é igual a 0; não há recebimentos programados; o estoque do período anterior, período 3, é igual a 400. Dessa forma, o estoque projetado para o período 4, se não houver produção, é de 400, ou seja, a necessidade líquida é igual a 0;
- período 5: a necessidade bruta é igual a 300; não há recebimentos programados; o estoque do período anterior, período 4, é igual a 400. Dessa forma, o estoque projetado para o período 5, se não houver produção, é de 100, ou seja, a necessidade líquida é igual a 0, visto que o estoque continua superior ao estoque de segurança;
- período 6: a necessidade bruta é igual a 300; não há recebimentos programados; o estoque do período anterior, período 5, é igual a 100. Dessa forma, o estoque projetado para o período 6, caso não haja produção, será de –200. Isso gera uma necessidade líquida de 275 itens do tipo B22 para o período (200 itens para cobrir a necessidade líquida mais 75 para o estoque de segurança). Como o *lead time* de obtenção de B22 é de dois períodos, então a necessidade líquida defasada pelo *lead time* (Nec. Líq. Def. LT) é igual a 275, porém no período 4. Isso gera uma liberação planejada de ordens de 300 no período 4, visto que o lote mínimo de B22 é de 300 unidades. Essa liberação gera um recebimento de ordens planejadas de 300 no período 6. Com isso, o novo estoque, após o recebimento da ordem, passa a ser de 100 itens;
- período 7: a necessidade bruta é igual a 0; não há recebimentos programados; o estoque do período anterior, período 6, é igual a 100. Dessa forma, o estoque projetado para o período 7, se não houver produção, é de 100, ou seja, a necessidade líquida é igual a 0;
- período 8: idem ao período 7.

Ao final de todos esses cálculos, tem-se a seguinte matriz para o item B22, dada pela Tabela 4.11:

Tabela 4.11 MRP Final

Período	0	1	2	3	4	5	6	7	8
Necessidades brutas				300		300	300		
Recebimentos programados		500							
Estoque disponível/projetado	200	700	700	400	400	100	100	100	100
Necessidades líquidas							275		
Nec. Líq. Def. LT					275				
Rec. ordens planejadas							300		
Lib. planejada de ordens					300				

Agora que já estão definidas as liberações planejadas de ordens para os itens B1 e B22, podem-se determinar as necessidades brutas do item B21. A relação entre B1 e B21 é de 1 para 1 (um para um) e a relação entre B22 e B21 é de 2 para 1 (dois para um). Assim, as necessidades brutas de B21 são dadas pela soma entre as liberações planejadas de B1 com as liberações planejadas de B22 multiplicadas por 2. O resultado é que as necessidades brutas de B21 são iguais a 300 nos períodos 3, 5 e 6 e 600 no período 4.

Após preencher a linha correspondente às necessidades brutas de B21, deve-se proceder aos cálculos da seguinte maneira:

- período 1: não há necessidades brutas; há um recebimento programado de 200; o estoque do período anterior, período "0" (início do horizonte de planejamento), é igual a 250. Dessa forma, o estoque projetado para o período 1 é igual a 450 e a necessidade líquida é igual a zero;
- período 2: não há necessidades brutas; não há recebimentos programados; o estoque do período anterior, período 1, é de 450. Dessa forma, o estoque projetado para o período 2 é igual a 450 e a necessidade líquida é igual a zero;
- período 3: a necessidade bruta é igual a 300; não há recebimentos programados; o estoque do período anterior, período 2, é igual a 450. Dessa forma, o estoque projetado para o período 3, se não houver produção, é de 150, ou seja, a necessidade líquida é igual a 0;
- período 4: a necessidade bruta é igual a 600; não há recebimentos programados; o estoque do período anterior, período 3, é igual a 150. Dessa forma, o estoque projetado para o período 4, se não houver produção, é de –450, ou seja, a necessidade líquida é igual a 450. Isso gera uma necessidade líquida de 450 itens do tipo B21 para o período. Como o *lead time* de obtenção de B21 é de 1 período, então a necessidade líquida defasada pelo *lead time* (Nec. Líq. Def. LT) é igual a 450, porém no período 3. Isso gera uma liberação planejada de ordens de 450 no período 3. Essa liberação gera um recebimento de ordens planejadas de 450 no período 4. Com isso, o novo estoque, após o recebimento da ordem, passa a ser de 0 item;
- período 5: a necessidade bruta é igual a 300; não há recebimentos programados; o estoque do período anterior, período 4, é igual a 0. Dessa forma, o estoque projetado para o período 5, se não houver produção, é de –300, ou seja, a necessidade líquida é igual a 300, defasada para o período 4, o que gera uma liberação no período 4 e um recebimento no período 5 de 300 unidades. Após o recebimento dessa ordem, o estoque projetado é de 0 item;
- período 6: a necessidade bruta é igual a 300; não há recebimentos programados; o estoque do período anterior é igual a 0. Dessa forma, o estoque projetado para o período 6, se não houver produção, é de –300, ou seja, a necessidade líquida é igual a 300, defasada para o período 5, o que gera uma liberação no período 5 e um recebimento no período 6 de 300 unidades. Após o recebimento dessa ordem, o estoque projetado é de 0 item;
- período 7: a necessidade bruta é igual a 0; não há recebimentos programados; o estoque do período anterior, período 6, é igual a 0. Dessa forma, o estoque projetado para o período 7, se não houver produção, é de 0, ou seja, a necessidade líquida é igual a 0;
- período 8: idem ao período 7.

Ao final de todos esses cálculos, tem-se a seguinte matriz para o item B21, dada pela Tabela 4.12:

Tabela 4.12 MRP Final

Período	0	1	2	3	4	5	6	7	8
Necessidades brutas				300	600	300	300		
Recebimentos programados		200							
Estoque disponível/projetado	250	450	450	150	0	0	0	0	0
Necessidades líquidas					450	300	300		
Nec. Líq. Def. LT				450	300	300			
Rec. ordens planejadas					450	300	300		
Lib. planejada de ordens				450	300	300			

(3) Considere o enunciado do Exercício 2. Suponha agora que o item B21 tenha uma taxa de perda na produção de 5%. Elabore o plano de necessidades de materiais para esse item.

Solução

As necessidades brutas de B21 são iguais a 300 nos períodos 3, 5 e 6 e 600 no período 4.

Após preencher a linha correspondente às necessidades brutas de B21, deve-se proceder aos cálculos da seguinte maneira:

- período 1 ao período 3: idênticos ao Exercício 2;
- período 4: a necessidade bruta é igual a 600; não há recebimentos programados; o estoque do período anterior, período 3, é igual a 150. Dessa forma, o estoque projetado para o período 4, se não houver produção, é de –450, ou seja, a necessidade líquida é igual a 450. Isso gera uma necessidade líquida de 450 itens do tipo B21 para o período. Como o *lead time* de obtenção de B21 é de 1 período, então a necessidade líquida defasada pelo *lead time* (Nec. Líq. Def. LT) é igual a 450, porém no período 3. Isso gera uma liberação planejada de ordens de 474 no período 3, pois espera-se perder cerca de 5% da produção. O valor de 474 é resultante da divisão de 450 por 0,95, com arredondamento para cima. Essa liberação gera um recebimento de ordens planejadas de 450 no período 4. Com isso, o novo estoque, após o recebimento da ordem, passa a ser de 0 item. Note que mesmo liberando uma ordem de 474, considera-se que apenas 450 serão entregues;
- período 5: a necessidade bruta é igual a 300; não há recebimentos programados; o estoque do período anterior, período 4, é igual a 0. Dessa forma, o estoque projetado para o período 5, se não houver produção, é de –300, ou seja, a necessidade líquida é igual a 300, defasada para o período 4, o que gera uma liberação de 316 itens no período 4 e um recebimento de 300 itens no período 5. Após o recebimento dessa ordem, o estoque projetado é de 0 item;
- período 6: a necessidade bruta é igual a 300; não há recebimentos programados; o estoque do período anterior é igual a 0. Dessa forma, o estoque projetado para o período 6, se não

houver produção, é de –300, ou seja, a necessidade líquida é igual a 300, defasada para o período 5, o que gera uma liberação de 316 unidades no período 5 e um recebimento de 300 unidades no período 6. Após o recebimento dessa ordem, o estoque projetado é de 0 item;

- período 7: a necessidade bruta é igual a 0; não há recebimentos programados; o estoque do período anterior, período 6, é igual a 0. Dessa forma, o estoque projetado para o período 7, se não houver produção, é de 0, ou seja, a necessidade líquida é igual a 0;
- período 8: idem ao período 7.

Ao final de todos esses cálculos, tem-se a seguinte matriz para o item B21, dada pela Tabela 4.13:

Tabela 4.13 MRP Final

Período	0	1	2	3	4	5	6	7	8
Necessidades brutas				300	600	300	300		
Recebimentos programados		200							
Estoque disponível/projetado	250	450	450	150	0	0	0	0	0
Necessidades líquidas					450	300	300		
Nec. Líq. Def. LT				450	300	300			
Rec. ordens planejadas					450	300	300		
Lib. planejada de ordens				474	316	316			

4) Um determinado produto X é montado a partir de três unidades de A e quatro unidades de B. A é feito com uma unidade de Y e duas unidades de Z. Z é feito com duas unidades de C e uma de D. O *lead time* de X é de uma semana; duas semanas para A; três semanas para B; uma semana para Y; uma semana para Z, duas semanas para C e três para D.

a. Crie a estrutura do produto (árvore).
b. Se são necessárias 100 unidades de X na semana 10, desenvolva um planejamento mostrando quando cada item deve ser pedido e em que quantidade. Suponha que não há estoque, em mãos, de nenhum item.

Solução

a. Pela descrição da relação entre os itens, tem-se a seguinte estrutura do produto X:
b. As seguintes ordens devem ser lançadas (Tabela 4.14):

Capítulo 4

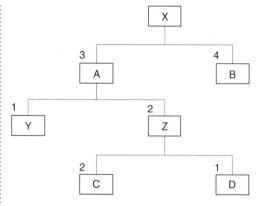

Figura 4.4 Estrutura do produto.

Tabela 4.14 Ordens a Serem Lançadas

Item	Quantidade	Semana
X	100	9
A	300	7
B	400	6
Y	300	6
Z	600	6
C	1200	4
D	600	3

---

5) Considere o produto P1 dado pela estrutura a seguir e as informações abaixo.

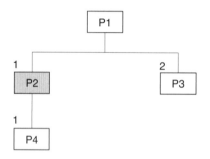

Figura 4.5 Estrutura do produto.

Há quatro ordens de tamanho 250 para o item P1 planejadas para os períodos 2, 4, 6 e 8. O item P2 é um item fantasma. Não há estoque inicial de P2. O item P3 possui um estoque inicial de 500 unidades e *lead time* de dois períodos. O estoque de segurança de P3 é de 100 unidades e sua produção se dá por lotes de no mínimo 100 itens. Há também um recebimento programado de P3 para o período 1 de 200 unidades. O item P4 não possui estoque inicial, seu *lead time* é de 1 período e sua produção se dá por lotes múltiplos de 500 unidades. Determine as necessidades de materiais para cada item segundo a lógica do MRP.

Solução

O planejamento das ordens de P1 já está dado, portanto não é necessário realizar os cálculos deste item, bastando fazer a explosão para seus itens filhos.

Começando pelo item P3, tem-se que suas necessidades brutas são iguais a 500 nos períodos 2, 4, 6 e 8, pois a relação entre P3 e P1 é de 2 para 1 (dois para um).

Planejamento das necessidades de materiais

Após preencher a linha correspondente às necessidades brutas de P3, deve-se proceder aos cálculos da seguinte maneira:

- período 1: não há necessidades brutas; há um recebimento programado de 200 unidades; o estoque do período anterior, período "0" (início do horizonte de planejamento), é igual a 500. Dessa forma, o estoque projetado para o período 1 é igual a 700 e a necessidade líquida é igual a zero;
- período 2: a necessidade bruta é igual a 500; não há recebimentos programados; o estoque do período anterior, período 1, é igual a 700. Dessa forma, o estoque projetado para o período 2, se não houver produção, será de 200, ou seja, a necessidade líquida é igual a 0;
- período 3: não há necessidades brutas; não há recebimentos programados; o estoque do período anterior, período 2, é igual a 200. Dessa forma, o estoque projetado para o período 3 é igual a 200 e a necessidade líquida é igual a zero;
- período 4: a necessidade bruta é igual a 500; não há recebimentos programados; o estoque do período anterior, período 3, é igual a 200. Dessa forma, o estoque projetado para o período 4, se não houver produção, será de –300, ou seja, a necessidade líquida é igual a 400, pois são necessários 300 itens para suprir a demanda mais 100 para sobrar como estoque de segurança. Isso gera uma necessidade líquida de 400 itens do tipo P3 para o período. Como o *lead time* de obtenção de P3 é de dois períodos, então a necessidade líquida defasada pelo *lead time* (Nec. Líq. Def. LT) é igual a 400 no período 2. Isso gera uma liberação planejada de ordens de 400 no período 2. Essa liberação gera um recebimento de ordens planejadas de 400 no período 4. Com isso, o novo estoque, após o recebimento da ordem, passa a ser de 100 itens;
- período 5: não há necessidades brutas; não há recebimentos programados; o estoque do período anterior, período 4, é igual a 100. Dessa forma, o estoque projetado para o período 5 é igual a 100 e a necessidade líquida é igual a zero;
- período 6: a necessidade bruta é igual a 500; não há recebimentos programados; o estoque do período anterior, período 5, é igual a 100. Dessa forma, o estoque projetado para o período 6, se não houver produção, será de –400, ou seja, a necessidade líquida é igual a 500, pois são necessários 400 itens para cobrir a demanda mais 100 itens para ficar como estoque de segurança. Isso gera uma necessidade líquida de 500 itens do tipo P3 para o período. Como o *lead time* de obtenção de P3 é de dois períodos, então a necessidade líquida defasada pelo *lead time* (Nec. Líq. Def. LT) é igual a 500 no período 4. Isso gera uma liberação planejada de ordens de 500 no período 4. Essa liberação gera um recebimento de ordens planejadas de 500 no período 6. Com isso, o novo estoque, após o recebimento da ordem, passa a ser de 100 itens;
- período 7: não há necessidades brutas; não há recebimentos programados; o estoque do período anterior, período 6, é igual a 100. Dessa forma, o estoque projetado para o período 7 é igual a 100 e a necessidade líquida é igual a zero;
- período 8: a necessidade bruta é igual a 500; não há recebimentos programados; o estoque do período anterior, período 7, é igual a 100. Dessa forma, o estoque projetado para o período 8, se não houver produção, será de –400, ou seja, a necessidade líquida é igual a 500, pois são necessários 400 itens para cobrir a demanda mais 100 itens para ficar como estoque de segurança. Isso gera uma necessidade líquida de 500 itens do tipo P3 para o período. Como o *lead time* de obtenção de P3 é de dois períodos, então a necessidade líquida defasada pelo *lead time* (Nec. Líq. Def. LT) é igual a 500 no período 6. Isso gera uma liberação

planejada de ordens de 500 no período 6. Essa liberação gera um recebimento de ordens planejadas de 500 no período 8. Com isso, o novo estoque, após o recebimento da ordem, passa a ser de 100 itens.

Ao final de todos esses cálculos, tem-se a seguinte matriz para o item P3, dada pela Tabela 4.15:

Tabela 4.15 MRP Final

Período	0	1	2	3	4	5	6	7	8
Necessidades brutas			500		500		500		500
Recebimentos programados		200							
Estoque disponível/projetado	500	700	200	200	100	100	100	100	100
Necessidades líquidas					400		500		500
Nec. Líq. Def. LT			400		500		500		
Rec. ordens planejadas					400		500		500
Lib. planejada de ordens			400		500		500		

O item P2 é um item fantasma. Isso significa que seu *lead time* é igual a 0 (zero) e que sua produção se dá de maneira discreta, ou seja, lote por lote. Dessa forma, é como se as necessidades de P2 fossem diretamente passadas para os itens abaixo dele, neste caso para o item P4. As necessidades brutas de P2 são de 250 unidades nos períodos 2, 4, 6 e 8, pois sua relação é de um para um com o item P1.

Após preencher a linha correspondente às necessidades brutas de P2, deve-se proceder aos cálculos da seguinte maneira:

- período 1: não há necessidades brutas; não há recebimentos programados; o estoque do período anterior, período "0" (início do horizonte de planejamento), é igual a 0. Dessa forma, o estoque projetado para o período 1 é igual a 0 e a necessidade líquida é igual a zero;
- período 2: a necessidade bruta é igual a 250; não há recebimentos programados; o estoque do período anterior, período 1, é igual a 0. Dessa forma, o estoque projetado para o período 2, se não houver produção, será de –250, ou seja, a necessidade líquida é igual a 250. Isso gera uma necessidade líquida de 250 itens do tipo P2 para o período. Como o *lead time* de obtenção de P2 é 0 (zero), então a necessidade líquida defasada pelo *lead time* (Nec. Líq. Def. LT) é igual a 250 no próprio período 2. Isso gera uma liberação planejada de ordens de 250 no período 2. Essa liberação gera um recebimento de ordens planejadas de 250 no período 2. Com isso, o novo estoque, após o recebimento da ordem, passa a ser de 0 item;
- período 3: não há necessidades brutas; não há recebimentos programados; o estoque do período anterior, período 2, é igual a 0. Dessa forma, o estoque projetado para o período 3 é igual a 0 e a necessidade líquida é igual a zero;
- período 4: a necessidade bruta é igual a 250; não há recebimentos programados; o estoque do período anterior, período 3, é igual a 0. Dessa forma, o estoque projetado para o período 4, se não houver produção, será de –250, ou seja, a necessidade líquida é igual a 250. Isso gera uma necessidade líquida de 250 itens do tipo P2 para o período. Como o *lead time* de

obtenção de P2 é 0 (zero), então a necessidade líquida defasada pelo *lead time* (Nec. Líq. Def. LT) é igual a 250 no próprio período 4. Isso gera uma liberação planejada de ordens de 250 no período 4. Essa liberação gera um recebimento de ordens planejadas de 250 no período 4. Com isso, o novo estoque, após o recebimento da ordem, passa a ser de 0 item;

- período 5: não há necessidades brutas; não há recebimentos programados; o estoque do período anterior, período 4, é igual a 0. Dessa forma, o estoque projetado para o período 5 é igual a 0 e a necessidade líquida é igual a zero;
- período 6: a necessidade bruta é igual a 250; não há recebimentos programados; o estoque do período anterior, período 5, é igual a 0. Dessa forma, o estoque projetado para o período 6, se não houver produção, será de –250, ou seja, a necessidade líquida é igual a 250. Isso gera uma necessidade líquida de 250 itens do tipo P2 para o período. Como o *lead time* de obtenção de P2 é 0 (zero), então a necessidade líquida defasada pelo *lead time* (Nec. Líq. Def. LT) é igual a 250 no próprio período 6. Isso gera uma liberação planejada de ordens de 250 no período 6. Essa liberação gera um recebimento de ordens planejadas de 250 no período 6. Com isso, o novo estoque, após o recebimento da ordem, passa a ser de 0 item;
- período 7: não há necessidades brutas; não há recebimentos programados; o estoque do período anterior, período 6, é igual a 0. Dessa forma, o estoque projetado para o período 7 é igual a 0 e a necessidade líquida é igual a zero;
- período 8: a necessidade bruta é igual a 250; não há recebimentos programados; o estoque do período anterior, período 7, é igual a 0. Dessa forma, o estoque projetado para o período 8, se não houver produção, será de –250, ou seja, a necessidade líquida é igual a 250. Isso gera uma necessidade líquida de 250 itens do tipo P2 para o período. Como o *lead time* de obtenção de P2 é 0 (zero), então a necessidade líquida defasada pelo *lead time* (Nec. Líq. Def. LT) é igual a 250 no próprio período 8. Isso gera uma liberação planejada de ordens de 250 no período 8. Essa liberação gera um recebimento de ordens planejadas de 250 no período 8. Com isso, o novo estoque, após o recebimento da ordem, passa a ser de 0 item.

Ao final de todos esses cálculos, tem-se a seguinte matriz para o item P2, dada pela Tabela 4.16:

Tabela 4.16 MRP Final

Período	0	1	2	3	4	5	6	7	8
Necessidades brutas			250		250		250		250
Recebimentos programados									
Estoque disponível/projetado	0	0	0	0	0	0	0	0	0
Necessidades líquidas			250		250		250		250
Nec. Líq. Def. LT			250		250		250		250
Rec. ordens planejadas			250		250		250		250
Lib. planejada de ordens			250		250		250		250

Agora que já estão definidas as liberações planejadas de ordens para o item P2, podem-se determinar as necessidades brutas do item P4. A relação entre P2 e P4 é de 1 para 1 (um para um), assim as necessidades brutas de P4 são dadas pelas liberações planejadas de P2 multiplicadas por 1. O resultado é que as necessidades brutas de P4 são iguais a 250 nos períodos 2, 4, 6 e 8.

Após preencher a linha correspondente às necessidades brutas de P4, deve-se proceder aos cálculos da seguinte maneira:

- período 1: não há necessidades brutas; não há recebimentos programados; o estoque do período anterior, período "0" (início do horizonte de planejamento), é igual a 0. Dessa forma, o estoque projetado para o período 1 é igual a 0 e a necessidade líquida é igual a zero;

- período 2: a necessidade bruta é igual a 250; não há recebimentos programados; o estoque do período anterior, período 1, é igual a 0. Dessa forma, o estoque projetado para o período 2, se não houver produção, é de –250, ou seja, a necessidade líquida é igual a 250. Isso gera uma necessidade líquida de 250 itens do tipo P4 para o período 2. Como o *lead time* de obtenção de P4 é de 1 período, então a necessidade líquida defasada pelo *lead time* (Nec. Líq. Def. LT) é igual a 250, porém no período 1. Isso gera uma liberação planejada de ordens de 500 no período 1, pois o lote deve ser múltiplo de 500 unidades. Essa liberação gera um recebimento de ordens planejadas de 500 no período 2. Com isso, o novo estoque, após o recebimento da ordem, passa a ser de 250 itens;

- período 3: não há necessidades brutas; não há recebimentos programados; o estoque do período anterior, período 2, é igual a 250. Dessa forma, o estoque projetado para o período 3 é de 250 e a necessidade líquida é igual a zero;

- período 4: a necessidade bruta é igual a 250; não há recebimentos programados; o estoque do período anterior, período 3, é igual a 250. Dessa forma, o estoque projetado para o período 4, se não houver produção, é de 0, ou seja, a necessidade líquida é igual a 0;

- período 5: não há necessidades brutas; não há recebimentos programados; o estoque do período anterior, período 4, é igual a 0. Dessa forma, o estoque projetado para o período 5 é de 0 e a necessidade líquida é igual a zero;

- período 6: a necessidade bruta é igual a 250; não há recebimentos programados; o estoque do período anterior, período 5, é igual a 0. Dessa forma, o estoque projetado para o período 6, se não houver produção, é de –250, ou seja, a necessidade líquida é igual a 250. Isso gera uma necessidade líquida de 250 itens do tipo P4 para o período 5. Como o *lead time* de obtenção de P4 é de 1 período, então a necessidade líquida defasada pelo *lead time* (Nec. Líq. Def. LT) é igual a 250, porém no período 5. Isso gera uma liberação planejada de ordens de 500 no período 5, pois o lote deve ser múltiplo de 500 unidades. Essa liberação gera um recebimento de ordens planejadas de 500 no período 6. Com isso, o novo estoque, após o recebimento da ordem, passa a ser de 250 itens;

- período 7: não há necessidades brutas; não há recebimentos programados; o estoque do período anterior, período 6, é igual a 250. Dessa forma, o estoque projetado para o período 7 é de 250 e a necessidade líquida é igual a zero;

- período 8: a necessidade bruta é igual a 250; não há recebimentos programados; o estoque do período anterior, período 7, é igual a 250. Dessa forma, o estoque projetado para o período 8, se não houver produção, é de 0, ou seja, a necessidade líquida é igual a 0.

Ao final de todos esses cálculos, tem-se a seguinte matriz para o item P4, dada pela Tabela 4.17:

Tabela 4.17 MRP Final

Período	0	1	2	3	4	5	6	7	8
Necessidades brutas			250		250		250		250
Recebimentos programados									
Estoque disponível/projetado	0	0	250	250	0	0	250	250	0
Necessidades líquidas			250				250		
Nec. Líq. Def. LT		250				250			
Rec. ordens planejadas			500				500		
Lib. planejada de ordens		500				500			

Considere a matriz de MRP dada na Tabela 4.18, a seguir, referente a um determinado componente. Esse componente é comprado de um fornecedor único cujo *lead time* é de uma semana e cujos lotes de compra são de no mínimo 50 unidades. A empresa, por conta da variabilidade do *lead time* de entrega do fornecedor, mantém sempre 50 unidades como estoque de segurança.

Tabela 4.18 MRP

Semana	0	1	2	3	4	5	6	7	8
Necessidades brutas		0	100	200	200	0	100	200	200
Recebimentos programados		100							
Estoque disponível/projetado	50	150	50	50	50	50	50	50	50
Necessidades líquidas				200	200		100	200	200
Nec. Líq. Def. LT			200	200		100	200	200	
Rec. ordens planejadas				200	200		100	200	200
Lib. planejada de ordens			200	200		100	200	200	

Suponha que no momento presente (início do horizonte de planejamento) o fornecedor entre em contato com a empresa cliente para avisar que a entrega prometida para a primeira semana irá atrasar e somente será entregue na terceira semana. Recalcule as necessidades de materiais de acordo com essa mudança.

Solução

O atraso na entrega faz com que o recebimento programado para o período 1, de 100 unidades, seja alterado para um recebimento programado para o período 3, de 100 unidades. As necessidades brutas e o estoque inicial continuam os mesmos. Com isso, os cálculos devem prosseguir da seguinte maneira:

- período 1: não há necessidades brutas; não há recebimentos programados; o estoque do período anterior, período "0" (início do horizonte de planejamento), é igual a 50. Dessa forma, o estoque projetado para o período 1 é igual a 50 e a necessidade líquida é igual a zero;
- período 2: a necessidade bruta é igual a 100; não há recebimentos programados; o estoque do período anterior, período 1, é igual a 50. Dessa forma, o estoque projetado para o período 2, se não houver produção, é de –50, ou seja, a necessidade líquida é igual a 100, pois são necessárias 50 unidades para suprir a demanda, mais 50 unidades para sobrar como estoque de segurança. Isso gera uma necessidade líquida de 100 itens no período 2. Como o *lead time* de obtenção desse item é de 1 período, então a necessidade líquida defasada pelo *lead time* (Nec. Líq. Def. LT) é igual a 100, porém no período 1. Isso gera uma liberação planejada de ordens de 100 no período 1. Essa liberação gera um recebimento de ordens planejadas de 100 no período 2. Com isso, o novo estoque, após o recebimento da ordem, passa a ser de 50 itens;
- período 3: a necessidade bruta é igual a 200; há um recebimento programado de 100 itens (esta é a encomenda atrasada); o estoque do período anterior, período 2, é igual a 50. Dessa forma, o estoque projetado para o período 3, se não houver produção, é de –50, ou seja, a necessidade líquida é igual a 100, pois são necessárias 50 unidades para suprir a demanda, mais 50 unidades para sobrar como estoque de segurança. Isso gera uma necessidade líquida de 100 itens no período 3. Como o *lead time* de obtenção desse item é de 1 período, então a necessidade líquida defasada pelo *lead time* (Nec. Líq. Def. LT) é igual a 100, porém no período 2. Isso gera uma liberação planejada de ordens de 100 no período 2. Essa liberação gera um recebimento de ordens planejadas de 100 no período 3. Com isso, o novo estoque, após o recebimento da ordem, passa a ser de 50 itens;
- período 4: a necessidade bruta é igual a 200; não há recebimentos programados; o estoque do período anterior, período 3, é igual a 50. Dessa forma, o estoque projetado para o período 4, se não houver produção, é de –150, ou seja, a necessidade líquida é igual a 200, pois são necessárias 150 unidades para suprir a demanda, mais 50 unidades para sobrar como estoque de segurança. Isso gera uma necessidade líquida de 200 itens no período 4. Como o *lead time* de obtenção desse item é de 1 período, então a necessidade líquida defasada pelo *lead time* (Nec. Líq. Def. LT) é igual a 200, porém no período 3. Isso gera uma liberação planejada de ordens de 200 no período 3. Essa liberação gera um recebimento de ordens planejadas de 200 no período 4. Com isso, o novo estoque, após o recebimento da ordem, passa a ser de 50 itens;
- período 5: não há necessidades brutas; não há recebimentos programados; o estoque do período anterior, período 4, é igual a 50. Dessa forma, o estoque projetado para o período 5 é igual a 50 e a necessidade líquida é igual a zero;
- período 6: a necessidade bruta é igual a 100; não há recebimentos programados; o estoque do período anterior, período 5, é igual a 50. Dessa forma, o estoque projetado para o período 6, se não houver produção, é de –50, ou seja, a necessidade líquida é igual a 100, pois são necessárias 50 unidades para suprir a demanda, mais 50 unidades para sobrar como estoque de segurança. Isso gera uma necessidade líquida de 100 itens no período 6. Como o *lead time* de obtenção desse item é de 1 período, então a necessidade líquida defasada pelo *lead time* (Nec. Líq. Def. LT) é igual a 100, porém no período 5. Isso gera uma liberação planejada de ordens de 100 no período 5. Essa liberação gera um recebimento de ordens planejadas de 100 no período 6. Com isso, o novo estoque, após o recebimento da ordem, passa a ser de 50 itens;

- período 7: a necessidade bruta é igual a 200; não há recebimentos programados; o estoque do período anterior, período 6, é igual a 50. Dessa forma, o estoque projetado para o período 7, se não houver produção, é de –150, ou seja, a necessidade líquida é igual a 200, pois são necessárias 150 unidades para suprir a demanda, mais 50 unidades para sobrar como estoque de segurança. Isso gera uma necessidade líquida de 200 itens no período 7. Como o *lead time* de obtenção desse item é de 1 período, então a necessidade líquida defasada pelo *lead time* (Nec. Líq. Def. LT) é igual a 200, porém no período 6. Isso gera uma liberação planejada de ordens de 200 no período 6. Essa liberação gera um recebimento de ordens planejadas de 200 no período 7. Com isso, o novo estoque, após o recebimento da ordem, passa a ser de 50 itens;
- período 8: a necessidade bruta é igual a 200; não há recebimentos programados; o estoque do período anterior, período 7, é igual a 50. Dessa forma, o estoque projetado para o período 8, se não houver produção, é de –150, ou seja, a necessidade líquida é igual a 200, pois são necessárias 150 unidades para suprir a demanda, mais 50 unidades para sobrar como estoque de segurança. Isso gera uma necessidade líquida de 200 itens no período 8. Como o *lead time* de obtenção desse item é de 1 período, então a necessidade líquida defasada pelo *lead time* (Nec. Líq. Def. LT) é igual a 200, porém no período 7. Isso gera uma liberação planejada de ordens de 200 no período 7. Essa liberação gera um recebimento de ordens planejadas de 200 no período 8. Com isso, o novo estoque, após o recebimento da ordem, passa a ser de 50 itens.

Após esses cálculos, a matriz fica da seguinte forma (Tabela 4.19):

Tabela 4.19 MRP Calculado

Semana	0	1	2	3	4	5	6	7	8
Necessidades brutas		0	100	200	200	0	100	200	200
Recebimentos programados				100					
Estoque disponível/projetado	50	50	50	50	50	50	50	50	50
Necessidades líquidas			100	100	200		100	200	200
Nec. Líq. Def. LT		100	100	200		100	200	200	
Rec. ordens planejadas			100	100	200		100	200	200
Lib. planejada de ordens		100	100	200		100	200	200	

(7) A Tabela 4.20, a seguir, mostra as liberações planejadas de ordens de dois itens A e B que compõem um determinado produto final.

Tabela 4.20 Liberações Planejadas de Ordens

Semana	1	2	3	4	5	6	7	8
Lib. Planejada de ordens – Item A	100	100	0	100	0	100	100	100
Lib. Planejada de ordens – Item B	200	200	200	200	0	200	0	200

Suponha que um mesmo centro de trabalho X seja utilizado para a produção de ambos. Esse centro de trabalho X possui cinco máquinas e trabalhadores que atuam em turnos de oito horas em cinco dias por semana. O tempo de produção unitário do item A é de 0,50 hora e do item B é de 0,60 hora. Calcule a ocupação no centro de trabalho X.

Solução

Este exercício consiste na aplicação do conceito do CRP – *Capacity Requirements Planning*. Para determinar a ocupação do centro de trabalho X, primeiramente é necessário determinar qual é sua disponibilidade de horas semanal. Uma vez que são cinco máquinas que executam o mesmo processo, em turnos de oito horas diárias durante cinco dias por semana, então existem no total 200 horas disponíveis por semana (5 máquinas * 8 horas/dia * 5 dias/semana).

O próximo passo é calcular as horas necessárias em cada semana, a partir das quantidades a serem produzidas e dos tempos de processamento de cada item. Os cálculos são os seguintes:

- semana 1: (100 produtos A)(0,5 h) + (200 produtos B)(0,6 h) = 170 horas;
- semana 2: (100 produtos A)(0,5 h) + (200 produtos B)(0,6 h) = 170 horas;
- semana 3: (0 produto A)(0,5 h) + (200 produtos B)(0,6 h) = 120 horas;
- semana 4: (100 produtos A)(0,5 h) + (200 produtos B)(0,6 h) = 170 horas;
- semana 5: (0 produto A)(0,5 h) + (0 produto B)(0,6 h) = 0 hora;
- semana 6: (100 produtos A)(0,5 h) + (200 produtos B)(0,6 h) = 170 horas;
- semana 7: (100 produtos A)(0,5 h) + (0 produto B)(0,6 h) = 50 horas;
- semana 8: (100 produtos A)(0,5 h) + (200 produtos B)(0,6 h) = 170 horas.

Por fim, para calcular a ocupação do centro de trabalho X em cada semana, basta dividir os resultados acima pela disponibilidade semanal, ou seja, por 200 horas. Os resultados são mostrados na Tabela 4.21 a seguir.

Tabela 4.21 Ocupação no Centro de Trabalho X

Semana	1	2	3	4	5	6	7	8
Ocupação do centro de trabalho X	85%	85%	60%	85%	0%	85%	25%	85%

(8) Dadas as liberações planejadas de ordens dos itens I1, I2, I3 e I4 na Tabela 4.22 a seguir, calcule a ocupação do centro de trabalho C, sabendo que: o tempo de processamento unitário do item I1 é 0,10 hora; o tempo de processamento unitário do item I2 é 0,20 hora; o tempo de processamento unitário do item I3 é 0,12 hora; o tempo de processamento unitário do item I4 é 0,08 hora; e há 44 horas disponíveis por semana. Se a capacidade for insuficiente, proponha alterações nas liberações de ordens de forma que o planejamento das necessidades de materiais seja viável (ou seja, que o plano não exceda a capacidade máxima do centro em nenhuma semana).

Tabela 4.22 Liberações Planejadas de Ordens

Semana	1	2	3	4	5	6	7	8
Lib. planejada de ordens – I1	200	200	200	200	0	200	200	0
Lib. planejada de ordens – I2	0	0	200	0	0	200	0	0
Lib. planejada de ordens – I3	20	20	20	60	20	60	60	60
Lib. planejada de ordens – I4	120	0	0	0	0	120	120	120

Solução

Para determinar a ocupação do centro de trabalho C, primeiramente é preciso calcular as horas necessárias em cada semana, a partir das quantidades a serem produzidas e dos tempos de processamento de cada item. Os cálculos são os seguintes:

- semana 1: (200)(0,1) + (0)(0,2) + (20)(0,12) + (120)(0,08) = 32 horas;
- semana 2: (200)(0,1) + (0)(0,2) + (20)(0,12) + (0)(0,08) = 22,4 horas;
- semana 3: (200)(0,1) + (200)(0,2) + (20)(0,12) + (0)(0,08) = 62,4 horas;
- semana 4: (200)(0,1) + (0)(0,2) + (60)(0,12) + (0)(0,08) = 27,2 horas;
- semana 5: (0)(0,1) + (0)(0,2) + (20)(0,12) + (0)(0,08) = 2,4 horas;
- semana 6: (200)(0,1) + (200)(0,2) + (60)(0,12) + (120)(0,08) = 76,8 horas;
- semana 7: (200)(0,1) + (0)(0,2) + (60)(0,12) + (120)(0,08) = 36,8 horas;
- semana 8: (0)(0,1) + (0)(0,2) + (60)(0,12) + (120)(0,08) = 16,8 horas.

Por fim, para calcular a ocupação do centro de trabalho C em cada semana, basta dividir os resultados acima pela disponibilidade semanal, ou seja, por 44 horas. Os resultados são mostrados na Tabela 4.23 a seguir.

Tabela 4.23 Ocupação do Centro de Trabalho C

Semana	1	2	3	4	5	6	7	8
Ocupação do centro de trabalho C	72,73%	50,91%	141,82%	61,82%	5,45%	174,55%	83,64%	38,18%

Note que nas semanas 3 e 6 as horas necessárias estão bem acima das horas disponíveis. Por isso, é preciso alterar a liberação planejada de ordens a fim de reduzir as ocupações nas semanas 3 e 6.

Para isso, são seguidos os seguintes princípios: tentar antecipar a produção em vez de postergar (supondo que o custo de estocagem seja inferior ao custo de atrasar as entregas); e, para essas antecipações, tentar sempre fazê-las para as semanas imediatamente anteriores, para que o custo com a estocagem dos produtos seja o menor possível.

Dessa forma, por tentativa e erro, é feito o seguinte: começando pelo item I2, item com maior tempo de processamento unitário, tentar-se-á antecipar a produção de 100 unidades da semana 3 para a semana 2, pois a semana 2 está com uma ociosidade de cerca de 49%. Já para a semana 6, como o excesso de capacidade está muito alto, tentar-se-á antecipar toda a produção de I2 (200 unidades) para a semana 5, que está com uma ociosidade de cerca de 94%. A Tabela 4.24, a seguir, mostra as novas ocupações após essas mudanças.

Tabela 4.24 Ocupação Após Mudanças

Semana	1	2	3	4	5	6	7	8
Lib. planejada de ordens – I1	200	200	200	200	0	200	200	0
Lib. planejada de ordens – I2	0	100	100	0	200	0	0	0
Lib. planejada de ordens – I3	20	20	20	60	20	60	60	60
Lib. planejada de ordens – I4	120	0	0	0	0	120	120	120
Ocupação do centro de trabalho C	72,73%	96,36%	96,36%	61,82%	96,36%	83,64%	83,64%	38,18%

Pode-se notar que, agora, a utilização do centro de trabalho C está abaixo de 100% em todas as semanas, o que torna o planejamento das necessidades de materiais viável.

4.4 Exercícios propostos

1. Considere o produto P2 mostrado na estrutura a seguir e os seguintes parâmetros: estoque do item P2 inicial igual a 100 e *lead time* de 1 período; estoque inicial do item P21 de 50 unidades e *lead time* de 1 período; estoque de segurança de P21 de 50; lote mínimo de P21 de 200; recebimento programado de P21 para o período 1 de 100 unidades; estoque inicial do item P22 de 400 unidades e *lead time* de 2 períodos; lote mínimo de P22 de 200; estoque de segurança de P22 de 100; estoque inicial do item P23 de 80 unidades e *lead time* de 1 período; estoque de segurança de P23 de 60; lote múltiplo de P23 de 100. Determine as necessidades dos materiais desses itens. Utilize como política de determinação o tamanho do lote L4L (lote por lote) para o item P2. O MPS para o produto P2 é de 90 unidades nos períodos 2, 3, 4, 7 e 8.

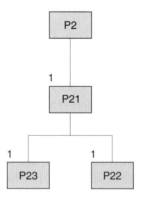

Figura 4.6 Estrutura do produto.

2. Considere os itens 1, 2, 3, 4 e 5 e suas respectivas necessidades de materiais e tempos de produção unitário para o centro de trabalho C definidas nas Tabelas 4.25 e 4.26 a seguir. Calcule a utilização de capacidade no centro C, sabendo-se que há 160 horas disponíveis por semana. Se necessário, proponha alteração(ões) no MRP para viabilizar a produção.

Tabela 4.25 Liberações de Ordens

Período	1	2	3	4	5
Liberação planejada de ordens de 1	10	10	10	20	22
Liberação planejada de ordens de 2	40	40	40	40	40
Liberação planejada de ordens de 3	0	0	50	0	50
Liberação planejada de ordens de 4	0	0	0	80	0
Liberação planejada de ordens de 5	0	30	0	30	0

Tabela 4.26 Tempos de Produção

	Tempo de produção unitário
1	1,0 hora
2	1,5 hora
3	2,5 horas
4	0,75 hora
5	0,5 hora

3. Considere o produto B fornecido pela lista indentada da Tabela 4.27 a seguir e os seguintes parâmetros: MPS do item B para os períodos 4, 6 e 8 iguais a 500, e demais períodos 0; estoque do item B inicial igual a 0 e *lead time* de 1 período; estoque inicial do item B12 de 100 unidades e *lead time* de 2 períodos; estoque de segurança de B12 de 100; lote mínimo de B12 de 200; recebimento programado de B12 para o período 1 de 300 unidades; estoque inicial do item B11 de 400 unidades e *lead time* de 1 período; lote múltiplo de B11 de 400; estoque de segurança de B11 de 100; recebimento programado de B11 para o período 1 de 200 unidades; estoque inicial do item B31 de 100 unidades e *lead time* de 1 período; estoque de segurança de B31 de 100; lote mínimo de B31 de 1000; recebimento programado de B31 para o período 1 de 200 unidades. Determine as necessidades dos materiais desses itens. Utilize como política de determinação o tamanho do lote L4L (lote por lote) para o item B.

Tabela 4.27 Lista Indentada do Produto B

Nível	Item	Quant. / pai	Tipo
0	B	–	Produto acabado
1	B11	3	Componente fabricado
2	B31	1	Matéria prima de B11
1	B12	1	Componente fabricado

4. Considere o produto mostrado na Figura 4.7 ao lado. Desenhe sua estrutura em forma de árvore do produto. Suponha que as duas hastes da tesoura são idênticas (lâminas e alças idênticas). Há apenas um arrebite para fixá-las.

Figura 4.7 Tesoura.

5. O produto A possui a estrutura conforme a Figura 4.8 a seguir. Como a demanda desse produto é constante e conhecida, seu MPS é de 500 itens em cada uma das próximas oito semanas. As demais informações sobre os itens estão na Tabela 4.28 a seguir. Elabore o MRP para as próximas oito semanas.

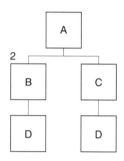

Figura 4.8 Estrutura do produto A.

Tabela 4.28 Informações sobre os Itens

Item	Lead time (semana)	Estoque de segurança	Recebimento programado/semana	Lote	Estoque em mãos
A	1	100	500 / 1	L4L	100
B	1	–	–	Mínimo 100	2000
C	2	50	200 / 2	Múltiplo 100	900
D	2	–	2000 / 1	Mínimo 100	1500

6. Considere o Exercício 5. Supondo haver uma taxa de perda por defeitos do item C de cerca de 3%, determine a liberação planejada de ordens do item C e do item D.

7. Suponha que um determinado produto tenha a estrutura dada como na Figura 4.9 adiante.

   a. Se não houver estoques de nenhum dos itens, qual o *lead time* total mínimo necessário para atender a um pedido?
   b. E se houvesse estoque suficiente apenas dos itens 4 e 6 para suprir este pedido, de quanto seria o *lead time* para atendê-lo?

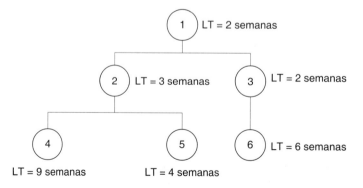

Figura 4.9 Estrutura do produto.

8. Seja o produto a seguir, uma seringa descartável sem agulha. Esse produto possui três peças: um cilindro, uma haste e um pistão que são estocados isoladamente. Um fabricante nacional produz e vende esse produto em grandes volumes para todo o Brasil. Por isso, todas essas peças possuem lotes múltiplos de 1000 unidades e estoques de segurança de 2000 unidades. Devido aos altos tempos de *setup* e tamanhos de lote grandes deste e de outros produtos da empresa, os *lead times* de obtenção da seringa, da haste e do cilindro são de duas semanas. Já o pistão é um item comprado de um fornecedor confiável que entrega em uma semana. Faça o planejamento das necessidades de materiais sabendo que o MPS do produto acabado é para a produção de 20.000 seringas na segunda e quarta semanas do próximo mês. Há um recebimento programado do item seringa de 30.000 unidades na primeira semana; um recebimento programado do item cilindro de 20.000 unidades na primeira semana; um recebimento programado do item haste de 15.000 unidades na primeira semana. O estoque em mãos é igual ao estoque de segurança para cada um dos itens.

Figura 4.10 Imagem do produto.

9. Considere a matriz de MRP dada a seguir pela Tabela 4.29 referente a uma determinada peça produzida internamente por uma empresa.

Tabela 4.29 MRP

Semana	0	1	2	3	4	5	6	7	8
Necessidades brutas		100	200	300	400	300	200	100	0
Recebimentos programados		350							
Estoque disponível/projetado	50	300	100	100	100	100	100	100	100
Necessidades líquidas				250	350	250	150	50	
Nec. Líq. Def. LT		250	350	250	150	50			
Rec. ordens planejadas				300	400	300	200	100	
Lib. planejada de ordens		300	400	300	200	100			

Analisando a matriz, responda:

a. Qual é o estoque de segurança?
b. Qual é a política de lotes?
c. Qual o *lead time*?
d. Qual o estoque médio no período? Se a política de lotes fosse L4L, de quanto seria o estoque médio do período?
e. Que outra medida você sugeriria para reduzir o estoque médio?

10. Considere a matriz do Exercício 9. Suponha que o estoque de segurança deva ser de 20% da quantidade da demanda no próprio período. Por exemplo, como a demanda do período 1 é de 100 unidades, então o estoque de segurança no período 1 deve ser de 20 unidades. No período 2 o estoque de segurança deve ser de 40 unidades, e assim por diante. Recalcule as liberações planejadas de ordens, sendo agora permitido produzir lote por lote (L4L).

11. Um determinado produto acabado possui a estrutura dada pela Figura 4.11 a seguir. A Tabela 4.30 detalha as informações sobre os itens.

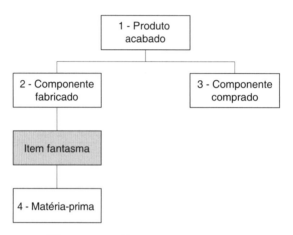

Figura 4.11 Estrutura do produto.

Tabela 4.30 Informações Sobre os Itens

Item	Lead time (semana)	Estoque de segurança	Lote	Estoque em mãos
1	1	100	L4L	100
2	1	500	Mínimo 100	1000
3	1	–	L4L	0
4	2	200	Mínimo 1000	1000

O MPS para o produto acabado é de 500 unidades nas semanas 3, 5 e 6. Faça o planejamento das necessidades de materiais para as próximas seis semanas.

12. Considere o Exercício 11. Supondo que os tempos de processamento unitário sejam 0,12 hora para o item 1 e 0,25 hora para o item 2, calcule a ocupação do centro de trabalho comum em que tais itens são processados. Neste centro de trabalho há 160 horas disponíveis por semana. Faça um gráfico de colunas para mostrar a utilização de horas semana a semana.

13. Considere a matriz de MRP dada na Tabela 4.31 adiante. O componente planejado nesta matriz é fabricado internamente, seu *lead time* é de uma semana e os lotes de produção podem ser de qualquer tamanho (política L4L). Não é mantido estoque de segurança para esse componente.

Tabela 4.31 MRP

Semana	0	1	2	3	4	5	6	7	8
Necessidades brutas			400	400	400	400	400		
Recebimentos programados									
Estoque disponível/projetado	500	500	100	0	0	0	0	0	0
Necessidades líquidas				300	400	400	400		
Nec. Líq. Def. LT			300	400	400	400			
Rec. ordens planejadas				300	400	400	400		
Lib. planejada de ordens			300	400	400	400			

Suponha que na semana 1 o operador, ao tentar iniciar a produção, verifique que o estoque é de apenas 50 itens. Recalcule as necessidades de materiais de acordo com esta mudança.

14. De acordo com a estrutura do produto A e demais informações da Tabela 4.32, ambas a seguir, e sabendo que não há recebimentos programados para nenhum item, responda:

   a. Quantas unidades do produto A poderão ser entregues no final da semana atual, se todos os itens possuírem uma semana de *lead time*?
   b. E se a relação entre E e A fosse, na verdade, de 5 para 1, quantas unidades do produto A poderiam ser entregues no final da semana atual, se todos os itens possuíssem uma semana de *lead time*?
   c. E se houvesse uma taxa de defeitos de 8% nas peças estocadas de D, quantas unidades do produto A poderiam ser entregues no final da semana atual, se todos os itens possuíssem uma semana de *lead time*?

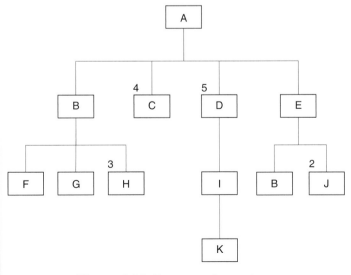

Figura 4.12 Estrutura do produto.

Tabela 4.32 Estoques

Item	Estoque em mãos
A	10
B	10
C	20
D	50
E	20
F	50
G	10
H	20
I	20
J	100
K	120

15. Seja o produto X como representado pela Figura 4.13 adiante e suas respectivas matrizes de MRP para as próximas quatro semanas dadas pela Tabela 4.33. Exercite a atualização das matrizes considerando que a primeira semana acabou, após tudo ocorrer de acordo com o planejado, e que uma nova semana deve ser acrescentada no final do horizonte de planejamento. Nessa nova quarta semana, o MPS para o produto X é de 400 unidades.

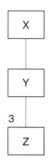

Figura 4.13 Estrutura do produto.

Tabela 4.33 MRP dos Itens

Item X	Lote = L4L		Lead time = 1		Estoque de Seg. = –
Semana	0	1	2	3	4
Necessidades brutas			320		320
Recebimentos programados		180			
Estoque disponível/projetado	100	280	0	0	0
Necessidades líquidas			40		320
Nec. Líq. Def. LT		40		320	
Rec. ordens planejadas			40		320
Lib. planejada de ordens			40	320	

Item Y	Lote = mínimo 100		Lead time =1		Estoque de Seg. = 50
Semana	0	1	2	3	4
Necessidades brutas		40	0	320	0
Recebimentos programados					
Estoque disponível/projetado	80	40	40	50	50
Necessidades líquidas				330	
Nec. Líq. Def. LT			330		0
Rec. ordens planejadas				330	
Lib. planejada de ordens			330		0

(continua)

Tabela 4.33 MRP dos Itens (*continuação*)

Item Z	Lote = múltiplo de 50		*Lead time* = 2		Est. de Seg. = 150
Semana	0	1	2	3	4
Necessidades brutas		0	990	0	960
Recebimentos programados					
Estoque disponível/projetado	2500	2500	1510	1510	550
Necessidades líquidas					
Nec. Líq. Def. LT					
Rec. ordens planejadas					
Lib. planejada de ordens					

16. Considere um tabuleiro de xadrez e todas as suas peças. Faça:

  a. A explosão (para cada peça), para produção de 180 tabuleiros completos.
  b. A explosão para os peões, para produção de 180 tabuleiros, considerando que a taxa de defeitos para produção dessas peças é de 1%.
  c. O cálculo da necessidade líquida de peões se após a explosão calculada no item (b) for verificado que há em estoque 980 peões brancos e 810 peões pretos.

17. Refaça os cálculos (a) e (b) do Exercício 16 considerando agora que todas as peças são feitas juntas (sem coloração) supondo, por exemplo, que a pintura seja um processo realizado por uma empresa subcontratada após a fabricação das peças.

18. Considere a figura a seguir, um gráfico de Gantt mostrando parte de um programa para a produção de peças para a montagem de um violão em uma fábrica de instrumentos musicais.

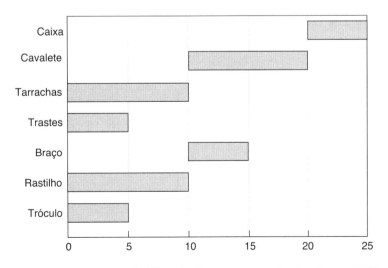

Figura 4.14 Gráfico de Gantt para produção de um violão.

O item braço é montado a partir dos itens tarracha, trastes e tróculo. O item caixa é montado a partir dos itens cavalete e rastilho. Com base nessas informações, responda:

a. Quais são as datas de liberação das ordens de cada um dos itens?
b. Quantas semanas de estoque o item tróculo permanecerá na empresa no período?
c. Quantas semanas de estoque o item trastes permanecerá na empresa no período?
d. Quantas semanas de estoque o item rastilho permanecerá na empresa no período?
e. Para que as peças identificadas anteriormente (trastes, rastilho e tróculo) ficassem prontas somente no último momento possível, quando as ordens para fabricação das mesmas deveriam ser liberadas?

19. Considere o produto F e dois de seus principais componentes, os itens G e H, sendo G filho de F, e H filho de G. O MRP para as próximas quatro semanas está na Tabela 4.34 a seguir.

Tabela 4.34 MRP dos Itens

Item F	Lote = L4L		Lead time = 1		Estoque de Seg = –
Semana	0	1	2	3	4
Necessidades brutas		50	50	80	80
Recebimentos programados		60			
Estoque disponível/projetado	0	10	0	0	0
Necessidades líquidas			40	80	80
Nec. Líq. Def. LT		40	80	80	
Rec. ordens planejadas			40	80	80
Lib. planejada de ordens		40	80	80	

Item G	Lote = L4L		Lead time = 1		Estoque de Seg.= 50
Semana	0	1	2	3	4
Necessidades brutas		40	80	80	0
Recebimentos programados		110			
Estoque disponível/projetado	0	70	50	50	50
Necessidades líquidas			60	80	
Nec. Líq. Def. LT		60	80		
Rec. ordens planejadas			60	80	
Lib. planejada de ordens		60	80		

Tabela 4.34 MRP dos Itens (*continuação*)

Item H		Lote = L4L		*Lead time* = 2		Est. de Seg. = 100
Semana	0	1	2	3	4
Necessidades brutas		120	160	0	0
Recebimentos programados		200			
Estoque disponível/projetado	200	280	120	120	120
Necessidades líquidas					
Nec. Líq. Def. LT					
Rec. ordens planejadas					
Lib. planejada de ordens					

Com base na programação apresentada na Tabela 4.34, responda:

a. Qual a relação de quantidade entre F e G?
b. Qual a relação de quantidade entre G e H?
c. Suponha que o recebimento programado de 200 unidades de H, em vez de chegar na semana 1, sofra um atraso e chegue somente na semana 2. Qual a consequência disso para a produção dos itens G e F?
d. Suponha que o recebimento programado de 200 unidades de H, em vez de chegar na semana 1, sofra um atraso e chegue somente na semana 3. Qual a consequência disso para a produção dos itens G e F?
e. Suponha que o recebimento programado de 110 unidades de G, em vez de chegar na semana 1, sofra um atraso e chegue somente na semana 3. Qual a consequência disso para a produção do item F?

20. Sejam as necessidades brutas de um determinado item iguais a 30, 50, 30, 10 e 40 para os períodos 1, 2, 3, 4 e 5, respectivamente. Considerando um estoque inicial igual a 160 unidades, responda:

a. Se o estoque puder ser zerado e o *lead time* for de um período, em que período se deve liberar a ordem de produção? Em que quantidade?
b. Se houver estoque de segurança de 30 unidades e o *lead time* for de um período, em que período se deve emitir a ordem de produção? Em que quantidade?
c. Se em vez de um estoque de segurança houver um *lead time* de segurança de 1 período, em que período se deve emitir a ordem de produção? Em que quantidade?
d. Quais são os estoques médios para os programas dados em (a), (b) e (c)? Desconsidere os estoques iniciais.

5

Gestão e controle de estoques

A gestão e o controle de estoques são assuntos bastante tratados em PCP. São vários os conceitos e métodos que podem ser enquadrados nessas atividades do PCP, entre eles a classificação de itens em estoque; cálculos de cobertura, giro, tamanhos de lote de produção, tamanhos de lote de compra, estoque de segurança; e sistemas para coordenação das ordens de produção e compra como revisão contínua, revisão periódica, kanban, Drum-Buffer-Rope (DBR) e Constant Work-In-Process (CONWIP). Neste capítulo esses assuntos são tratados.

5.1 Resumo teórico

O *estoque* é um dos tipos mais básicos de investimento de capital de um negócio. Dessa forma, uma boa gestão e controle dos estoques é fundamental para contribuir para resultados positivos de qualquer empresa.

Nas seções a seguir serão apresentados diversos conceitos e métodos que auxiliam essa atividade.

5.1.1 Classificação ABC

No século XIX, Vilfredo Pareto, durante um estudo sobre a distribuição de riquezas em Milão, descobriu que cerca de 20% das pessoas controlavam aproximadamente 80% da riqueza. Essa lógica de poucos com maior importância e muitos com pouca importância foi ampliada para incluir diversas outras situações e foi denominada *princípio de Pareto*.

De acordo com Pareto, poucos itens (cerca de 20%) representam uma importância acumulada alta (cerca de 80%); os itens de médio valor representam cerca de 30% e representam cerca de 10% do valor acumulado; e os restantes 50% dos itens representam apenas 10% do valor acumulado.

Com essa abordagem podem-se identificar os itens em estoque com maior importância (*itens classe A*), itens com importância média (*classe B*) e itens com baixa importância (*classe C*) e, com isso, gerenciá-los de maneira diferente, melhorando a relação custo/benefício do sistema de controle.

O critério para medir a importância dos itens pode variar muito, porém as mais usuais são: volume de vendas, receita gerada, lucro gerado, participação no mercado que atua, e movimentação de valor [(taxa de uso)(valor)].

Para preparar uma *curva ABC*, é preciso:

a. Calcular o valor do desempenho de cada item em termos da medida escolhida;
b. Calcular o valor total dessa medida de desempenho;
c. Calcular a porcentagem de cada item em relação a esse total;
d. Ordenar os itens em ordem decrescente em relação à porcentagem de cada um;
e. Calcular a porcentagem acumulativa desses valores.

Os itens classe A serão os itens que corresponderem a cerca de 80% do valor acumulado, os itens classe B serão os itens restantes que representarem cerca de 10% do acumulado restante, e os demais itens serão os itens classe C.

5.1 Atenção

Custo total de estocagem

Os principais custos associados ao estoque são:

- *Custo de aquisição, que é o valor pago pelos itens estocados.*
- *Custo de pedido, que inclui todos os custos de emissão ou de recebimento de um pedido, independentemente do tamanho do pedido. Os principais componentes são a cotação de preços, o transporte e o recebimento (conferência, registro, inspeções etc.).*
- *Custo de manutenção, composto pelo capital imobilizado em estoque, pelo espaço necessário para armazenar o estoque, custo de oportunidade, manuseamento dos materiais, impostos incidentes sobre os itens estocados, seguros e obsolescência.*
- *Custo de falta, pois a falta de produtos (backorder ou stockout) ou a postergação de um pedido (backlog) incorrem em prejuízos como a perda da venda ou redução do nível de serviço ao consumidor.*
- *Custo de operação do sistema de estocagem, que inclui sistemas computacionais, pessoas e serviços associados.*

Giro e cobertura do estoque

O *giro* e a *cobertura* são medidas de desempenho muito comuns em sistemas de estoque. O giro mede com que frequência o estoque é consumido ao longo do tempo. A cobertura mede o tempo que o estoque duraria, sujeito a uma demanda conhecida, se não fosse reabastecido.

Dessa forma, o giro e a cobertura são medidas inversas entre si. Ou seja, um alto giro implica uma baixa cobertura, e vice-versa. O desejável é justamente essa situação de alto giro, pois significa que a empresa tem um retorno rápido do investimento que faz em seu estoque.

A cobertura do estoque, em meses, é dada pela seguinte equação:

$$\text{Meses de suprimento} = \frac{\text{investimento total em estoque}}{\text{demanda média prevista (R\$/mês)}}$$

Já o giro do estoque pode ser calculado da seguinte maneira:

$$\text{Giro anual do estoque} = 12 \frac{\text{demanda média prevista (R\$/mês)}}{\text{investimento total em estoque}}$$

Assim,

$$\text{Giro anual do estoque} = \frac{12}{\text{meses de suprimento}}$$

Determinação do tamanho de lote

A determinação do *tamanho de lote* é um assunto bastante amplo. Há várias formas de determinar o tamanho de um lote de compra ou de um lote de produção.

Existem os casos por conveniência como determinar que o lote seja igual à capacidade máxima do equipamento, ou do tamanho que possa ser transportado por um determinado sistema transportador (empilhadeira, esteira etc.) ou mesmo por uma questão de garantia da qualidade do produto – se o lote for maior ou menor que determinado tamanho, haverá problemas na qualidade do produto.

Por outro lado, na maioria dos casos a determinação do tamanho do lote de produção ou de compra é uma decisão que precisa ser tomada com base em outras questões que não estão ligadas à conveniência. Nesses casos, a análise se baseia no *trade-off* entre os benefícios e os custos de carregar estoques.

Nas subseções a seguir serão apresentados alguns métodos para determinação de tamanhos de lote. Os modelos do *lote econômico de compra* e *lote econômico de produção* são apropriados para situações em que a demanda é constante ao longo do tempo. Os métodos heurísticos de *Silver-Meal*, *Least Unit Cost* e *Part Period Balancing* são apropriados para situações em que a demanda é variável ao longo do horizonte de planejamento. O *modelo do vendedor de jornais*, por sua vez, é apropriado para situações em que o pedido é único.

5.1.3.1 *Lote econômico de compra*

O modelo do Lote Econômico de Compra (LEC) ou *Economic Order Quantity* (EOQ) é bastante conhecido e serve de base para diversos outros modelos. É apropriado para compra de matérias-primas ou para sistemas de varejo.

As condições assumidas são:

a. Um único item;
b. A demanda é determinística e uniforme;
c. Não são permitidas faltas;
d. Não existe *lead time* de ressuprimento, ou seja, o ressuprimento é instantâneo;
e. Todo o lote chega ao mesmo tempo (taxa de ressuprimento infinita).

Os parâmetros são todos conhecidos. São eles:

c = custo unitário (R$/unidade)
i = custo de estocagem anual (% por ano);
$h = (i)(c)$ = custo de estocagem anual (R$ por unidade por ano);
A = custo de pedido, independentemente da quantidade pedida (R$/pedido);
D = demanda por unidade de tempo.

A partir desses parâmetros obtém-se a equação de cálculo do lote econômico de compra, a saber:

$$Q^* = \sqrt{\frac{2AD}{h}}$$

O valor de Q^* é o valor que minimiza o custo total em função dos custos de pedido e de estocagem. O custo total em função do tamanho do lote, $K(Q)$, é dado pela seguinte equação:

$$K(Q) = A\frac{D}{Q} + h\frac{Q}{2}$$

Se os pedidos forem feitos em grandes quantidades (lotes grandes), então o número de pedidos ao longo do ano será pequeno e, portanto, o custo com pedidos será pequeno. Por outro lado, como os lotes serão grandes, o custo de estocagem também será grande. O contrário também se verifica: pedidos de poucas quantidades (lotes pequenos) exigem mais pedidos ao longo do ano, aumentando o custo total com pedidos; por outro lado, o nível médio de estoques é menor e, portanto, o custo total com estocagem diminui.

5.2 Atenção

Análise de sensibilidade do LEC

Com base no custo total para o lote econômico de compra, o $K(Q^*)$, é possível avaliar o comportamento esperado do custo total $K(Q)$ ao se aumentar ou diminuir o tamanho do lote (Q), utilizando a seguinte equação:

$$\frac{K(Q)}{K(Q^*)} = \frac{1}{2}\left(\frac{Q}{Q^*} + \frac{Q^*}{Q}\right)$$

Por exemplo, suponha que o lote econômico de compra de determinada matéria-prima fornecida em lotes múltiplos de 100 unidades seja igual a 130. Qual deve ser o tamanho do lote de compra, 100 ou 200?

Usando a equação, tem-se:

$$\frac{K(100)}{K(130)} = \frac{1}{2}\left(\frac{100}{130} + \frac{130}{100}\right) = 1,03 \quad e \quad \frac{K(200)}{K(130)} = \frac{1}{2}\left(\frac{200}{130} + \frac{130}{200}\right) = 1,09$$

Com isso, é mais vantajoso fazer pedidos de tamanho igual a 100.

5.1.3.2 Lote econômico de produção

Em relação ao modelo do lote econômico de compra, a diferença é que neste modelo é relaxada a condição de ressuprimento infinito, ou seja, é o caso típico da produção, uma vez que existe uma taxa de produção p. Outra diferença é que no modelo do lote econômico de produção o custo de pedido é substituído pelo custo de preparação da máquina para a produção do lote, ou seja, o *custo de setup*.

Dessa forma, o modelo do Lote Econômico de Produção (LEP) ou *Economic Production Quantity* (EPQ) possui os seguintes parâmetros:

c = custo unitário (R$/unidade);
i = custo de estocagem anual (% por ano);
$h = (i)(c)$ = custo de estocagem anual (R$ por unidade por ano);
A = custo de *setup*, independentemente da quantidade produzida (R$/*setup*);
D = demanda por unidade de tempo;
p = taxa de produção.

A partir desses parâmetros obtém-se a equação de cálculo do lote econômico de produção, a saber:

$$Q^* = \sqrt{\frac{2AD}{h\left(1 - \frac{D}{p}\right)}}$$

O valor de Q^* é o valor que minimiza o custo total em função dos custos de *setup* e de estocagem. Se os lotes forem grandes, por um lado serão feitos poucos *setups* ao longo do ano reduzindo o custo total com *setup*; por outro lado, os custos de estocagem aumentarão. O contrário também é verdadeiro.

5.1.3.3 Heurística de Silver-Meal

Essa heurística é baseada no custo médio por período em função dos períodos a serem cobertos pela quantidade produzida. A heurística tenta encontrar o custo médio mínimo por período para um horizonte m. O custo considerado é o custo variável, isto é, o custo de *setup* mais o custo de estocagem.

A demanda para os próximos n períodos é dada por $(D_1, D_2, ..., D_n)$. Seja $K(m)$ o custo variável médio por período se a ordem cobre m períodos. Assumindo que o custo de estocagem ocorre no final do período e que a quantidade necessária para o período é usada no início do período, tem-se:

a. Se for ordenado D_1 para satisfazer a demanda no período 1, ter-se-á $K(1) = A$;
b. Se for ordenado $D_1 + D_2$ no período 1 para satisfazer a demanda dos períodos 1 e 2, ter-se-á

$$K(2) = \frac{1}{2}(A + hD_2),$$

em que h é o custo unitário de estocagem por período e A o custo de *setup*. Porque será armazenado D_2 em um período extra, multiplica-se por h e, para ter o custo médio nos dois períodos, divide-se tudo por 2.

Similarmente, $K(3) = \frac{1}{3}(A + hD_2 + 2hD_3)$.

De maneira generalizada, tem-se $K(m) = \frac{1}{m}(A + hD_2 + 2hD_3 + ... + (m-1)hD_m)$.

O procedimento consiste em calcular $K(m) = 1, 2, ... m$, e parar quando $K(m + 1) > K(m)$, ou seja, no período em que o custo médio por período começa a crescer. O processo se repete a partir do período $(m + 1)$ e continua até atingir o período n.

5.1.3.4 *Heurística* Least Unit Cost *(LUC)*

Essa heurística é muito parecida com a de *Silver-Meal*. A diferença é que, em vez de o custo médio ser calculado por período, ele é calculado por unidade do produto a ser produzido/comprado.

Seja $K'(m)$ o custo variável médio por unidade, se a ordem cobre m períodos. Seguindo o mesmo raciocínio da heurística de Silver-Meal, tem-se:

$$K'(1) = \frac{A}{D_1}$$

$$K'(2) = \frac{(A + hD_2)}{D_1 + D_2}$$

$$K'(3) = \frac{(A + hD_2 + 2hD_3)}{D_1 + D_2 + D_3}$$

Generalizando:

$$K'(m) = \frac{(A + hD_2 + 2hD_3 + ... + (m-1)hD_m)}{D_1 + D_2 + D_3 + ... + D_m}.$$

A regra de parada é quando o valor de $K'(m + 1) > K'(m)$. O processo de cálculo então deve ser reiniciado a partir desse ponto. Os cálculos somente terminam quando se atinge o último período do horizonte de planejamento.

5.1.3.5 *Heurística* Part-Period Balancing *(PPB)*

Também conhecida como *Least Total Cost* (LTC), a ideia dessa heurística é balancear o custo do *setup* com o custo de estocagem. Quando a demanda é constante, sabe-se que o custo total considerando esses custos (*setup* e estocagem) é mínimo quando os dois são iguais – modelo do lote econômico. Quando a demanda não é constante, isso não é verdadeiro, mas pode-se tentar encontrar o tamanho do lote que mais aproxima esses dois custos de forma a ter um resultado em que o custo total é satisfatoriamente reduzido.

Um item estocado por um período é chamado de *part-period*. Assim, pode-se definir:

$$PP_m = \textit{part-period} \text{ por } m \text{ períodos.}$$

Portanto,

$$PP_1 = 0$$
$$PP_2 = D_2$$
$$PP_3 = D_2 + 2D_3$$
$$PP_4 = D_2 + 2D_3 + 3D_4$$

Generalizando, tem-se:

$$PP_m = D_2 + 2D_3 + \ldots + (m-1)D_m$$

O custo de estocagem será igual a $h(PP_m)$, e nossa intenção é escolher a ordem de um número de períodos m que seja aproximadamente igual ao custo de *setup*/pedido A, ou seja,

$$A \approx h(PP_m).$$

Quando isso ocorrer, deve-se parar com os cálculos e reiniciar a partir do próximo período.

5.1.3.6 Lote de pedido único

Em determinadas situações é preciso decidir o quanto comprar/produzir sem se saber qual será a demanda e, após o período em que ocorrer tal demanda, não se poderão mais vender tais produtos. É o caso típico de um vendedor de jornais ou de um fabricante de árvores de natal. Os jornais de segunda-feira não serão vendidos na terça-feira ou depois. As árvores de natal não vendidas no natal de um ano somente poderão ser vendidas no ano seguinte, o que torna a opção de estocar o excesso muito cara. Por outro lado, se poucos jornais forem adquiridos pelo vendedor, ele pode perder vendas (lucro), assim como no caso do fabricante de árvores de natal. Por isso, normalmente esse problema é conhecido como "*problema do jornaleiro*" – "*news vendor problem*" ou "*modelo da árvore de natal*" – "*christmas tree model*".

Portanto, considerando a demanda como uma variável aleatória com distribuição conhecida, o modelo do vendedor de jornais é estabelecido pela seguinte fórmula:

$$G(Q) = \frac{c_s}{c_0 + c_s},$$

em que

Q = quantidade a ser comprada/produzida;
$G(Q)$ = probabilidade de a demanda ser menor ou igual a Q;
c_0 = custo por unidade sobressalente;
c_s = custo por unidade faltante.

Pela equação percebe-se que, se for aumentado o valor de c_s, o valor de Q também aumentará, e se for aumentado o valor de c_0 o valor de Q irá reduzir, como se esperaria intuitivamente.

5.1.4 Determinação dos níveis de estoque e momento de pedir

Em alguns *sistemas de coordenação de ordens*, o momento em que se deve emitir uma ordem de produção/compra é de grande importância. No sistema de *revisão contínua* deve-se definir o ponto de pedido. No sistema de *revisão periódica* deve-se decidir com que frequência o estoque será verificado a fim de serem emitidas novas ordens.

Em outros sistemas de coordenação de ordens, os níveis de estoque é que possuem maior importância. No sistema *kanban* há uma limitação do nível para cada item mantido em estoque. No sistema CONWIP o nível do estoque em processo deve permanecer constante ao longo do tempo. No sistema DBR os estoques que abastecerão os recursos restritivos críticos da produção devem ser disponibilizados com antecedência para evitar faltas. Os detalhes desses procedimentos são tratados nas seções a seguir.

5.1.4.1 *Sistema de revisão contínua*

Também conhecido como (Q,R) *system*, neste sistema o nível de estoque é continuamente monitorado. Quando atinge o *ponto de pedido R*, uma quantidade fixa Q é ordenada. Considere que existe um *lead time* para que o fornecedor faça a entrega, e que esse *lead time* é determinístico e igual a L, e que o fornecedor fará a entrega de todas as unidades uma única vez. A demanda D é conhecida e constante.

Se se quiser que o lote Q chegue somente quando todo o estoque tenha sido consumido, então deve-se determinar $R = DL$, ou seja, a ordem deve ser colocada sempre que $I \leq DL$ (nível de estoque em mãos é menor ou igual à demanda vezes o *lead time*). A quantidade Q pode ser definida pelos modelos do lote econômico de compra ou de produção.

Nos casos em que o *lead time* de ressuprimento for maior que o tempo para esgotar o estoque em mãos, tem-se uma situação diferente. Sejam as seguintes variáveis:

X_t = posição do estoque no período t;
O_t = *pipeline* estoque ou estoque no canal (pedido feito, mas ainda não entregue);
I_t = estoque em mãos (quantidade que está disponível já em estoque).

Portanto, $X_t = O_t + I_t$.

Nesses casos, deve-se controlar a posição do estoque X_t para tomar decisões de quando emitir ordens. Ou seja, $X_t \leq R$, então deve-se emitir uma ordem de Q unidades.

O gráfico da Figura 5.1, adiante ilustra o perfil de estoque de um item sendo controlado pelo sistema de revisão contínua.

Se a demanda e/ou o *lead time* for(em) variável(is) aleatória(s), o cálculo do ponto de pedido deve considerar um estoque de segurança s. Assim, deve-se adicionar uma quantidade s ao *ponto de ressuprimento*:

$$R = DL + s$$

Essa quantidade s é o *estoque de segurança*.

Esse estoque de segurança deve considerar a variabilidade da demanda durante o *lead time*. A variabilidade de uma variável aleatória é medida pelo *desvio padrão* (σ). Desse modo, o estoque de segurança é medido em unidades do desvio padrão: $s = k\sigma$. O valor de k é chamado de

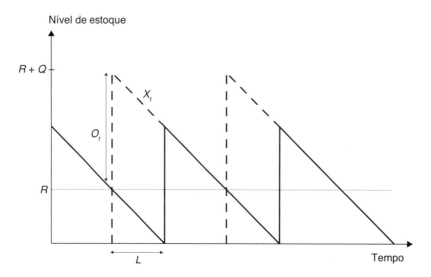

Figura 5.1 Perfil de estoque de um item sendo controlado pelo sistema de revisão contínua.

fator de segurança para determinar o nível de serviço ao consumidor. Quando o desvio padrão tem periodicidade diferente do *lead time*, então deve-se usar a seguinte equação para calcular o estoque de segurança:

$$s = k\sigma\sqrt{\frac{L}{p}},$$

em que *L* é o *lead time* e *p* é a periodicidade do desvio padrão.

Dessa forma, o cálculo do ponto de ressuprimento fica:

$$R = \bar{D}L + k\sigma\sqrt{\frac{L}{p}}$$

Se a demanda durante o *lead time* é uma variável aleatória com distribuição normal, então *k* é o número de desvios padrão da média. Dessa forma, determinar o ponto *R* significa determinar a probabilidade de não haver falta durante o período do *lead time* de ressuprimento. Por exemplo, caso se queira ter um nível de serviço igual a 95% (há uma probabilidade de 0,95 da demanda ser suprida em cada ciclo de reabastecimento), então deve-se utilizar como *k* o valor 1,65 (pela *tabela da distribuição normal reduzida*).

Se o *lead time* for variável e a demanda for constante, então o valor do estoque de segurança deve ser calculado da seguinte maneira:

$$R = \bar{D}L + s$$
$$s = k\sigma_L\bar{D}$$

E, caso haja variabilidade da demanda e do *lead time*, considerando isso como variáveis aleatórias independentes, então o estoque de segurança deve ser calculado da seguinte maneira:

$$s = k\sigma$$
$$\sigma = \sqrt{\sigma_D^2\sigma_L^2 + D^2\sigma_L^2 + L^2\sigma_D^2},$$

em que

σ_D = desvio padrão dos desvios da demanda em relação à previsão;
σ_L = desvio padrão dos desvios do *lead time* em relação à média;
σ = desvio padrão da demanda durante o *lead time*.

Existe outra forma para a determinação do estoque de segurança, considerando o nível de serviço como a quantidade de unidades imediatamente disponíveis sobre a quantidade total de itens demandada.

Com isso, o nível de serviço será a porcentagem de itens atendidos com base no estoque em mãos. Por exemplo, se a quantidade anual demandada for 10.000, um nível de serviço de 90% significa que 9000 produtos seriam servidos de imediato e 1000, em média, faltariam. Isso é chamado de taxa de abastecimento ou *fill-rate*.

Esse conceito é chamado de *z* Esperado, ou *E*(*z*), que representa o número esperado de itens faltantes a cada exposição à falta quando a demanda possui distribuição normal. O cálculo do estoque de segurança é feito da seguinte maneira:

$$E(z) = \frac{(1-NS)Q}{\sigma}$$

em que

E(*z*) = número esperado de itens faltantes;
NS = nível de serviço;
Q = lote de compra;
σ = desvio padrão da demanda.

Os valores de *E*(*z*) estão tabelados e podem ser usados para determinar o valor de *z* e, por conseguinte, o tamanho do estoque de segurança da seguinte maneira:

$$s = z\sigma$$

em que

s = estoque de segurança;
z = número de desvios padrões do estoque de segurança;
σ = desvio padrão da demanda.

5.1.4.2 Sistema de revisão periódica

Também conhecido como (*S*, *T*) *system*, em intervalos fixos de tempo *T* (dia, semana, mês, etc.), chamado de *período de revisão*, o nível do estoque *I* é verificado; se esse nível estiver abaixo de um determinado valor *R* chamado de ponto de reposição, então deve-se emitir uma ordem *Q*, para o estoque voltar a um determinado nível *S* também predeterminado. O valor de *Q* varia de período a período, dependendo da demanda entre os períodos de revisão. A Figura 5.2, adiante, ilustra o perfil de estoque típico desse caso.

No primeiro período de revisão, nenhuma ordem é emitida, ou seja, $Q_1 = 0$, pois o valor de *I* é maior que *R*. No segundo período de revisão, uma ordem de $Q_2 = S - I_2$ é emitida e entregue após *L* períodos (*lead time* de entrega). No terceiro período, uma ordem de $Q_3 = S - I_3$ é emitida e entregue após *L* períodos.

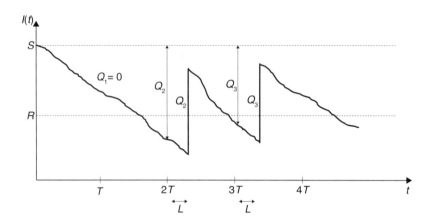

Figura 5.2 Perfil de estoque de um item sendo controlado pelo sistema de revisão periódica.

É possível determinar o valor de R como igual a S (R = S), ou seja, é um caso especial em que em todos os intervalos T devem ser feitos pedidos para que o estoque retorne à condição de S.

O período de revisão pode ser determinado por conveniência, por exemplo, todo dia primeiro de cada mês, ou toda sexta-feira. Outra forma é utilizar o valor do lote econômico, da seguinte forma:

$$T = \frac{Q^*}{D} = \sqrt{\frac{2A}{h\bar{D}}}$$

Para que o estoque S seja suficiente para atender a demanda entre os períodos de verificação mais o *lead time* de entrega, o valor de S pode ser calculado da seguinte maneira:

$$S = D(T + L).$$

Assim como no caso da revisão contínua, se a demanda for uma variável aleatória, então deve-se acrescentar um valor s (estoque de segurança), da seguinte maneira:

$$S = \bar{D}(T + L) + s.$$

Para uma demanda durante o *lead time* normalmente distribuída:

$$S = \bar{D}(T + L) + k\sigma_{T+L}.$$

em que σ_{T+L} é o desvio padrão da demanda durante (T + L). O valor de k depende do nível de serviço que se pretende, sendo o procedimento de determinação igual ao do caso do sistema (Q,R). E, assim como no caso do sistema (Q,R), se o desvio padrão estiver em uma periodicidade diferente do *lead time*, então deve-se usar a equação na seguinte forma:

$$S = \bar{D}(T + L) + k\sigma_{T+L}\sqrt{\frac{T+L}{p}},$$

em que p é a periodicidade do desvio padrão.

As variações da forma de calcular o estoque de segurança em função da consideração das variabilidades da demanda, ou do *lead time* ou de ambos simultaneamente, são semelhantes ao caso do sistema de revisão contínua.

5.1.4.3 Sistema kanban

O sistema *kanban* é um subsistema do *Just-In-Time* (JIT) utilizado para controlar os estoques. O criador desse sistema, Taiichi Ohno, ex-vice-presidente da *Toyota Motor Company*, extraiu sua ideia dos supermercados americanos, em que a mercadoria é retirada somente quando o cliente necessita e essa mesma mercadoria é reposta somente quando é consumida. Trata-se de um sistema projetado para assegurar que seja produzida somente a quantidade de itens necessários por meio da alimentação puxada do processo.

5.3 Atenção

Produção puxada × produção empurrada

Na produção puxada é mantida certa quantidade de estoque entre duas operações consecutivas, e a reposição desse estoque é feita na medida em que há consumo pelo processo posterior.

Na produção empurrada cada processo produz de acordo com um plano previamente estabelecido. Nesse plano há uma data de entrega que tenta antecipar (prever) a necessidade do processo posterior.

Dessa forma, entre duas etapas produtivas, se o processo anterior produz em resposta ao real consumo do processo posterior, o sistema é considerado puxado. Se o processo anterior produz de acordo com um programa (não gerado diretamente pelo consumo do processo posterior), o sistema é considerado empurrado.

Tal *produção puxada* é obtida por meio da estocagem de pequenos lotes de peças entre as estações de trabalho e pela utilização de cartões de sinalização. Em cada lote no estoque que abastece a estação de trabalho é colocado um cartão do tipo "requisição" e em cada lote no estoque de peças já processadas pela estação é colocado um cartão do tipo "produção". Toda vez que um operador da estação de trabalho consome um lote de peças do estoque que abastece a estação, o cartão de requisição é retirado desse lote e autoriza a busca de mais peças (do mesmo tipo que foi consumida) na estação de trabalho que a produz. Quando o operador busca tais peças na estação de trabalho fornecedora, ele retira o cartão do tipo produção que está anexado ao lote e coloca o cartão em um quadro informando, à estação fornecedora, que retirou tais peças e que um novo lote deverá ser produzido para reabastecer o estoque.

O sistema *kanban* somente é apropriado para determinadas condições produtivas, tais como baixa variedade de itens, operações padronizadas, tempos de processamento estáveis, demanda estável, e baixos tempos de *setup*. Suas principais vantagens são:

a. Controle eficiente dos estágios produtivos;
b. Redução dos níveis de estoque (e, consequentemente, redução dos custos de estoque e redução do espaço físico necessário para estoque);
c. Redução dos *lead times*;
d. Facilita a identificação da raiz de problemas produtivos;
e. Redução de refugos e retrabalhos;

f. Atribuição de *empowerment* aos operadores;
g. Controle eficiente de informações; e
h. Simplificação dos mecanismos de administração.

Um procedimento fundamental para a implantação do sistema *kanban* é a determinação do número de cartões, tanto de ordem de produção quanto de requisição, para cada peça dentro do processo produtivo. A quantidade máxima de estoque para cada um desses itens é equivalente ao número de cartões.

Na Toyota, esse cálculo é feito por meio da seguinte equação (Monden, 1981):

$$y = \frac{\overline{D}L + w}{a}$$

em que

y = número de cartões;
$\overline{D}$ = demanda média no período;
L = *lead time* = tempo de processamento + tempo de espera nas filas e entre processos + tempo de transporte;
a = capacidade do contenedor (número de peças) geralmente menor que a décima parte de $\overline{D}$;
w = fator de variação ou de segurança (não deve exceder mais que 10% de $\overline{D}L$).

Uma consequência direta da equação acima é que o nível de estoque máximo é calculado por:

$$M = ay = \overline{D}L + w,$$

em que

M = nível máximo de estoque.

Dessa forma, as variáveis envolvidas na determinação do número total de cartões são a demanda média no período, o *lead time* de fabricação da peça, o estoque de segurança e a capacidade do contenedor, ou seja, esse número está relacionado com a velocidade de consumo e com o tempo necessário para reposição dos lotes. Sipper e Bulfin (1997) acrescentam a seguinte fórmula:

$$L = T_p + T_e$$

em que

T_p = tempo de processamento por contenedor (na mesma unidade que D, por exemplo, peças por dia);
T_e = tempo de espera (tempo para o cartão de requisição completar o circuito entre as estações de trabalho, incluindo tempo de transporte).

Assim,

$$n_p = \frac{DT_p(1+\alpha)}{A}; \quad n_r = \frac{DT_e(1+\alpha)}{A}; \quad \text{e} \quad y = n_p + n_r,$$

em que

n_p = número de cartões de ordem de produção;
n_r = número de cartões de requisição;
α = fator de segurança;
A = tamanho do lote (capacidade do contenedor).

5.1.4.4 Sistema Constant Work In Process (CONWIP)

A ideia do CONWIP é manter o estoque em processo constante. É um sistema proposto por Spearman *et al.* (1990). Assim como no sistema *kanban*, o CONWIP também utiliza cartões para informar o consumo/necessidade de operações e contenedores para armazenar itens. A quantidade de cartões/contenedores é que limita o estoque em processo mantendo-o constante ao longo da operação. Em cada contenedor deve haver uma mesma "quantidade de trabalho", ou seja, o tamanho do lote de cada produto deve ser determinado de forma a possuir um mesmo tempo de processamento no recurso gargalo da linha.

O cartão é afixado em um contenedor no início da linha e atravessa com ele todo o processo até o estoque de produto acabado. Neste ponto, ao ser consumido o produto, o cartão retorna ao início do processo, indo para uma fila de cartões. Após isso, o cartão volta ao ciclo ao ser anexado a outro contenedor.

Esse cartão é próprio de uma linha produtiva e não de um produto específico, e o produto é determinado por uma lista gerada pelo PCP, por exemplo, por um sistema do tipo MRP, diretamente pelo MPS ou mesmo da carteira de pedidos. Assim, essa lista (chamada de *backlog list*) dita "o que" vai ser produzido, e o cartão (ou contenedor) dita "quando". Ou seja, somente quando houver um cartão disponível é que um contenedor com uma determinada ordem entrará na linha, mesmo se o primeiro processo estiver desocupado.

5.4 Atenção

Lei de Little

O sistema CONWIP está baseado em uma importante relação entre o nível de estoque em processo (WIP), o tempo de fluxo (TF) e a taxa de saída ou throughput (TH) de um processo. Essa relação é conhecida por lei de Little, nome dado pelo pesquisador John D. C. Little, que provou matematicamente essa relação como: $TF = \dfrac{WIP}{TH}$.

Ou seja, dada uma determinada taxa de saída (TH), para reduzir o tempo de fluxo é necessário reduzir o estoque em processo. Essa redução deve ser até o ponto de não afetar a própria taxa de saída. O CONWIP visa manter uma quantidade constante de estoque em processo, de modo a equilibrar essa relação entre a taxa de saída e o tempo de fluxo.

Para implantar o sistema CONWIP é necessário *dimensionar o número de cartões* e o nível de estoque em processo. Para isso, considere a seguinte situação para modelar (Sipper e Bulfin, 1997):

a. Demanda infinita, o que implica que todos os processos operam todo o tempo;
b. Os tempos de processamento são fixos (admitindo operações automatizadas);
c. Produção de um único produto.

Considerando

n = número de cartões;
m = número de máquinas ou estações de trabalho com tempo de processamento fixo;
t_i = tempo de processamento da máquina i, i = 1, 2, ..., m;
t_g = tempo de processamento da máquina gargalo = t_i máximo.

Como se quer que o gargalo opere todo o tempo e o sistema é determinístico (tempos de processamento constantes), somente será formada uma fila na frente do gargalo. Quando um contenedor é processado pelo gargalo, o tempo que ele leva para retornar novamente para ser processado no gargalo é a soma dos tempos de processamento de todas as outras máquinas (não gargalo), ou seja,

$$\left(\sum_{i=1}^{m} t_i\right) - t_g.$$

Durante esse tempo, a máquina gargalo deve processar todos os outros $(n-1)$ contenedores. Esse tempo é igual a

$$(n-1)t_g.$$

Se a máquina gargalo processa o contenedor em consideração e trabalha todo o tempo, então esse tempo que o contenedor leva para retornar à máquina gargalo é menor ou igual ao tempo que o gargalo leva para processar os outros $(n-1)$ contenedores, ou seja,

$$(n-1)t_g \geq \sum_{i=1}^{m} t_i - t_g \Rightarrow (n-1) \geq \frac{\sum_{i=1}^{m} t_i - t_g}{t_g} \Rightarrow n-1 \geq \frac{\sum_{i=1}^{m} t_i}{t_g} - 1 \Rightarrow n = \frac{\sum_{i=1}^{m} t_i}{t_g}.$$

Esse valor deve ser arredondado para o próximo número inteiro. Esse arredondamento causará a formação de fila na frente do gargalo.

5.1.4.5 *Sistema* Drum-Buffer-Rope *(DBR)*

O DRB ou *Tambor-Pulmão-Corda* (TPC) foi criado por Eliyahu Moshe Goldratt como o sistema para controlar a produção e os estoques segundo a ótica da *teoria das restrições*.

5.5 Atenção

Princípios da teoria das restrições

A teoria das restrições está baseada nos nove princípios a seguir.

1. *O fluxo deve ser balanceado e não a capacidade, pois os recursos devem ter somente a carga de trabalho necessária para produzir de acordo com o que o gargalo pode produzir.*
2. *A utilização de recursos não gargalo deve ser determinada pela restrição do sistema (o gargalo ou a própria demanda do mercado).*
3. *Os termos utilização e ativação de um recurso não são sinônimos, pois ativar um recurso não gargalo mais do que o suficiente para atender um recurso gargalo não aumenta o fluxo, gera estoques e despesas operacionais.*

4. Uma hora perdida em um gargalo é uma hora perdida para todo o sistema produtivo, pois é o gargalo que limita o sistema.

5. Uma hora ganha em um recurso não gargalo é só uma miragem, pois a consequência é que esse recurso terá mais tempo ocioso disponível.

6. O gargalo deve governar o fluxo e os estoques do sistema, pois seu fluxo é o limitante e os estoques devem proteger o gargalo contra flutuações estatísticas do processo.

7. O estoque de transferência não precisa (e muitas vezes não deve) ser igual ao lote de processamento, pois isso permite reduzir o tempo de atravessamento no sistema.

8. O lote de processamento deve ser variável e não fixo, pois seria muito difícil determinar o melhor tamanho de lote para todas as operações e porque se devem levar em consideração fatores como fluxo necessário e tipo de recurso.

9. A programação da produção deve ser realizada olhando-se para todas as restrições, e os lead times são um resultado dessa programação, não podendo ser predefinidos.

Com base na ideia de que um recurso (o *recurso restritivo* ou *gargalo*) restringe o processo como um todo, Goldratt propõe que se deve manter o processo como um todo no mesmo ritmo – o ritmo do recurso gargalo, pois isso garantiria menores níveis de estoque em processo ao mesmo tempo que garante o fluxo para atendimento da demanda.

Para isso o processo deve utilizar um "tambor", um "pulmão" e uma "corda", da seguinte maneira:

a. O tambor representa o ritmo da produção. Esse ritmo deve ser o ritmo do gargalo (o mais "lento"). Isso é feito por meio da programação da produção sendo realizada primeiramente no gargalo.

b. O pulmão representa a segurança para que o gargalo nunca fique desabastecido de material para processar aquilo que foi programado. Isso significa que haverá a formação de um estoque antecipado (antes da data programada para tal estoque ser consumido) na frente do gargalo.

c. A corda representa a ligação entre o gargalo e a primeira etapa produtiva. Dessa forma, a liberação da matéria-prima no início do processo deverá ocorrer de acordo com a programação realizada no gargalo.

Já os recursos que vêm depois do gargalo no roteiro produtivo devem apenas processar o que foi liberado por ele.

Considere um produto P que passa por quatro máquinas para ser completado, as máquinas 1, 2, G e 4, nesta ordem. A máquina G é o recurso gargalo do processo. Neste processo também são produzidos outros produtos.

Considere que no período de planejamento atual devem-se processar os produtos A, B, P, D e E, nesta sequência. O foco é dado para o item P. Essa programação é feita para a frente no gargalo; assim definem-se o início e o fim do processamento do item P no gargalo – isso é o tambor. A partir disso, programa-se para trás a chegada de P no gargalo antes da data de início previsto para processá-lo, como proteção – isso é o pulmão. A partir do final previsto para o processamento de P, o recurso 4 é programado para frente. O *gráfico de Gantt* mostrado na Figura 5.3, adiante, ilustra a programação via DBR conforme a descrição anterior (*veja, no Capítulo 6, como construir um gráfico de Gantt*).

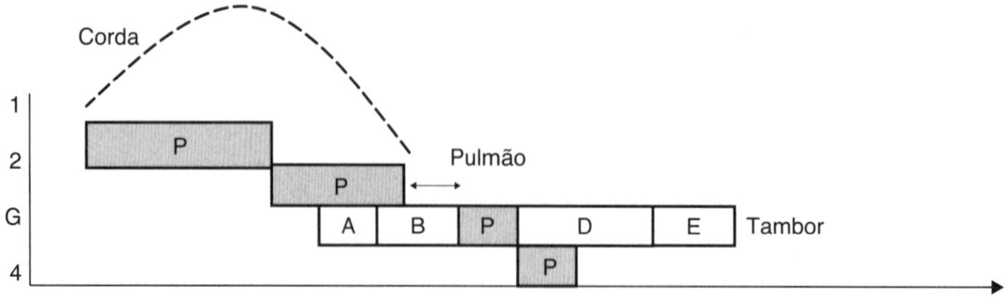

Figura 5.3 Gráfico de Gantt da programação da produção segundo o DBR.

5.2 Exemplos

 Considere os itens de "A" a "T" dados na Tabela 5.1, a seguir. Esses itens são estocados por uma determinada operação produtiva e possuem os custos e consumos dados também pela tabela. Classifique esses itens em A, B ou C seguindo a regra de Pareto.

Observação

Os cálculos foram realizados utilizando-se uma planilha eletrônica, por isso os resultados, se comparados com cálculos realizados em calculadoras de mão, podem ser diferentes.

Tabela 5.1 Dados dos Itens

Peça	Custo	Uso (item/mês)
A	38	50
B	20	1250
C	117	1920
D	34	48
E	50	420
F	134	1950
G	88	280
H	12	1900
I	180	130
J	150	160
K	74	300
L	15	70
M	36	700
N	30	200
O	50	400
P	20	100
Q	120	2300
R	20	90
S	140	1550
T	180	120

Solução

Pelos dados do exercício, pode-se optar por fazer a classificação com base em três critérios diferentes: apenas pelo custo, apenas pelo uso ou então pela combinação do custo e uso. Aqui é feita a combinação. Dessa forma, o item mais importante será aquele que, ao mesmo tempo, possuir maior custo e maior uso.

Então, como primeira medida, calcula-se a multiplicação do custo pelo uso do item. Por exemplo, para o item A tem-se: (Custo)(Uso) = (38)(50) = 1900. Para o item B tem-se: (Custo) (Uso) = (20)(1250) = 25.000. E assim por diante.

Após, é calculado o total dos custos multiplicados pelos usos, ou seja, a soma dessa medida de desempenho. Essa soma resulta em 1.223.162.

Em seguida deve-se calcular a porcentagem de cada item em relação a esse total. Por exemplo, para o item A tem-se: Desempenho de A / Total = 1900 / 1.223.162 = 0,0015. Para o item B tem-se: Desempenho de B / Total = 25.000 / 1.223.162 = 0,0204. E assim por diante.

Após esses cálculos, podem-se ordenar os itens a partir do item com maior contribuição percentual para o item de menor contribuição percentual. Nesse caso, o item de maior contribuição percentual é o item Q. Em seguida vem o item F. Depois vem o item C. E assim por diante.

E, por fim, deve-se calcular a porcentagem acumulativa desses valores. Do item Q ao item S, passando pelos itens F e C, nesta ordem, tem-se 80% da porcentagem acumulada; portanto, esses itens são os itens classe A. Do item M ao item H, passando pelos itens B, G, J e I, nesta ordem, tem-se mais cerca de 10% da porcentagem acumulada; portanto, esses itens são os itens classe B. Os demais itens são os itens classe C, que acumulam o restante dos cerca de 10% da porcentagem de contribuição no total. Perceba que 4 itens são classe A, portanto 20% do total de itens (20 itens). Também 6 itens, ou 30% do total, são classe B. E 10 itens, ou 50% do total, são classe C, exatamente como previsto pela regra de Pareto. No entanto, nem sempre tais divisões se verificam tão perfeitamente, mas os valores de 20/80, 30/10 e 50/10 servem como referência.

A Tabela 5.2 e o gráfico da Figura 5.4, a seguir, mostram os resultados.

Tabela 5.2 Classificação ABC

Peça	Custo	Uso (item/mês)	(Custo)(Uso)	%	% acumulada	Classificação
Q	120	2300	276000	0,2256	0,2256	A
F	134	1950	261300	0,2136	0,4393	A
C	117	1920	224640	0,1837	0,6229	A
S	140	1550	217000	0,1774	0,8003	A
M	36	700	25200	0,0206	0,8209	B
B	20	1250	25000	0,0204	0,8414	B
G	88	280	24640	0,0201	0,8615	B
J	150	160	24000	0,0196	0,8811	B
I	180	130	23400	0,0191	0,9003	B
H	12	1900	22800	0,0186	0,9189	B
K	74	300	22200	0,0181	0,9371	C
T	180	120	21600	0,0177	0,9547	C

(continua)

Capítulo 5

Tabela 5.2 Classificação ABC (*continuação*)

Peça	Custo	Uso (item/mês)	(Custo)(Uso)	%	% acumulada	Classificação
E	50	420	21000	0,0172	0,9719	C
O	50	400	20000	0,0164	0,9882	C
N	30	200	6000	0,0049	0,9931	C
P	20	100	2000	0,0016	0,9948	C
A	38	50	1900	0,0016	0,9963	C
R	20	90	1800	0,0015	0,9978	C
D	34	48	1632	0,0013	0,9991	C
L	15	70	1050	0,0009	1,0000	C
	Total		1223162			

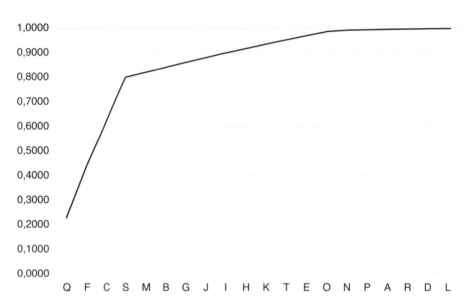

Figura 5.4 Curva ABC.

5.6 Atenção

Resolvendo o Exemplo 1 usando o Microsoft Excel®

Para resolver o Exemplo 1 usando uma planilha do Microsoft Excel®, siga os seguintes passos:

Preparando a planilha

1. *Digite "Peça", "Custo" e "Uso (item/mês)" nas células A1, B1 e C1, respectivamente.*
2. *Da célula A2 à célula A21 digite os nomes das peças (de A a T).*
3. *Da célula B2 à célula B21 digite os custos das peças.*
4. *Da célula C2 à célula C21 digite os usos (item/mês) das peças.*

Calculando o desempenho de cada peça e a soma dos desempenhos

5. Na célula D1 digite "Custo × Uso".
6. Na célula D2 digite a fórmula "=B2*C2". Deixando a célula D2 selecionada, posicione o cursor do mouse sobre o canto inferior direito da célula (que ficará em formato de "+"), clique e segure o botão esquerdo do mouse e em seguida arraste para baixo até a célula D21, solte o botão do mouse e, com isso, a mesma fórmula será expandida para todas as células.
7. Para calcular o total dos desempenhos, na célula D22 digite "=SOMA(D2:D21)".

Calculando as porcentagens dos desempenhos de cada peça

8. Na célula E1 digite "Porcentagem".
9. Na célula E2 digite "=D2/$D$22". Deixando a célula E2 selecionada, posicione o cursor do mouse sobre o canto inferior direito da célula (que ficará em formato de "+"), clique e segure o botão esquerdo do mouse e em seguida arraste para baixo até a célula E21, solte o botão do mouse e, com isso, a mesma fórmula será expandida para todas as células.

Ordenando decrescentemente pelo desempenho as peças

10. Selecione as células de E1 a E21 (para isso clique com o botão esquerdo do mouse sobre a célula E1 e, com o botão pressionado, arraste o ponteiro do mouse até a célula E21. Alternativamente, digite "E1:E21" na caixa de nome do Microsoft Excel).
11. Na guia "Página Inicial", clique em "Classificar e filtrar" e selecione a opção "Classificar do maior para o menor" (alternativamente, clique com o botão direito do mouse sobre uma das células da seleção, clique em "Classificar" e selecione a opção "Classificar do maior para o menor").
12. Na janela "Aviso de classificação" marque a opção "Expandir a seleção" e depois clique em Classificar.

Classificando as peças

13. Na célula F1 digite "Porcentagem acumulada".
14. Na célula F2 digite a fórmula "=E2".
15. Na célula F3 digite a fórmula "=E3+F2". Deixando a célula F3 selecionada, posicione o cursor do mouse sobre o canto inferior direito da célula (que ficará em formato de "+"), clique e segure o botão esquerdo do mouse e em seguida arraste para baixo até a célula F21, solte o botão do mouse e, com isso, a mesma fórmula será expandida para todas as células.
16. Selecione as células de F2 a F21 (para isso clique com o botão esquerdo do mouse sobre a célula F2 e, com o botão pressionado, arraste o ponteiro do mouse até a célula F21. Alternativamente, digite "F2:F21" na caixa de nome do Microsoft Excel).
17. Pressione Ctrl+Shift+%.
18. Classifique as peças de acordo com as porcentagens obtidas e com a regra ABC.

Plotando a curva ABC

19. Selecione as células de A2 a A21. Em seguida, com a tecla Ctrl pressionada, selecione as células de F2 a F21.
20. Na guia "Inserir", entre as opções de Gráficos, escolha "Inserir gráfico de linhas" depois "Linhas".

2 Um fabricante de polias mantém em estoque três tipos de rolamentos: 1, 2 e 3. No último ano foram mantidas as quantidades em estoque mostradas na Tabela 5.3 adiante. A demanda média mensal desse último ano para cada item foi 2300, 1645 e 940, respectivamente. Os custos dos itens são R$ 2,50, R$ 3,00 e R$ 4,00, respectivamente. Calcule o giro e a cobertura do estoque dessa situação.

Tabela 5.3 Estoques Mensais

Item	\multicolumn{12}{c}{Mês}
	1	2	3	4	5	6	7	8	9	10	11	12
1	364	544	604	724	604	784	484	544	724	604	544	364
2	244	364	484	184	364	244	124	184	304	124	424	244
3	124	244	184	64	64	64	64	64	64	64	64	64

Solução

A cobertura do estoque, em meses, é dada pela seguinte equação:

$$\text{Meses de suprimento} = \frac{\text{investimento total em estoque}}{\text{demanda média prevista (R\$/mês)}}$$

Dessa forma, primeiramente precisa-se calcular o estoque médio durante os últimos doze meses, para cada um dos itens. Esses cálculos resultam em 574, 274 e 94 de estoque em média para os itens 1, 2 e 3, respectivamente. Com isso, tem-se:

Item 1:

$$\text{Meses de suprimento} = \frac{\text{investimento total em estoque}}{\text{demanda média prevista (R\$/mês)}}$$

$$\text{Meses de suprimento} = \frac{(574)(2,5)}{(2300)(2,5)} = 0,25$$

$$\text{Giro anual do estoque} = 12\frac{\text{demanda média prevista (R\$/mês)}}{\text{investimento total em estoque}}$$

$$\text{Giro anual do estoque} = \frac{12}{0,25} = 48$$

Item 2:

$$\text{Meses de suprimento} = \frac{(274)(3)}{(1645)(3)} = 0,17$$

$$\text{Giro anual do estoque} = \frac{12}{0,17} = 72$$

Item 3:

$$\text{Meses de suprimento} = \frac{(94)(4)}{(940)(4)} = 0{,}10$$

$$\text{Giro anual do estoque} = \frac{12}{0{,}10} = 120$$

Se se quiser agregar os três itens, utilize seus valores monetários para fazer os mesmos cálculos, da seguinte maneira:

$$\text{Meses de suprimento} = \frac{(574)(2{,}5) + (274)(3) + (94)(4)}{(2300)(2{,}5) + (1645)(3) + (940)(4)} = 0{,}18$$

$$\text{Giro anual do estoque} = \frac{12}{0{,}18} = 65{,}8$$

---

(3) Um atacadista de materiais para construção obtém argamassa de um fornecedor único. A demanda de argamassa é razoavelmente constante ao longo do ano. No último ano a empresa vendeu 3550 toneladas. Seus custos estimados são: colocação de um pedido, R$ 32,00; manutenção de estoques, 2% do custo de aquisição, por ano. O preço atual da tonelada é de R$ 575,00. Quanto de argamassa deveria a empresa pedir por vez? Qual o custo total anual se forem feitos pedidos dessa quantidade?

Solução

Os dados do exercício são:

$$c = 575$$
$$i = 0{,}02$$
$$h = (i)(c) = (0{,}02)(575) = 11{,}5$$
$$A = 32$$
$$D = 3550$$

A partir desses parâmetros pode-se calcular o lote econômico de compra:

$$Q^* = \sqrt{\frac{2AD}{h}} = \sqrt{\frac{(2)(32)(3550)}{11{,}5}} = 140{,}56$$

O custo total anual, se os pedidos fossem feitos em tamanhos de 140,56 toneladas, seria:

$$K(Q) = A\frac{D}{Q} + h\frac{Q}{2} = (32)\frac{3550}{140{,}56} + (11{,}5)\frac{140{,}56}{2} = 1616{,}42$$

Prevendo a dificuldade de se pedir o valor exato de 140,56 toneladas, visto que a argamassa é comumente vendida em pacotes de 20 kg, o gerente da loja decide verificar qual seria o custo total anual se os pedidos fossem de 141 toneladas. Esse cálculo é mostrado a seguir:

$$K(Q) = A\frac{D}{Q} + h\frac{Q}{2} = (32)\frac{3550}{141} + (11,5)\frac{141}{2} = 1616,42$$

Pode-se perceber que o custo total praticamente não foi alterado pelo arredondamento da quantidade a ser pedida.

---

4) Uma determinada companhia produz diversos tipos de solventes. Um desses tipos tem taxa de produção de 2400 litros por ano. O custo de produção de 1 litro é de R$ 0,30 e o custo de manutenção de estoques é de 40% do custo do produto. Para a preparação dos equipamentos para produzir esse tipo de solvente é preciso realizar uma limpeza nos tanques do processo a um custo de R$ 30,50. Encontre o valor do lote econômico de produção, sabendo que a demanda é constante e igual a 700 litros por ano.

Solução

Os dados do exercício são:

$$c = 0,30$$
$$i = 0,40$$
$$h = (0,30)(0,40) = 0,12$$
$$A = 30,50$$
$$D = 700$$
$$p = 2400$$

A partir desses parâmetros pode-se calcular o lote econômico de produção:

$$Q^* = \sqrt{\frac{2AD}{h\left(1-\frac{D}{p}\right)}} = \sqrt{\frac{(2)(30,5)(700)}{0,12\left(1-\frac{700}{2400}\right)}} = 708,76$$

---

5) Considere uma fábrica que produz cortadores de grama. Há uma previsão de vendas para os próximos cinco períodos de 50, 74, 100, 25 e 55, respectivamente. Não há estoque inicial. O custo de manutenção de estoques é de R$ 2,00 por unidade por semana e o custo de *setup* da produção é de R$ 60,00 para cada lote produzido. Calcule os tamanhos dos lotes a serem produzidos em cada semana de acordo com as heurísticas de Silver-Meal, *Least Unit Cost* e *Part-Period Balancing*. Compare os custos totais entre as heurísticas para esse caso.

Solução

a. Pela heurística de Silver-Meal, devem-se calcular os valores de K(m) da seguinte maneira:

K(1) = 60 [é o próprio *setup* e não há custos de manter estoques se for produzida somente a quantidade a ser consumida no período 1 (50 unidades)].

K(2) = [60 + (2)(74)]/2 = 104 [é o custo médio entre os dois períodos se for produzido o suficiente para atender a demanda do período 1 e do período 2; assim, o custo é o de *setup* mais o custo de carregar os 74 produtos que somente serão vendidos na próxima semana].

Como K(2) > K(1), interrompem-se os cálculos de K no período 1 e retomam-se para o segundo período. Com isso, o tamanho do lote para a semana 1 deve ser de 50.

Recomeçando a heurística na segunda semana:

K(2) = 60 [é o próprio *setup* e não há custos de manter estoques se for produzida somente a quantidade a ser consumida na presente semana (74 unidades)].

K(3) = [60 + (2)(100)]/2 = 130 [é o custo médio entre os dois períodos se for produzido o suficiente para atender as demandas dos períodos 2 e 3; assim, o custo é o do *setup* mais o custo de carregar os 100 produtos que somente serão vendidos na próxima semana]. Como K(3) > K(2), interrompem-se os cálculos de K no período 2 e retomam-se para o terceiro período.

Com isso, o tamanho do lote para a semana 2 deve ser de 74.

Recomeçando a heurística na terceira semana:

K(3) = 60 [é o próprio *setup* e não há custos de manter estoques se for produzida somente a quantidade a ser consumida na presente semana (100 unidades)].

K(4) = [60 + (2)(25)]/2 = 55 [é o custo médio entre os dois períodos se for produzido o suficiente para atender a demanda do período 3 e do período 4; assim, o custo é o de *setup* mais o custo de carregar os 25 produtos que somente serão vendidos na próxima semana]. Como K(4) < K(3), continuam-se os cálculos.

K(5) = [60 + (2)(25) + (2)(2)(55)]/3 = 110 [é o custo médio entre os três períodos se for produzido o suficiente para atender as demandas do período 3, 4 e 5; assim, o custo é o do *setup* mais o custo de carregar os 25 produtos que somente serão vendidos na próxima semana mais o custo de carregar os 55 produtos que somente serão vendidos na quinta semana]. Como K(5) > K(4), interrompem-se os cálculos de K no período 4 e retomam-se para o quinto período. Com isso, o tamanho do lote para a semana 3 deve ser de 100 + 25 = 125.

Como a semana 5 é a última, não é necessário reiniciar a heurística, basta produzir as 55 unidades a um custo de 60 (*setup*).

Com isso, as quantidades a serem produzidas ao longo das cinco semanas são: 50, 74, 125, 0, 55.

A Tabela 5.4 a seguir resume esses cálculos.

Tabela 5.4 Resumo dos Cálculos

Lote, semana	Custo médio	Relação entre os custos unitários	Decisão
50, semana 1	60	–	Continuar calculando
124, semana 1	104	K(2) > K(1)	Parar e retomar na semana 2
74, semana 2	60	–	Continuar calculando
174, semana 2	130	K(3) > K(2)	Parar e retomar na semana 3
100, semana 3	60	–	Continuar calculando
125, semana 3	55	K(4) < K(3)	Continuar calculando
180, semana 3	110	K(5) > K(4)	Parar e retomar na semana 5
55, semana 5	60	–	Fim das semanas

b. Pela heurística LUC, devem-se calcular os valores de $K'(m)$ da seguinte maneira:

$K'(1) = 60/50 = 1,2$ [é o próprio *setup* e não há custos de manter estoques se for produzida somente a quantidade a ser consumida no período 1. Esse custo é diluído nas 50 unidades produzidas].

$K'(2) = [60 + (2)(74)]/(50 + 74) = 1,68$ [é o custo por unidade dos dois períodos se for produzido o suficiente para atender a demanda do período 1 e do período 2; desse modo, o custo é o de *setup* mais o custo de carregar os 74 produtos que somente serão vendidos na próxima semana. Esse custo é diluído nas 124 unidades produzidas];

Como $K'(2) > K'(1)$, interrompem-se os cálculos de K no período 1 e retomam-se para o segundo período. Com isso, o tamanho do lote para a semana 1 deve ser de 50.

Recomeçando a heurística na segunda semana:

$K'(2) = 60/74 = 0,81$ [é o próprio *setup* e não há custos de manter estoques se for produzida somente a quantidade a ser consumida na presente semana. Esse custo é diluído nas 74 unidades produzidas].

$K'(3) = [60 + (2)(100)]/(74 + 100) = 1,49$ [este é o custo, por unidade, entre os dois períodos se for produzido o suficiente para atender as demandas dos períodos 2 e 3; assim, o custo é o do *setup* mais o custo de carregar os 100 produtos que somente serão vendidos na próxima semana. Esse custo é diluído nas 174 unidades produzidas]. Como $K'(3) > K'(2)$, interrompem-se os cálculos de K no período 2 e retomam-se para o terceiro período.

Com isso, o tamanho do lote para a semana 2 deve ser de 74.

Recomeçando a heurística na terceira semana:

$K'(3) = 60/100 = 0,6$ [é o próprio *setup* e não há custos de manter estoques se for produzida somente a quantidade a ser consumida na presente semana. Esse custo é diluído nas 100 unidades produzidas];

$K'(4) = [60 + (2)(25)]/(100 + 25) = 0,88$ [é o custo por unidade entre os dois períodos se for produzido o suficiente para atender as demandas dos períodos 3 e 4; assim, o custo é o do *setup* mais o custo de carregar os 25 produtos que somente serão vendidos na próxima semana. Esse custo é diluído nas 125 unidades produzidas]. Como K'(4) > K'(3), interrompem-se os cálculos de K no período 3 e retomam-se para o quarto período.

Com isso, o tamanho do lote para a semana 3 deve ser de 100.

Recomeçando a heurística na quarta semana:

K'(4) = 60/25 = 2,4 [é o próprio *setup* e não há custos de manter estoques se for produzida somente a quantidade a ser consumida na presente semana. Esse custo é diluído nas 25 unidades produzidas];

K'(5) = [60 + (2)(55)]/(25 + 55) = 2,13 [é o custo por unidade entre os dois períodos se for produzido o suficiente para atender as demandas dos períodos 4 e 5; assim, o custo é o do *setup* mais o custo de carregar os 55 produtos que somente serão vendidos na próxima semana. Esse custo é diluído nas 80 unidades produzidas]. Como K'(5) < K'(4), dever-se-ia continuar com os cálculos, mas, porque a quinta semana é a última, os cálculos serão finalizados.

Com isso, o tamanho do lote para a semana 4 deve ser de 80.

Dessa forma, as quantidades a serem produzidas ao longo das cinco semanas são: 50, 74, 100, 80, 0.

A Tabela 5.5, a seguir, resume esses cálculos.

Tabela 5.5 Resumo dos Cálculos

Lote, semana	Custo unitário	Relação entre os custos unitários	Decisão
50, semana 1	1,2	–	Continuar calculando
124, semana 1	1,68	K'(2) > K'(1)	Parar e retomar na semana 2
74, semana 2	0,81	–	Continuar calculando
174, semana 2	1,49	K'(3) > K'(2)	Parar e retomar na semana 3
100, semana 3	0,60	–	Continuar calculando
125, semana 3	0,88	K'(4) > K'(3)	Parar e retomar na semana 4
25, semana 4	2,4	–	Continuar calculando
80, semana 4	2,13	K'(5) < K'(4)	Continuar calculando
0, semana 5	–	–	Fim das semanas

c. Pela heurística PPB, devem-se calcular os valores de PP_m da seguinte maneira:

PP_1 = se forem produzidos 50 produtos, o custo de *setup* será 60 e o custo de estocagem será 0. A diferença entre os custos de *setup* e estocagem é de 60.

PP_2 = se forem produzidos 124 produtos, o custo de *setup* será 60 e o custo de estocagem será 148, pois será necessário carregar 74 produtos por um período. Como a diferença entre 148 e 60 (que resulta em 88) é maior do que a diferença em PP_1, devem-se interromper os cálculos na semana 1 e retomar na semana 2. O lote na semana 1 deverá ser de 50 unidades.

Recomeçando a heurística na segunda semana:

PP_2 = se forem produzidos 74 produtos, o custo de *setup* será 60 e o custo de estocagem será 0. A diferença entre os custos de *setup* e estocagem é de 60.

PP_3 = se forem produzidos 174 produtos, o custo de *setup* será 60 e o custo de estocagem será 200, pois será necessário carregar 100 produtos por um período. Como a diferença entre

200 e 60 (que resulta em 140) é maior do que a diferença em PP_2, devem-se interromper os cálculos na semana 2 e retomar na semana 3. O lote na semana 2 deverá ser de 74 unidades.

Recomeçando a heurística na terceira semana:

PP_3 = se forem produzidos 100 produtos, o custo de *setup* será 60 e o custo de estocagem será 0. A diferença entre os custos de *setup* e estocagem é de 60.

PP_4 = se forem produzidos 125 produtos, o custo de *setup* será 60 e o custo de estocagem será 50, porque será necessário carregar 25 produtos por um período. Como a diferença entre 50 e 60 (que resulta em 10) é menor do que a diferença em PP_3, deve-se continuar com os cálculos.

PP_5 = se forem produzidos 180 produtos, o custo de *setup* será 60 e o custo de estocagem será 270, pois será necessário carregar 25 produtos por um período e 55 produtos por dois períodos. Como a diferença entre 270 e 60 (que resulta em 210) é maior que a diferença em PP_4, devem-se interromper os cálculos na semana 4 e retomar na semana 5. O lote da semana 3 deverá ser de 125 produtos.

Como a semana 5 é a última, então deve-se produzir o necessário para atender sua demanda, o que corresponde a 55 produtos.

Dessa forma, as quantidades a serem produzidas ao longo das cinco semanas são: 50, 74, 125, 0, 55.

A Tabela 5.6 a seguir resume esses cálculos.

Tabela 5.6 Resumo dos Cálculos

Lote, semana	Custo de *setup*	Custo de estocagem	Diferença entre o custo de estocagem e o custo de *setup*	Decisão
50, semana 1	60	0	60	Continuar calculando
124, semana 1	60	148	88	Parar e recomeçar na semana 2
74, semana 2	60	0	60	Continuar calculando
174, semana 2	60	200	140	Parar e recomeçar na semana 3
100, semana 3	60	0	60	Continuar calculando
125, semana 3	60	50	10	Continuar calculando
180, semana 3	60	270	210	Parar e recomeçar na semana 5
55, semana 5	60	0	60	Fim (última semana)

Por fim, comparando as três heurísticas em termos de custo total, tem-se o resultado da Tabela 5.7 a seguir:

Tabela 5.7 Comparação entre os Resultados

Heurística	Período 1	2	3	4	5	Custo
Silver-Meal	50	74	125	0	55	290
Least Unit Cost	50	74	100	80	0	350
Part-Period Balancing	50	74	125	0	55	290

6. Jonas é vendedor de jornais há 15 anos e possui anotadas as quantidades e probabilidades de venda de jornais aos domingos, dia de maior demanda, conforme a Tabela 5.8 adiante. Pelo seu levantamento de custos, cada jornal não vendido (sobra) incorre em um prejuízo de R$ 0,80 e cada jornal que deixa de vender (falta) incorre em uma perda de lucro de R$ 0,80. Diante dessa situação, quantos jornais Jonas deve encomendar para o domingo?

Tabela 5.8 Demandas e Probabilidades

Demanda	Probabilidade
150	0,05
152	0,10
154	0,15
180	0,20
185	0,25
190	0,10
195	0,10
205	0,05

Solução

Para minimizar o custo esperado, sabendo-se que a demanda de jornais é de período único, deve-se utilizar o modelo do vendedor de jornais, da seguinte maneira:

$$G(Q) = \frac{c_s}{c_0 + c_s} = \frac{0,8}{0,8 + 0,8} = 0,5.$$

A Tabela 5.9 mostra os seguintes valores de $G(Q)$, a demanda acumulada:

Tabela 5.9 Demanda e Probabilidades Acumuladas

Demanda	Probabilidade	$G(Q)$
150	0,05	0,05
152	0,10	0,15
154	0,15	0,30
180	0,20	0,50
185	0,25	0,75
190	0,10	0,85
195	0,10	0,95
205	0,05	1,00

Dessa forma, o valor da demanda correspondente ao valor de G(Q) de 0,50 é 180, ou seja, Jonas deve encomendar exatamente 180 jornais para vender domingo.

7) Em uma fábrica de luminárias, uma peça de classificação C, o pino de encaixe da base com a haste da luminária, é controlada pelo sistema (Q,R). A demanda média diária deste item é de 40 unidades, com desvio padrão de quatro unidades/dia. O custo de manutenção anual de estoque desse item é de R$ 0,25. A cada pedido, que custa R$ 5,00, o fornecedor leva dois dias para entregar o lote, independentemente da quantidade solicitada. O gerente da fábrica determinou que deve haver apenas 10,20% de chance de faltar peças desse tipo na linha de montagem das luminárias durante cada ciclo de reabastecimento. Parametrize o sistema de controle de estoque do pino de encaixe das luminárias.

Solução

A parametrização do sistema de revisão contínua é justamente a determinação dos valores de Q e R, ou seja, do lote de compra e o ponto de reposição do pino de encaixe da base da haste da luminária.

Para determinar o tamanho do lote de compra, pode-se utilizar o modelo do lote econômico de compra. Para isso, os dados do exercício são:

$$h = 0,25$$
$$A = 5$$
$$D = 40$$

Dessa forma, tem-se: $Q^* = \sqrt{\dfrac{2AD}{h}} = \sqrt{\dfrac{(2)(5)(365)(40)}{0,25}} = 764,2$

Para determinar o ponto de pedido, precisa-se, primeiramente, determinar o valor do fator de segurança k. Pela tabela da distribuição normal reduzida, verifica-se que para um nível de serviço de 89,8 o valor de k é 1,27. Com isso, tem-se:

$$R = \bar{D}L + k\sigma\sqrt{\dfrac{L}{p}} = (40)(2) + (1,27)(4)\sqrt{\dfrac{2}{1}} = 87,2.$$

Note que a periodicidade do desvio padrão é de um dia, portanto é utilizado $p = 1$.

8) Um grande varejista controla um determinado perfume pelo sistema de revisão periódica. A demanda média diária desse perfume é de 60 unidades, com desvio padrão, também diário, de 10. Já o custo unitário de aquisição é de R$ 37,50 e o custo de um pedido é de R$ 50,00, sendo entregue em sete dias pelo fornecedor. Considerando-se uma taxa anual de manutenção do estoque de 20% do custo de aquisição, quais são os parâmetros de controle desse sistema para um nível de serviço desejado de 96,99%?

Solução

A parametrização do sistema de revisão periódica consiste na determinação dos valores de *S* e *T*, ou seja, do ponto de reposição (nesse caso, *R* = *S*) e do intervalo de verificação do nível do estoque do perfume.

Primeiramente, precisa-se definir o valor de *T*. Uma maneira de se fazer isso é determinar o intervalo de revisão como a cobertura do lote econômico. O lote econômico dessa situação é dado por:

$$Q^* = \sqrt{\frac{2AD}{h}} = \sqrt{\frac{(2)(50)(60)(365)}{(0,2)(37,5)}} = 540,4.$$

Assim, o intervalo *T* seria igual a:

$$T = \frac{Q^*}{D} = \frac{540,4}{60} = 9 \text{ dias}$$

Para determinar o valor de *S*, utiliza-se a equação seguinte:

$$S = \bar{D}(T+L) + k\sigma\sqrt{\frac{T+L}{p}} = (60)(9+7) + (1,88)(10)\sqrt{\frac{9+7}{1}} = 1035,2$$

Note que o valor de *k*, fator de segurança, pela tabela da distribuição normal reduzida, é igual a 1,88. Note também que a periodicidade do desvio padrão é de um dia, portanto utiliza-se *p* = 1.

  Qual deve ser o ponto de ressuprimento em um sistema de revisão contínua em que o *fill rate* desejado é de 90%, a demanda semanal é de 200, o desvio padrão é de 20 durante o *lead time* de reabastecimento de uma semana, com um lote de pedido de 800?

Solução

Os dados do exercício são:

NS (nível de serviço) = 0,90
D = demanda semanal = 200
σ = desvio padrão da demanda = 20
L = *lead time* de reabastecimento = 1 semana
Q = lote de compra = 800

Para determinar o ponto de ressuprimento *R*, tem-se a seguinte equação:

$$R = DL + s$$

Os valores de *D* e de *L* já estão dados, bastando calcular o valor do estoque de segurança. Neste caso o estoque de segurança é em função da taxa de abastecimento ou *fill rate*. Dessa forma, o valor de *s* será dado por:

$$s = z\sigma$$

Para encontrar *z*, é necessário encontrar o número de itens faltantes em função de *z*, dado por

$$E(z) = \frac{(1-NS)Q}{\sigma} = \frac{(1-0,9)800}{20} = 4$$

Pela tabela (anexo), para um $E(z) = 4$, o valor de $z = -4,00$.
Dessa forma:

$$s = z\sigma = (-4,00)(20) = -80.$$

Portanto,

$$R = DL + s = (200)(1) + (-80) = 120.$$

10) Uma fábrica de fontes de alimentação elétrica possui uma célula de produção com três máquinas em que todas as peças passam primeiro pela máquina 1, em seguida pela máquina 2 e, por último, pela máquina 3. As peças produzidas na célula têm demanda diária de 1600 unidades. Essas peças se movem de uma máquina para a outra em pequenos lotes de 20 unidades. O tempo de processamento desse lote é de 0,10 dia e, em média, fica em filas e transporte durante 0,15 dia durante o ciclo de processamento. A empresa mantém, para essas peças, 10% de estoque de segurança. Calcule o número de cartões de ordem de produção e de cartões de requisição para a implantação do sistema *kanban* nessa célula.

Solução

Os dados do exercício são:

$$D = 1600 \text{ peças por dia}$$
$$A = 20 \text{ peças}$$
$$T_p = 0,10 \text{ dia}$$
$$T_e = 0,15 \text{ dia}$$
$$\alpha = 0,10$$

Dessa forma, pode-se calcular o número de cartões de produção da seguinte maneira:

$$n_p = \frac{DT_p(1+\alpha)}{A} = \frac{(1600)(0,10)(1+0,1)}{20} \cong 9.$$

E pode-se calcular o número de cartões de requisição da seguinte maneira:

$$n_r = \frac{DT_e(1+\alpha)}{A} = \frac{(1600)(0,15)(1+0,1)}{20} \cong 13.$$

11 Considere cinco máquinas com fluxo *flow-shop*. As máquinas 1, 3, 4 e 5 têm tempo de processamento de 120 segundos e a máquina 2 tem tempo de processamento de 160 segundos. Calcule o número de cartões mínimo necessário, caso queira implantar o sistema CONWIP.

Solução

O tempo de processamento da máquina gargalo, t_g, é de 160 segundos. Os tempos de processamento das demais máquinas são iguais a 120 segundos. Dessa forma, o número de cartões para implantação do sistema CONWIP é dado por:

$$n = \frac{\sum_{i=1}^{5} t_i}{t_g} = \frac{120+160+120+120+120}{160} = 4$$

12 Sabendo que a terceira máquina de uma sequência de quatro é o gargalo de um sistema produtivo e que precisa iniciar o processamento da tarefa A às 17 horas, quando é que a tarefa A deve ser iniciada na primeira máquina? Quando a tarefa A será concluída na quarta máquina? Sabe-se que: a programação é coordenada pelo sistema DBR; o *buffer* deve ser de duas horas; há tempo de *setup* somente na quarta máquina e é de 15 minutos; os tempos de processamento da tarefa A são de 30 minutos, 1 hora, 2 horas e 1 hora, na primeira, segunda, terceira e quarta máquinas, respectivamente.

Solução

A programação via sistema DBR deve ser feita em três etapas:

1. Programação no gargalo (tambor): a programação por meio do DBR é feita para a frente no gargalo; assim, define-se o início do processamento da tarefa A no gargalo a partir das 17 horas. Como o tempo de processamento no gargalo é de duas horas, o gargalo libera a tarefa A às 19 horas.

2. Liberação da matéria-prima (corda) e criação do *buffer* (pulmão): programa-se para trás a chegada de A no gargalo antes da data de início previsto para processá-lo, como proteção – isso é o pulmão (*buffer*). Como o pulmão é de duas horas, então a tarefa A deve ser terminada na máquina 2 às 15 horas. Como o tempo de processamento da tarefa A na máquina 2 é de

uma hora, então o processamento da tarefa A na máquina 2 deve ser iniciado às 14 horas. Da mesma forma, para que a tarefa A comece às 14 horas na máquina 2, ela deve ser terminada pela máquina 1 às 14 horas. Como o tempo de processamento da máquina 1 é de 30 minutos, então o processamento da tarefa A na máquina 1 deve ser iniciado às 13 horas e 30 minutos.

3. Programação para a frente no recurso posterior ao gargalo: após o gargalo liberar a tarefa A às 19 horas, a máquina 4 é programada para a frente, ou seja, deve iniciar o processamento de A às 19 horas e 15 minutos, pois há um tempo de *setup* de 15 minutos na máquina 4. Como o tempo de processamento da tarefa A na máquina 4 é de uma hora, então a máquina 4 libera a tarefa A às 20 horas e 15 minutos. O gráfico de Gantt da Figura 5.5, adiante, mostra a programação via DBR conforme a descrição anterior.

Figura 5.5 Gráfico de Gantt do DBR.

5.3 Exercícios propostos

Se necessário, considere o ano com 365 dias ou 52 semanas.

1. Faça a classificação ABC das peças de 1 a 20, cujos dados estão na Tabela 5.10 a seguir. Utilize como critério a movimentação de valor.

Tabela 5.10 Dados dos Itens

Peça	Custo	Uso (mensal)
1	400	900
2	122	800
3	600	800
4	880	1870
5	800	60
6	80	80
7	224	500
8	100	770
9	290	80
10	450	80
11	380	800
12	450	75

(continua)

Tabela 5.10 Dados dos Itens (*continuação*)

Peça	Custo	Uso (mensal)
13	30	800
14	830	1680
15	200	90
16	415	350
17	1110	1990
18	500	140
19	1300	2000
20	188	330

2. Segundo dados da Associação Nacional dos Fabricantes de Veículos Automotores (Anfavea), disponíveis em <http://www.anfavea.com.br/>, em abril de 2016 foram produzidos 169.813 autoveículos (veículos leves, caminhões e ônibus). Sabendo-se que esse total de veículos possuía cobertura de 31 dias, qual foi a demanda diária média no período?

3. O item Alfa é estocado pela empresa Ômega. A cada ano, a empresa usa cerca de 4000 unidades desse item, que custa R$ 20,00 cada. Os custos de estocagem, que incluem o seguro e o custo de capital anual, chegam a R$ 6,00 por unidade da média de estoque. Cada vez que um pedido é colocado para mais itens Alfa, independentemente da quantidade solicitada, o custo é de R$ 12,00.

   a. Sempre que se pedir o item Alfa, qual deve ser o tamanho do pedido?
   b. Qual é o custo anual para pedir Alfa, se os pedidos forem feitos de acordo com o lote definido no item (a)?
   c. Qual é o custo anual para armazenar o item Alfa, se os pedidos forem feitos de acordo com o lote definido no item (a)?

4. Uma fábrica de barras de cereal tem como uma de suas principais matérias-primas o xarope de glicose, comprado em embalagens de 100 litros. A demanda anual por barras de cereal consome 4380 embalagens desse xarope. Para sua compra, independentemente da quantidade, há um custo de R$ 12,00. Considere que existe um custo anual de oportunidade de capital de 28,8% para a situação. Considere ainda o seguinte: se forem compradas até 199 embalagens, o custo de aquisição de uma embalagem é de R$ 12,00. Mas o fornecedor ofereceu um desconto: se forem compradas 200 ou mais embalagens, o custo de aquisição de uma embalagem é de R$ 10,00. Quantas embalagens de xarope devem ser compradas?

5. Uma determinada companhia produz diversos tipos de bancadas para experimentos laboratoriais. Considere que uma das bancadas, a bancada padrão, é a mais vendida. A capacidade de produção dessa companhia é de 400 dessas bancadas por ano. O custo de produção de uma unidade é de R$ 85,00 e o custo de manutenção de estoques é de 35% do custo do produto ao ano. Para a preparação dos equipamentos para produzir esse tipo de bancada

há um custo de R$ 15,00. Encontre o valor do lote econômico de produção, sabendo que a demanda é constante e igual a 200 unidades por ano.

6. Na equação de determinação do lote econômico de produção, o que acontece com o valor de Q, se $D \to p$? Interprete o significado desse valor.

7. Uma determinada companhia produz diversos tipos de produtos. Um desses tipos tem taxa de produção de 10.000 litros por ano. O custo anual de manutenção de estoque é de R$ 0,125. Para a preparação dos equipamentos para produzir tal produto é preciso realizar uma limpeza rigorosa, a um custo de R$ 31,25. Encontre o valor do lote econômico de produção, sabendo que a demanda é constante e igual a 5000 itens por ano.

8. Um fabricante de evaporadores de ar forçado possui a seguinte previsão de vendas para as próximas seis semanas: 90, 25, 120, 75, 100 e 200, respectivamente. Não há estoque inicial. Para se manter uma unidade do evaporador em estoque, por semana, há um custo de R$ 2,00. Já o custo de *setup* da produção é de R$ 55,00 para cada lote produzido. Calcule os tamanhos dos lotes a serem produzidos em cada semana, de acordo com as heurísticas de Silver-Meal, *Least Unit Cost* e *Part-Period Balancing*. Compare os custos totais entre as heurísticas e com a produção lote por lote, para esse caso.

9. Considere um produto cujas demandas para os próximos cinco períodos são iguais a 100, 48, 20, 10 e 10, respectivamente. O custo de um *setup* para a produção de um lote é igual a R$ 20,00 e o custo para se manter uma unidade em estoque é de R$ 0,40 por período.

   a. Utilizando a heurística de Silver-Meal, determine os tamanhos dos lotes para o período sabendo que o estoque inicial do produto é igual a zero. Qual o custo total para o período?
   b. Quais seriam os tamanhos dos lotes, se o custo do *setup* fosse reduzido para R$ 16,00? Qual seria o custo total nessa situação?

10. O presidente de uma ONG pretende encomendar camisetas para vender em um evento beneficente em sua cidade. O evento ocorre anualmente, mas, como o tema muda a cada ano, a camiseta somente poderá ser vendida no evento presente. Com os registros de vendas dos eventos passados, o presidente elaborou a Tabela 5.11 de demanda e probabilidade a seguir.

Tabela 5.11 Demandas e Probabilidades

Demanda	200	300	400	450	500	550
Probabilidade	0,20	0,20	0,20	0,15	0,15	0,10

Cada camiseta encomendada custará R$ 5,00 e poderá ser vendida a R$ 20,00 no evento. As camisetas que não forem vendidas serão doadas para os colaboradores da ONG.

   a. Qual o custo por unidade sobressalente?
   b. Qual o custo por unidade faltante?

c. Quantas camisetas devem ser encomendadas para minimizar o custo esperado?
d. Qual o lucro esperado se forem encomendadas 550 camisetas?

11. Um fabricante de cestas de compra possui demanda anual estimada de 4000 cestas. O custo de produção de cada cesta é de R$ 12,00 e cada ordem de produção enviada ao chão de fábrica gera um custo fixo de *setup* de R$ 550,00 e leva uma semana para ficar pronta. O desvio padrão dos erros de previsão de demanda semanal é de 23 cestas. Sabendo que o ponto de ressuprimento utilizado pelo fabricante é de 120 cestas, em um sistema de revisão contínua, e admitindo que a demanda durante o *lead time* é uma variável aleatória com distribuição normal, calcule o nível de serviço atual da fábrica. De quanto esse nível de serviço melhoraria se a qualidade das previsões melhorasse a ponto de reduzir o desvio padrão dos erros semanais de previsão para 12 cestas?

12. Considere um item controlado pelo sistema de revisão contínua, (Q,R). É possível considerar que sua demanda durante o *lead time* de reabastecimento é normalmente distribuída com média de 40 unidades e desvio padrão de 6,2 unidades.

    a. Para um nível de serviço desejado de 90,15%, determine o fator de segurança, o estoque de segurança e o ponto de ressuprimento.
    b. Faça o mesmo que na letra (a) para os níveis de serviço de 94,41%, 97,67% e 99,90%.
    c. Faça um gráfico do estoque de segurança *versus* o nível de serviço e analise.

13. Uma fábrica de fraldas descartáveis controla o estoque de uma das matérias-primas, o poliacrilato de sódio, por meio do sistema (S,T). Para essa matéria-prima, considerando uma taxa anual de manutenção do estoque de 20%, uma demanda média diária de 124 embalagens, desvio padrão da demanda diária de 24 embalagens, custo de aquisição da embalagem de R$ 9,00, custo de um pedido de R$ 19,61, *lead time* de entrega de quatro dias, e nível de serviço desejado de 97%, faça a parametrização desse sistema.

14. Considere quatro máquinas em um *flow-shop* que produzem um único produto para estoque. As máquinas 1, 3 e 4 têm tempos de processamento de dois minutos por item e a máquina 2 tem tempo de processamento de seis minutos por item. Considerando que o lote de produção é de 1 item, calcule:

    a. O número de cartões mínimo necessário, caso se queira implantar o sistema CONWIP.
    b. O número de cartões de ordem de produção na máquina 2, com fator de segurança 0, caso se queira implantar o sistema *kanban* entre a máquina 2 e a máquina 3.

15. Considere uma linha de produção *flow-shop* com os recursos em sequência produtiva 1, 2, 3, G, 4, e 5. O recurso G é o recurso gargalo. A programação da produção neste recurso G para o próximo período de planejamento é: iniciar a produção do produto A às 9 horas, depois produzir B, depois C e por último D. Considere que a fábrica inicia o turno produtivo à zero hora. Faça um gráfico de Gantt para a programação da produção desta linha seguindo a lógica do sistema DBR. O *buffer* antes do gargalo deve ser de duas horas para o produto A, três horas para o produto B, uma hora para o produto C, e uma hora para o produto D. Os tempos produtivos (em horas) são dados pela Tabela 5.12, adiante.

Tabela 5.12 Resumo dos Cálculos

Produto	Recurso					
	1	2	3	G	4	5
A	1	4	2	3	3	2
B	1	2	1	2	3	2
C	2	1	4	1	3	3
D	3	2	1	4	3	1

16. Considere a Figura 5.6 que mostra o perfil de estoque de um item controlado pelo sistema *kanban* no estoque de saída de uma estação de trabalho. No momento $t = 0$ não há nenhum cartão no quadro de *kanbans* de ordem de produção.

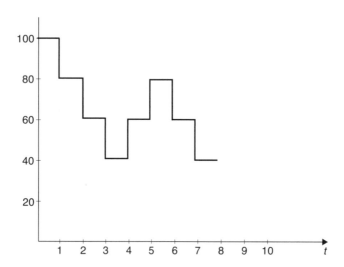

Figura 5.6 Perfil do estoque do item controlado pelo *kanban*.

Responda:

a. Qual é o tamanho do lote de produção (A)?
b. Qual é o número total de cartões de ordem de produção desse item?
c. No momento $t = 8$ qual é o número de cartões de ordem de produção colocados no quadro?

17. Qual a porcentagem de diferença entre o lote econômico de compra do item 1 e do item 2, se a demanda do item 2 for a metade da demanda do item 1?

18. Considere os seguintes dados: demanda anual igual a 10.000 unidades; custo de pedido igual a 300 reais por pedido; preço unitário do item igual a 20 reais; custo de estocagem anual igual a 20% do custo de aquisição. Qual o tamanho do lote econômico? Qual seria o novo valor do lote se se desejasse fazer um número inteiro de pedidos por ano, sendo este número inteiro mais próximo do número de pedidos feitos para o lote econômico?

19. Qual deve ser o ponto de ressuprimento em um sistema de revisão contínua em que o *fill rate* desejado é de 98%, a demanda anual é de 7800, o desvio padrão é de 8 durante o *lead time* de reabastecimento de duas semanas, com um lote de pedido de 650?

20. Para analisar a sensibilidade do modelo do lote econômico, podemos utilizar a seguinte expressão: $\dfrac{K(Q')}{K(Q^*)} = \dfrac{1}{2}\left(\dfrac{Q'}{Q^*} + \dfrac{Q^*}{Q'}\right)$, em que Q' é um tamanho de lote arbitrário (a ser analisado), $K(Q')$ seu custo total, Q^* é o tamanho do lote econômico e $K(Q^*)$ o custo total do lote econômico. Sabendo-se disso, de quanto seria o aumento no custo total (em relação ao custo mínimo) se o lote utilizado fosse o dobro do tamanho do lote econômico?

6

Scheduling

O scheduling é a atividade do PCP em que se aloca, sequencia e programa as tarefas necessárias para cumprir as ordens dos clientes nas datas prometidas. Essa atividade é muito importante porque, se mal executada, gera filas desnecessárias, estoques desnecessários, atrasos nas entregas e, consequentemente, aumenta os custos e reduz os lucros. Ao mesmo tempo é uma atividade complexa, porque envolve diversas restrições como capacidade produtiva e roteiros produtivos, além do dinamismo do chão de fábrica como quebra de máquinas e falta de matéria-prima.

6.1 Resumo teórico

O planejamento hierárquico desde o plano agregado, passando pelo plano mestre e pelo planejamento das necessidades de materiais, até chegar à liberação de ordens, gera uma lista de determinados produtos, em determinadas quantidades a serem entregues em determinadas datas. Todas as tarefas que compõem essa lista precisam ser alocadas aos recursos produtivos, em determinada sequência, com datas de início e término definidas, ou seja, é preciso fazer o *scheduling*. Por exemplo, considere que as tarefas A, B e C devam ser processadas no recurso 1 ou no recurso 2. O *scheduling* dessas tarefas poderia ser: preparar o recurso 1 (*setup*) para executar a tarefa A das 7h30min às 8 horas; processar a tarefa A no recurso 1 das 8 horas às 10 horas; preparar o recurso 1 (*setup*) para executar a tarefa B das 10 às 10h15min; processar a tarefa B no recurso 1 das 10h15min às 10h45min; preparar o recurso 2 (*setup*) para executar a tarefa C das 9h às 9h10min; processar a tarefa C no recurso 2 das 9h10min às 10h10min.

Para se chegar a isso, são necessárias diversas informações a respeito do problema. As principais informações são:

a. Quais são as *tarefas* e suas características? Na literatura, as tarefas são também chamadas de *jobs*, *ordens* ou *pedidos*. As principais características de uma tarefa são o seu *tempo de processamento*, sua *data prometida* e sua *data de liberação*. O tempo de processamento é o tempo que leva para a tarefa ser processada em determinado recurso produtivo. A data prometida é também chamada de *due date*, *data devida* ou *prazo de entrega*, e é o momento em que a tarefa deve estar completamente pronta para ser entregue ao cliente. A data de liberação, também chamada de *release date*, *read time*, *release time*, é a data antes da qual a tarefa não pode ser processada.

b. Qual o ambiente produtivo? Os ambientes produtivos são divididos em quatro tipos básicos: *única máquina* – existe apenas uma máquina e todas as tarefas devem ser processadas nela, sendo a máquina capaz de processar apenas uma tarefa de cada vez; *máquinas paralelas* – quando mais de uma máquina pode realizar os mesmos processos nas tarefas; portanto, qualquer tarefa pode ser processada em qualquer uma das máquinas e assim que for processada é considerada completada; *flow-shop* – *m* – máquinas diferentes em que cada tarefa precisa ser processada por cada uma das máquinas uma única vez. Todas as tarefas têm a mesma rota de processamento, ou seja, devem passar pelas mesmas máquinas na mesma ordem. Uma tarefa não pode iniciar o processamento na máquina *m* até que seja completado seu processamento na máquina *m*-1; *job-shop* – em relação ao *flow-shop*, a única diferença é que cada tarefa tem um roteiro diferente.

c. Os *tempos de setup* são dependentes da sequência? Quando o tempo de preparação do equipamento (tempo de *setup*) depende da última tarefa realizada, então diz-se que o *setup* é dependente da sequência; nesse caso, é preciso saber qual é a matriz de *setup* do recurso produtivo, em que são informados os tempos de *setup* "de" e "para" cada tarefa, como no exemplo da Tabela 6.1 a seguir. Se o tempo de *setup* não for dependente da sequência, pode-se incluir o tempo de *setup* no próprio tempo de processamento da tarefa.

Neste exemplo, o tempo de *setup* para iniciar a tarefa C, após terminar a tarefa B, é de oito unidades de tempo.

Capítulo 6

Tabela 6.1 Matriz de *Setup* da Máquina *m*

		Para			
		A	B	C	D
De	A	–	1	3	7
	B	4	–	8	9
	C	5	5	–	3
	D	6	6	5	–

6.1 Atenção

Definições importantes em scheduling

Existem muitos termos e expressões na literatura em scheduling. A seguir estão algumas definições importantes.

- *Carregamento*: quantidade de trabalho a ser alocado;
- *Carregamento infinito*: o trabalho é alocado com base no que é necessário ao longo do tempo, sem considerar se existe capacidade suficiente para tal alocação (ou porque já se realizou uma verificação de capacidade anteriormente, ou porque trata-se de um sistema que não pode limitar a capacidade máxima como, por exemplo, um pronto-socorro), ou então porque admite-se a formação de filas;
- *Carregamento finito*: o trabalho é alocado somente até um limite estabelecido;
- *Carregamento horizontal*: carregamento da produção em que cada tarefa é programada em todos os centros de trabalho;
- *Carregamento vertical*: carregamento da produção em que cada centro de trabalho é programado, tarefa a tarefa;
- *Programação para trás* (backward scheduling): programação das tarefas para iniciarem no último momento possível para evitar atrasos;
- *Programação para frente* (forward scheduling): programação das tarefas para começarem logo que o pedido esteja disponível.

d. Qual a *medida de desempenho* de interesse? A busca pela solução de um problema de *scheduling* depende fundamentalmente de qual o objetivo que se busca alcançar. Existem muitas opções de medida, sendo muito comuns *tempo total de fluxo*, número de tarefas atrasadas e *makespan*.

Outras duas informações importantes dizem respeito ao *padrão de chegada das tarefas*, que pode ser *estático* ou *dinâmico*, e se pode haver *preempção das tarefas*. Um padrão de chegada das tarefas estático significa que há um número fixo de tarefas a serem processadas (novos pedidos não chegam e os pedidos já realizados não são cancelados). Já um padrão dinâmico considera essas situações. Preempção é a interrupção de uma tarefa em processamento para a realização de outra tarefa.

6.1.1 Gráfico de Gantt

Em 1917, Henry Laurence Gantt desenvolveu uma das ferramentas mais conhecidas e utilizadas para representar programação de operações, conhecida como gráfico de Gantt, em sua homenagem. Nesse gráfico usam-se o eixo *x* para representar o tempo e o eixo *y* para representar os recursos. Uma tarefa sendo processada em um recurso é representada por uma barra horizontal de tamanho igual ao tempo necessário para processá-la. Tempos de espera normalmente são representados por barras brancas ou hachuradas. A Figura 6.1, a seguir, ilustra um gráfico de Gantt.

Pela Figura 6.1 nota-se que a tarefa A é processada primeiramente na máquina 1, tomando três unidades de tempo, depois na máquina 2, tomando cinco unidades de tempo e, por último, na máquina 3, tomando duas unidades de tempo. A máquina 2 processa primeiro a tarefa B entre os instantes 0 e 2, depois a tarefa A entre os instantes 3 e 8 e posteriormente a tarefa C entre os instantes 8 e 11. Outras informações como essas podem ser vistas no gráfico.

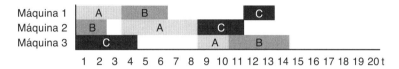

Figura 6.1 Exemplo de gráfico de Gantt.

6.1.2 Regras básicas de sequenciamento

A priorização das tarefas pode ser feita por meio de uma *regra de sequenciamento*. Existem diversas regras básicas, sendo as mais conhecidas as seguintes:

a. *Primeiro que Entra É o Primeiro que Sai* (PEPS) ou *First-Come First-Served* (FCFS) ou *First-In First-Out* (FIFO): a sequência é definida com base na ordem de chegada dos pedidos, ou seja, a primeira tarefa que chegou (ou o primeiro cliente que entrou no sistema) será a primeira a ser processada (ou o primeiro a ser atendido), a segunda será a próxima, e assim por diante;

b. *Menor tempo de processamento* ou *Shortest Processing Time* (SPT): a sequência é definida com base nos tempos de processamento das tarefas, de forma que haja uma ordenação crescente dos tempos. Assim, a primeira tarefa será aquela com o menor tempo de processamento, a segunda tarefa a ser processada será aquela com o segundo menor tempo de processamento, e assim por diante;

c. *Menor tempo de processamento ponderado* ou *Weighted Shortest Processing Time* (WSPT): as tarefas são sequenciadas em ordem crescente da relação entre o tempo de processamento da tarefa e o seu peso. O peso da tarefa representa seu valor para o negócio, por exemplo, uma tarefa que será entregue para um cliente importante deverá ter peso maior que uma tarefa que será entregue para um cliente menos importante;

d. *Data de entrega mais próxima* ou *Earliest Due Date* (EDD): as tarefas são sequenciadas na ordem crescente de suas datas de entrega. Assim, a primeira tarefa será aquela com a menor data de entrega (data de entrega mais próxima do presente), a segunda tarefa a ser processada será aquela com a segunda menor data de entrega, e assim por diante;

e. *Razão crítica* ou *Critical Ratio* (CR): as tarefas são sequenciadas na ordem crescente de suas razões críticas. A razão crítica de uma tarefa é calculada da seguinte maneira:

$$CR = \frac{\text{data de entrega} - \text{data atual}}{\text{tempo de processamento da tarefa}}.$$

6.1.3 Problemas de *scheduling*

Nesta seção serão apresentados problemas clássicos de *scheduling*, admitindo as seguintes condições: os tempos são determinísticos, o padrão de chegada das tarefas é estático, a capacidade produtiva se mantém constante (não há quebra de máquinas) e todas as tarefas estão disponíveis no início do problema (as datas de liberação das tarefas são todas iguais a 0).

As notações utilizadas serão:

n = número de tarefas

i = índice das tarefas (assim, $i = 1, 2, ..., n$)

m = número de máquinas

j = índice das máquinas (assim, $j = 1, 2, 3, ..., m$)

p_{ij} = tempo de processamento da tarefa i na máquina j

r_i = data de liberação da tarefa i

d_i = data de entrega da tarefa i

w_i = peso (importância) da tarefa i

s_{kl} = tempo de *setup* entre a tarefa k e a tarefa l

W_{ij} = tempo de espera da tarefa i entre as operações j-1 e j

W_i = tempo total de espera da tarefa $i = \sum_{j=1}^{m} W_{ij}$

C_i = tempo de conclusão da tarefa $i = r_i + \sum_{j=1}^{m} p_{ij} + \sum_{j=1}^{m} W_{ij}$

C = tempo de conclusão das n tarefas $= \sum_{i=1}^{n} C_i$

$C_{máximo}$ = *makespan* = máximo $\{C_i\}$

F_i = tempo de fluxo ou de permanência da tarefa $i = C_i - r_i$

F = tempo total de fluxo das n tarefas $= \sum_{i=1}^{n} F_i$

$\bar{F}$ = tempo médio de fluxo $= \dfrac{F}{n}$

L_i = atraso da tarefa $i = i = C_i - d_i$

L = atraso das n tarefas $= \sum_{i=1}^{n} L_i$

T_i = tempo de atraso da tarefa i = máximo $\{0, L_i\}$

T = tempo total de atraso das n tarefas $= \sum_{i=1}^{n} T_i$

E_i = adiantamento da tarefa i = máximo$\{0, -L_i\}$

E = adiantamento total das n tarefas $= \sum_{i=1}^{n} E_i$

6.1.3.1 *Máquina única, minimizar o tempo total de fluxo*

Se os custos de estocagem forem altos, é desejável que as tarefas passem o menor tempo possível como estoque em processo, ou seja, deseja-se minimizar o *tempo total de fluxo*.

Esse problema tem como solução ótima a regra *Shortest Processing Time* (SPT). Isso porque os tempos de fluxo dependem fundamentalmente dos tempos de espera; assim, se as tarefas com menores tempos de processamento forem processadas antes, o tempo de fluxo total será reduzido. A prova matemática desse resultado pode ser vista em Baker (1974, p. 18). Se a data de entrega das tarefas for constante, então a regra SPT também minimiza o atraso total.

6.1.3.2 Máquina única, minimizar o tempo total de fluxo ponderado

Em relação ao caso anterior, a diferença nessa situação é que as tarefas possuem importâncias diferentes. Por um lado, para minimizar o tempo total de fluxo é necessário priorizar as tarefas com menor tempo de processamento. Por outro lado, as tarefas com maior importância devem ser processadas primeiro. Combinando esses procedimentos tem-se a solução desse problema, que consiste na utilização da regra *Weighted Shortest Processing Time* (WSPT). Segundo essa regra, a ordenação das tarefas deve ser crescente em relação ao valor resultante da divisão entre o tempo de processamento e o peso da tarefa.

Para calcular o tempo total de fluxo ponderado utiliza-se a seguinte equação:

$$F_w = \sum_{i=1}^{n} w_i F_i$$

6.1.3.3 Máquina única, minimizar o número de tarefas atrasadas

Para resolver este problema, deve-se utilizar o *algoritmo de Moore* (1968):

1. Sequenciar as tarefas em ordem crescente das datas de entrega (EDD).
2. Encontrar a primeira tarefa atrasada na sequência gerada no passo (1). Se não houver tarefas atrasadas, então pare, pois a solução é ótima. Caso contrário, vá para o passo (3).
3. No conjunto formado pelas tarefas que vão da primeira tarefa da sequência até a primeira tarefa atrasada, encontre a tarefa com o maior tempo de processamento. Empates podem ser desfeitos arbitrariamente. Exclua essa tarefa da sequência.
4. Repita os passos (2) e (3) até que não haja tarefas atrasadas na sequência.
5. Recoloque as tarefas excluídas no final da sequência, em qualquer ordem.

6.1.3.4 Máquina única, minimizar o tempo total de setup dependente da sequência

Quando o tempo de preparação da máquina (*setup time*) depende da sequência, ou seja, depende de qual tarefa foi a última a ser processada e de qual tarefa será a próxima a ser processada, pode ser interessante minimizar o tempo total de *setup*.

A heurística do menor tempo de *setup* ou *Shortest Setup Time* (SST) é uma das maneiras de resolver esse problema:

1. Comece escolhendo uma tarefa arbitrariamente.
2. Escolha a próxima tarefa com o menor tempo de setup e aloque-a em seguida.
3. Repita os passos (1) e (2) até que todas as tarefas sejam sequenciadas.

Para que uma tarefa não seja designada após ela mesma, faça $s_{ii} = \infty$.

6.1.3.5 Duas máquinas, flow-shop, minimizar o makespan

Para resolver este problema, deve-se utilizar o *algoritmo de Johnson* (1954):

1. Encontre o mínimo $\{p_{i1}, p_{i2}\}$ entre as tarefas não sequenciadas.
2.a. Se o tempo de processamento mínimo for na máquina 1, coloque a tarefa associada na primeira posição disponível na sequência. Vá para o passo (3).
2.b. Se o tempo de processamento mínimo for na máquina 2, coloque a tarefa associada na última posição disponível na sequência. Vá para o passo (3).

3. Remova da lista a tarefa já sequenciada e retorne ao passo (1) até que todas as posições na sequência sejam preenchidas. Os empates podem ser desfeitos arbitrariamente.

6.1.3.6 *Duas máquinas, job-shop, minimizar o* makespan

Para minimizar o *makespan* em um *job-shop* com duas máquinas, Jackson (1956) estendeu o algoritmo de Johnson da seguinte maneira:

a. Chame a primeira máquina de A e a segunda máquina de B. Existem quatro configurações possíveis entre as tarefas: processadas somente por A, processadas somente por B, processadas por A e depois por B, e processadas por B e depois por A. Denote esses conjuntos por {A}, {B}, {AB} e {BA}, respectivamente.
b. Na máquina A, ordene as tarefas do conjunto {AB} pelo algoritmo de Johnson, as tarefas do conjunto {A} em qualquer ordem e, em seguida, as tarefas do conjunto {BA} na ordem inversa do algoritmo de Johnson.
c. Na máquina B, ordene as tarefas do conjunto {BA} pela ordem inversa do algoritmo de Johnson, as tarefas do conjunto {B} em qualquer ordem e, em seguida, as tarefas do conjunto {AB} pelo algoritmo de Johnson.

6.1.3.7 *Máquinas paralelas idênticas, minimizar o tempo médio de fluxo*

Para resolver este problema, pode-se utilizar o seguinte algoritmo, apresentado em Baker (1974, p. 119):

1. Ordene as tarefas segundo a regra SPT.
2. À máquina com a menor quantidade de processamento já alocada, atribua a próxima tarefa na ordem da lista gerada no passo (1). Os empates podem ser desfeitos arbitrariamente.
3. Repita o passo (2) até que todas as tarefas sejam sequenciadas.

6.2 Exemplos

1 Considere as cinco tarefas A, B, C, D e E, da Tabela 6.2 a seguir, a serem realizadas por um funcionário de um escritório de contabilidade. Calcule o tempo de fluxo de cada tarefa e o tempo de fluxo médio, o tempo de atraso de cada tarefa e o tempo de atraso médio, e o número de tarefas atrasadas para cada uma das seguintes regras de prioridade:

a. FIFO (supor a seguinte ordem de chegada: A, B, C, D e E)
b. SPT
c. EDD
d. CR

Admita que todas as tarefas já estão disponíveis para serem executadas desde o instante 0 (zero), ou seja, a data de liberação é igual a zero para todas as tarefas.

> **Observação**
>
> Os cálculos foram realizados utilizando-se uma planilha eletrônica, por isso os resultados, se comparados com cálculos realizados em calculadoras de mão, podem ser diferentes.

Tabela 6.2 Tempos de Processamento e Datas Prometidas

Tarefa	Tempo de processamento	Data prometida
A	6	10
B	8	12
C	4	14
D	9	13
E	1	4

Solução

a. Considerando que a chegada das ordens foi primeiro a A, depois a B, em terceiro a C, em quarto a D e por último a E, pela regra FIFO, esta é justamente a ordenação das tarefas a serem executadas. Considerando que o início da execução das tarefas será no instante 0 (zero), então:

- Se a tarefa A for começada em 0, ela será terminada em 6 (pois seu tempo de processamento é igual a 6 e não há interrupção durante sua execução). Como a data de liberação dessa tarefa é igual a 0, então seu tempo de fluxo é igual a 6 – 0 = 6. Como sua data prometida é igual a 10, então seu tempo de atraso é igual a 0, pois a tarefa foi finalizada antes da data prometida;
- Se a tarefa B for começada em 6 (que é quando a tarefa A foi finalizada), ela será terminada em 14 (pois seu tempo de processamento é igual a 8 e não há interrupção durante sua execução). Como a data de liberação dessa tarefa é igual a 0, então seu tempo de fluxo é igual a 14 – 0 = 14. Como sua data prometida é igual a 12, então seu tempo de atraso é igual a 2;
- Se a tarefa C for começada em 14, ela será terminada em 18. Seu tempo de fluxo é, portanto, igual a 18 e seu tempo de atraso é igual a 4;
- Se a tarefa D for começada em 18, ela será terminada em 27. Seu tempo de fluxo é, portanto, igual a 27 e seu tempo de atraso é igual a 14;
- Se a tarefa E for começada em 27, ela será terminada em 28. Seu tempo de fluxo é, portanto, igual a 28 e seu tempo de atraso é igual a 24.

A Tabela 6.3, a seguir, resume esses resultados.

Tabela 6.3 Resultados do Sequenciamento pela Regra FIFO

Sequência	Tempo de processamento	Início	Término	Data prometida	Tempo de fluxo	Atraso
A	6	0	6	10	6	0
B	8	6	14	12	14	2
C	4	14	18	14	18	4
D	9	18	27	13	27	14
E	1	27	28	4	28	24

O tempo de fluxo médio para a regra FIFO é dado por: $\bar{F} = \dfrac{6+14+18+27+28}{5} = 18,6$

O atraso médio para a regra FIFO é dado por: $\bar{T} = \dfrac{0+2+4+14+24}{5} = 8,8$

Há quatro tarefas atrasadas.

b. Pela regra SPT, a ordenação das tarefas será E, C, A, B e D. Considerando que o início da execução das tarefas será no instante 0 (zero), então:

- Se a tarefa E for começada em 0, ela será terminada em 1. Seu tempo de fluxo é igual a 1 e seu tempo de atraso igual a 0;
- Se a tarefa C for começada em 1, ela será terminada em 5. Seu tempo de fluxo é igual a 5 e seu tempo de atraso é igual a 0;
- Se a tarefa A for começada em 5, ela será terminada em 11. Seu tempo de fluxo é, portanto, igual a 11 e seu tempo de atraso é igual a 1;
- Se a tarefa B for começada em 11, ela será terminada em 19. Seu tempo de fluxo é, portanto, igual a 19 e seu tempo de atraso é igual a 7;
- Se a tarefa D for começada em 19, ela será terminada em 28. Seu tempo de fluxo é, portanto, igual a 28 e seu tempo de atraso é igual a 15.

A Tabela 6.4, a seguir, resume esses resultados.

Tabela 6.4 Resultados do Sequenciamento pela Regra SPT

Sequência	Tempo de processamento	Início	Término	Data prometida	Tempo de fluxo	Atraso
E	1	0	1	4	1	0
C	4	1	5	14	5	0
A	6	5	11	10	11	1
B	8	11	19	12	19	7
D	9	19	28	13	28	15

O tempo de fluxo médio para a regra SPT é dado por: $\bar{F} = \dfrac{1+5+11+19+28}{5} = 12,8$

O atraso médio para a regra SPT é dado por: $\bar{T} = \dfrac{0+0+1+7+15}{5} = 4,6$

Há três tarefas atrasadas.

c. Pela regra EDD, a ordenação das tarefas será E, A, B, D e C. Considerando que o início da execução das tarefas será no instante 0 (zero), então:

- Se a tarefa E for começada em 0, ela será terminada em 1. Seu tempo de fluxo é igual a 1 e seu tempo de atraso igual a 0;
- Se a tarefa A for começada em 1, ela será terminada em 7. Seu tempo de fluxo é igual a 7 e seu tempo de atraso é igual a 0;

- Se a tarefa B for começada em 7, ela será terminada em 15. Seu tempo de fluxo é, portanto, igual a 15 e seu tempo de atraso é igual a 3;
- Se a tarefa D for começada em 15, ela será terminada em 24. Seu tempo de fluxo é, portanto, igual a 24 e seu tempo de atraso é igual a 11;
- Se a tarefa C for começada em 24, ela será terminada em 28. Seu tempo de fluxo é, portanto, igual a 28 e seu tempo de atraso é igual a 14.

A Tabela 6.5, a seguir, resume esses resultados.

Tabela 6.5 Resultados do Sequenciamento pela Regra EDD

Sequência	Tempo de processamento	Início	Término	Data prometida	Tempo de fluxo	Atraso
E	1	0	1	4	1	0
A	6	1	7	10	7	0
B	8	7	15	12	15	3
D	9	15	24	13	24	11
C	4	24	28	14	28	14

O tempo de fluxo médio para a regra EDD é dado por: $\bar{F} = \dfrac{1+7+15+24+28}{5} = 15$

O atraso médio para a regra EDD é dado por: $\bar{T} = \dfrac{0+0+3+11+14}{5} = 5,6$

Há três tarefas atrasadas.

d. Pela regra CR é preciso calcular a razão crítica das tarefas ainda não sequenciadas da forma como descrito a seguir.

- No instante 0, as razões críticas são:

$$CR_A = \dfrac{d_A - \text{data atual}}{p_A} = \dfrac{10-0}{6} = 1,67$$

$$CR_B = \dfrac{d_B - \text{data atual}}{p_B} = \dfrac{12-0}{8} = 1,5$$

$$CR_C = \dfrac{d_C - \text{data atual}}{p_C} = \dfrac{14-0}{4} = 3,5$$

$$CR_D = \dfrac{d_D - \text{data atual}}{p_D} = \dfrac{13-0}{9} = 1,44$$

$$CR_E = \dfrac{d_E - \text{data atual}}{p_E} = \dfrac{4-0}{1} = 4$$

Portanto, a primeira tarefa da sequência (menor CR) deve ser a tarefa D.

Com o sequenciamento da tarefa D, o instante atual passa a ser 9, pois a tarefa D será iniciada em 0 e terminada em 9. Neste instante, as razões críticas são:

$$CR_A = \frac{d_A - \text{data atual}}{p_A} = \frac{10 - 9}{6} = 0{,}17$$

$$CR_B = \frac{d_B - \text{data atual}}{p_B} = \frac{12 - 9}{8} = 0{,}38$$

$$CR_C = \frac{d_C - \text{data atual}}{p_C} = \frac{14 - 9}{4} = 1{,}3$$

$$CR_E = \frac{d_E - \text{data atual}}{p_E} = \frac{4 - 9}{1} = -5$$

Portanto, a segunda tarefa da sequência (menor CR) deve ser a tarefa E.

Com o sequenciamento da tarefa E, o instante atual passa a ser 10, pois a tarefa E será iniciada em 9 e terminada em 10. Neste instante, as razões críticas são:

$$CR_A = \frac{d_A - \text{data atual}}{p_A} = \frac{10 - 10}{6} = 0$$

$$CR_B = \frac{d_B - \text{data atual}}{p_B} = \frac{12 - 10}{8} = 0{,}25$$

$$CR_C = \frac{d_C - \text{data atual}}{p_C} = \frac{14 - 10}{4} = 1$$

Portanto, a terceira tarefa da sequência (menor CR) deve ser a tarefa A.

Com o sequenciamento da tarefa A, o instante atual passa a ser 16, pois a tarefa A será iniciada em 10 e terminada em 16. Neste instante, as razões críticas são:

$$CR_B = \frac{d_B - \text{data atual}}{p_B} = \frac{12 - 16}{8} = -0{,}5$$

$$CR_C = \frac{d_C - \text{data atual}}{p_C} = \frac{14 - 16}{4} = -0{,}5$$

Portanto, a quarta tarefa da sequência (menor CR) pode ser tanto a tarefa B como a tarefa C, e o desempate pode ser feito arbitrariamente como a tarefa B.

Com isso, a sequência segundo a regra CR deve ser D, E, A, B e C. Considerando que o início da execução das tarefas será no instante 0 (zero), então:

- Se a tarefa D for começada em 0, ela será terminada em 9. Seu tempo de fluxo é igual a 9 e seu tempo de atraso igual a 0;
- Se a tarefa E for começada em 9, ela será terminada em 10. Seu tempo de fluxo é igual a 10 e seu tempo de atraso é igual a 6;
- Se a tarefa A for começada em 10, ela será terminada em 16. Seu tempo de fluxo é, portanto, igual a 16 e seu tempo de atraso é igual a 6;
- Se a tarefa B for começada em 16, ela será terminada em 24. Seu tempo de fluxo é, portanto, igual a 24 e seu tempo de atraso é igual a 12;

- Se a tarefa C for começada em 24, ela será terminada em 28. Seu tempo de fluxo é, portanto, igual a 28 e seu tempo de atraso é igual a 14.

A Tabela 6.6, a seguir, resume esses resultados.

Tabela 6.6 Resultados do Sequenciamento pela Regra CR

Sequência	Tempo de processamento	Início	Término	Data prometida	Tempo de fluxo	Atraso
D	9	0	9	13	9	0
E	1	9	10	4	10	6
A	6	10	16	10	16	6
B	8	16	24	12	24	12
C	4	24	28	14	28	14

O tempo de fluxo médio para a regra CR é dado por: $\bar{F} = \dfrac{9+10+16+24+28}{5} = 17,4$

O atraso médio para a regra CR é dado por: $\bar{T} = \dfrac{0+6+6+12+14}{5} = 7,6$

Há quatro tarefas atrasadas.

Na Tabela 6.7, a seguir, são agrupados os principais resultados de cada regra, para comparação.

Tabela 6.7 Comparação entre os Resultados das Regras

Regra	Tempo de fluxo médio	Atraso médio	Nº de tarefas atrasadas
FIFO	18,6	8,8	4
SPT	12,8	4,6	3
EDD	15	5,6	3
CR	17,4	7,6	4

Percebe-se que o pior desempenho em todas as medidas foi da regra FIFO, enquanto o melhor desempenho foi da regra SPT, que apenas na medida de número de tarefas atrasadas empatou com a regra EDD.

6.2 Atenção

Resolvendo o Exemplo 1 usando o Microsoft Excel®

Para resolver o Exemplo 1 usando uma planilha do Microsoft Excel®, siga os seguintes passos:

Preparando a planilha

1. *Na célula A1 digite "FIFO", na célula A11 digite "SPT", na célula A21 digite "EDD", e na célula A31 digite "CR";*

2. Nas células de A3 a G3 digite "Sequência", "Tempo de processamento", "Início", "Término", "Data prometida", "Tempo de fluxo" e "Atraso", respectivamente. Faça o mesmo para as células entre A13 e G13, entre A23 e G23 e entre A33 e G33.

Calculando os resultados para a regra FIFO

3. Nas células de A4 a A8 digite "A", "B", "C", "D" e "E", respectivamente, tratando-se da sequência das tarefas segundo a regra FIFO;
4. Nas células de B4 a B8 digite os valores "6", "8", "4", "9" e "1", respectivamente;
5. Nas células de E4 a E8 digite os valores "10", "12", "14", "13" e "4";
6. Na célula C4 digite o valor "0", que é o momento de início da primeira tarefa da sequência;
7. Na célula D4 digite a fórmula "=C4+B4" para calcular a data de término da primeira tarefa da sequência. Deixando a célula D4 selecionada, posicione o cursor do mouse sobre o canto inferior direito da célula (que ficará em formato de "+"), clique e segure o botão esquerdo do mouse e em seguida arraste para a direita até a célula D8; solte o botão do mouse e, com isso, a mesma fórmula será expandida para todas as células;
8. Na célula C5 digite a fórmula "=D4" para calcular a data de início da segunda tarefa da sequência. Deixando a célula C5 selecionada, posicione o cursor do mouse sobre o canto inferior direito da célula (que ficará em formato de "+"), clique e segure o botão esquerdo do mouse e em seguida arraste para a direita até a célula C8; solte o botão do mouse e, com isso, a mesma fórmula será expandida para todas as células;
9. Na célula F4 digite a fórmula "=D4-0" para calcular o tempo de fluxo da primeira tarefa da sequência, que corresponde à subtração da data de término da data de liberação que é igual a 0. Deixando a célula F4 selecionada, posicione o cursor do mouse sobre o canto inferior direito da célula (que ficará em formato de "+"), clique e segure o botão esquerdo do mouse e em seguida arraste para a direita até a célula F8; solte o botão do mouse e, com isso, a mesma fórmula será expandida para todas as células;
10. Na célula G4 digite a fórmula "=MÁXIMO(0;D4-E4)" para calcular o atraso da primeira tarefa da sequência. Deixando a célula G4 selecionada, posicione o cursor do mouse sobre o canto inferior direito da célula (que ficará em formato de "+"), clique e segure o botão esquerdo do mouse e em seguida arraste para a direita até a célula G8; solte o botão do mouse e, com isso, a mesma fórmula será expandida para todas as células;
11. Na célula F9 digite a fórmula "=MÉDIA(F4:F8)" para calcular o tempo médio de fluxo resultante do sequenciamento pela regra FIFO;
12. Na célula G9 digite a fórmula "=MÉDIA(G4:G8)" para calcular o atraso médio resultante do sequenciamento pela regra FIFO;
13. Na célula H9 digite a fórmula "=CONT.SE(G4:G8;">0")" para contar o número de tarefas atrasadas resultante do sequenciamento pela regra FIFO.

Calculando os resultados para a regra SPT

14. Selecione as células de A4 a H9 (para isso clique com o botão esquerdo do mouse sobre a célula A4 e, com o botão pressionado, arraste o ponteiro do mouse até a célula H9. Alternativamente, digite "A4:H9" na caixa de nome do Microsoft Excel). Pressione Ctrl+C, em seguida selecione a célula A14 e pressione Ctrl+V;
15. Nas células de A14 a A18 substitua os valores copiados digitando os valores "E", "C", "A", "B" e "D", respectivamente, tratando-se da sequência segundo a regra SPT;
16. Nas células de B14 a B18 substitua os valores copiados digitando os valores "1", "4", "6", "8" e "9", respectivamente;

17. Nas células de E14 a E18 substitua os valores copiados digitando os valores "4", "14", "10", "12" e "13", respectivamente. Após isso, todos os cálculos estarão atualizados para a regra STP e os resultados poderão ser verificados.

Calculando os resultados para a regra EDD

18. Selecione as células de A4 a H9 (para isso clique com o botão esquerdo do mouse sobre a célula A4 e, com o botão pressionado, arraste o ponteiro do mouse até a célula H9. Alternativamente, digite "A4:H9" na caixa de nome do Microsoft Excel). Pressione Ctrl+C, em seguida selecione a célula A24 e pressione Ctrl+V;

19. Nas células de A24 a A28 substitua os valores copiados digitando os valores "E", "A", "B", "D" e "C", respectivamente, tratando-se da sequência segundo a regra EDD;

20. Nas células de B24 a B28 substitua os valores copiados digitando os valores "1", "6", "8", "9" e "4", respectivamente;

21. Nas células de E24 a E28 substitua os valores copiados digitando os valores "4", "10", "12", "13" e "14", respectivamente. Após isso, todos os cálculos estarão atualizados para a regra EDD e os resultados poderão ser verificados.

Calculando os resultados para a regra CR

22. Selecione as células de A4 a H9 (para isso clique com o botão esquerdo do mouse sobre a célula A4 e, com o botão pressionado, arraste o ponteiro do mouse até a célula H9. Alternativamente, digite "A4:H9" na caixa de nome do Microsoft Excel). Pressione Ctrl+C, em seguida selecione a célula A34 e pressione Ctrl+V;

23. Nas células de A34 a A38 substitua os valores copiados digitando os valores "D", "E", "A", "B" e "C", respectivamente, tratando-se da sequência segundo a regra CR;

24. Nas células de B34 a B38 substitua os valores copiados digitando os valores "9", "1", "6", "8" e "4", respectivamente;

25. Nas células de E34 a E38 substitua os valores copiados digitando os valores "13", "4", "10", "12" e "14", respectivamente. Após isso, todos os cálculos estarão atualizados para a regra CR e os resultados poderão ser verificados.

---

2 A Tabela 6.8, a seguir, mostra os dados para quatro tarefas e duas máquinas com fluxo *job-shop*. A primeira operação da tarefa A toma sete minutos na máquina 1, o que é mostrado por 7 (1) na tabela, assim como para as demais tarefas. Todas as tarefas são liberadas no momento $t = 0$.

Tabela 6.8 Dados das Tarefas

Tarefa	Tempo de processamento (número da máquina)	
	1ª operação	2ª operação
A	7 (1)	4 (2)
B	4 (2)	1 (1)
C	5 (1)	–
D	2 (2)	–

Considere a sequência B-C-A na máquina 1 e B-D-A na máquina 2. Faça o gráfico de Gantt.

Solução

Iniciando pela máquina 1, a primeira tarefa a processar é B. No entanto, como a tarefa B tem sua primeira operação na máquina 2, ela deve ser primeiramente processada na máquina 2 para somente depois dar início ao seu processamento na máquina 1. Na máquina 2 a tarefa B consome quatro unidades de tempo e, na máquina 1, uma unidade de tempo. Os dois gráficos da Figura 6.2, a seguir, ilustram esses dois passos.

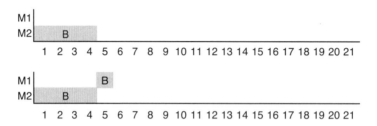

Figura 6.2 Gráfico parcial.

Continuando na máquina 1, após a tarefa B deve-se alocar a tarefa C. Como a tarefa C somente é processada na máquina 1, então ela pode ser iniciada imediatamente após o término de B na máquina 1. A tarefa C na máquina 1 consome cinco unidades de tempo. O gráfico da Figura 6.3, a seguir, ilustra esse passo.

Figura 6.3 Gráfico parcial.

Com relação à tarefa D na máquina 2, tem-se a mesma situação. Como essa tarefa somente é processada na máquina 2, então ela pode ser iniciada imediatamente após o término da tarefa B na máquina 2. A tarefa D na máquina 2 consome duas unidades de tempo. O gráfico da Figura 6.4, a seguir, ilustra esse passo.

Figura 6.4 Gráfico parcial.

Por fim, na máquina 1, após processar a tarefa C, deve-se processar a tarefa A. A tarefa A possui sua primeira operação na máquina 1; portanto, ela pode ser iniciada imediatamente após o término da tarefa C na máquina 1. A tarefa A consome sete unidades de tempo na máquina 1. O gráfico da Figura 6.5, a seguir, ilustra esse passo.

Figura 6.5 Gráfico parcial.

Finalmente, deve-se alocar a tarefa A na máquina 2. A tarefa A somente pode ser iniciada na máquina 2 após a finalização de sua primeira operação na máquina 1, ou seja, a partir do instante 17. Sua operação na máquina 2 consome quatro unidades de tempo. O gráfico da Figura 6.6, a seguir ilustra esse passo.

Figura 6.6 Gráfico final.

Após a alocação das tarefas, tem-se como resultado um tempo total para completar todas as tarefas, ou *makespan*, de 21 unidades de tempo.

---

(3) Jeferson, um aluno de mestrado, para aumentar sua renda resolveu trabalhar fazendo a transcrição de entrevistas gravadas em áudio de outros mestrandos. Jeferson recebeu, na segunda-feira no primeiro horário da manhã, diga-se o horário "0" de trabalho dele, cinco pedidos de transcrições para cinco entrevistas de alunos diferentes. O primeiro aluno fez uma entrevista de 1 hora e 30 minutos; o segundo aluno fez uma entrevista de 45 minutos; o terceiro aluno fez uma entrevista de 2 horas; o quarto aluno fez uma entrevista de 15 minutos; e o quinto aluno fez uma entrevista de 30 minutos. Considere que: leva-se o mesmo tempo da entrevista para fazer a transcrição; imediatamente após terminar, Jeferson entrega a transcrição para seu cliente e não há intervalo entre o fim de uma tarefa e o início da próxima. Que sequência ele deveria seguir para minimizar o tempo total de permanência das tarefas?

Solução

Esse é um caso em que se tem apenas um recurso (Jeferson), cinco tarefas com a mesma data de liberação (considera-se a data 0) e que se deseja minimizar o tempo total de fluxo. Pela teoria, sabe-se que a regra ótima é a SPT.

Pela regra SPT as tarefas deveriam ser realizadas na seguinte ordem: 15 minutos, 30 minutos, 45 minutos, 1 hora e 30 minutos e 2 horas.

O tempo de fluxo de uma tarefa i é dada por: $F_i = C_i - r_i$.

Como todas as tarefas têm data de liberação igual a 0, então $F_i = C_i$.

O cálculo do tempo de conclusão de uma tarefa i é dado por: $C_i = \sum_{j=1}^{m} p_{ij} + \sum_{j=1}^{m} W_{ij}$.

Para a primeira tarefa da sequência, ter-se-ia: $C_{1º} = 15 + 0 = 15$, pois seu tempo de processamento é igual a 15 e seu tempo de espera é igual a 0 (por ser a primeira tarefa da sequência).

Para a segunda tarefa da sequência, ter-se-ia: $C_{2º} = 30 + 15 = 45$, pois seu tempo de processamento é igual a 30 e seu tempo de espera é igual a 15 (a segunda tarefa da sequência teve que esperar o processamento da primeira tarefa da sequência).

Para a terceira tarefa da sequência, ter-se-ia: $C_{3º} = 45 + 45 = 90$, pois seu tempo de processamento é igual a 45 e seu tempo de espera é igual a 45 (a terceira tarefa da sequência teve que esperar o processamento da primeira e da segunda tarefas da sequência).

Para a quarta tarefa da sequência, ter-se-ia: $C_{4º} = 90 + 90 = 180$.

Para a quinta tarefa da sequência, ter-se-ia: $C_{5º} = 120 + 180 = 300$.

Portanto, o tempo de fluxo total é igual a: $F = 15 + 45 + 90 + 180 + 300 = 630$, sendo o mínimo possível para essa situação.

4 Considere o Exercício 3. Suponha que, em função da dificuldade, Jeferson tenha que cobrar preços diferentes para as cinco tarefas a serem executadas. Com isso, o lucro, e portanto a importância de cada tarefa, pode ser discriminada da seguinte maneira: a tarefa de 15 minutos terá peso 1; a tarefa de 30 minutos terá peso 2,5; a tarefa de 45 minutos terá peso 5; a tarefa de 1 hora e 30 minutos terá peso 4; e a tarefa de 2 horas terá peso 4,5. Diante dessas informações, determine a sequência que minimiza o tempo total de fluxo ponderado.

Solução

Pela teoria, sabe-se que para o problema em que se tem apenas um recurso e se quer minimizar o tempo total de fluxo ponderado, a solução ótima é dada pela regra WSPT. Segundo essa regra, as tarefas devem ser sequenciadas na ordem crescente da relação entre o tempo de processamento e o peso. Na Tabela 6.9, a seguir, são calculadas essas relações.

Tabela 6.9 Cálculo das Prioridades

Tarefa	1	2	3	4	5
Tempo de processamento	15	30	45	90	120
Peso	1	2,5	5	4	4,5
$\dfrac{p_i}{w_i}$	15,0	12,0	9,0	22,5	26,7

Portanto, Jeferson deve realizar as tarefas na seguinte ordem: 3-2-1-4-5.

Os tempos de fluxo da cada tarefa ficam então: $F_3 = 45$; $F_2 = 75$; $F_1 = 90$; $F_4 = 180$; $F_5 = 300$. Calculando o tempo total de fluxo ponderado para essa sequência, tem-se:

$F_w = \sum_{i=1}^{n} w_i F_i = (5)(45) + (2,5)(75) + (1)(90) + (4)(180) + (4,5)(300) = 2572,5$, que é o mínimo possível para este caso.

Considere as tarefas 1, 2, 3, 4 e 5 da Tabela 6.10, a seguir, que devem ser processadas em uma máquina única. Encontre a sequência que minimiza o número de tarefas atrasadas. Considere $r_i = 0$, $\forall i$.

Tabela 6.10 Dados das Tarefas

Tarefa	1	2	3	4	5
p_i	8	3	4	4	6
d_i	32	11	14	15	7

Solução

Para minimizar o número de tarefas atrasadas, em uma máquina única, deve-se utilizar o algoritmo de Moore (1968):

Passo 1: Pela regra EDD tem-se a seguinte sequência: 5-2-3-4-1.
Passo 2: Os términos dessas tarefas serão: tarefa 5 = 6; tarefa 2 = 9; tarefa 3 = 13; tarefa 4 = 17; tarefa 1 = 25. Com isso, os atrasos dessas tarefas ficam: –1, –2, –1, + 2, –7, respectivamente. A primeira tarefa atrasada da sequência é a tarefa 4 (com duas unidades de tempo em atraso).
Passo 3: Entre as tarefas 5, 2, 3 e 4 (conjunto formado pelas tarefas que vão da primeira tarefa da sequência até a primeira tarefa atrasada) a tarefa com o maior tempo de processamento é a tarefa 5, que deve ser excluída da sequência.
Passo 4: As tarefas que permaneceram na sequência são: 2-3-4-1. Os términos dessas tarefas serão: tarefa 2 = 3; tarefa 3 = 7; tarefa 4 = 11; tarefa 1 = 19. Com isso, os atrasos dessas tarefas ficam: –8, –7, –4, –13 respectivamente. Não há tarefas atrasadas; portanto, parar.
Passo 5; Recolocando a tarefa 5 no final da sequência, tem-se o seguinte resultado ótimo: 2-3-4-1-5, com apenas uma tarefa atrasada.

 Uma determinada fábrica precisa produzir e entregar quatro produtos diferentes, todos os dias, para quatro clientes diferentes, por vários meses. Os tempos de processamento incluindo os tempos de preparação da única máquina necessária para fabricar os produtos são dados pela Tabela 6.11, a seguir. Determine a sequência que minimiza o tempo total de *setup*.

Tabela 6.11 Matriz de *Setup*

		Para			
	Tarefa	A	B	C	D
	A	∞	4	5	6
De	B	5	∞	6	8
	C	2	7	∞	3
	D	4	3	9	∞

Solução

Escolhendo arbitrariamente a tarefa A, tem-se que as possíveis tarefas a serem seguidas são B, C e D. Entre essas, a tarefa B é a que possui menor tempo de *setup* a ser seguida pela A, sendo então escolhida para ser a próxima da sequência. Após a B, podem entrar na sequência as tarefas A, C e D, porém a tarefa A já está na sequência parcial; então, deve-se escolher a tarefa C, pois entre C e D, é a que possui menor tempo de preparação após a B. Assim, a tarefa D é a próxima a ser sequenciada. Para fechar o ciclo, deve-se preparar a máquina para processar a tarefa A no início do próximo dia. Dessa forma, a sequência é A-B-C-D-A, e o tempo total fica 4 + 6 + 3 + 4 = 17.

Escolhendo arbitrariamente a tarefa B, tem-se que as possíveis tarefas a serem seguidas são A, C e D. Entre essas, a tarefa A é a que possui menor tempo de *setup* a ser seguida pela B, sendo então escolhida para ser a próxima da sequência. Após a A, podem entrar na sequência as tarefas C e D; então, deve-se escolher a tarefa C, pois, entre C e D, é a que possui menor tempo de preparação após a A. Assim, a tarefa D é a próxima a ser sequenciada. Para fechar o ciclo, deve-se preparar a máquina para processar a tarefa B no início do próximo dia. Portanto, a sequência é B-A-C-D-B, e o tempo total fica 5 + 5 + 3 + 3 = 16.

Escolhendo arbitrariamente a tarefa C, tem-se que as possíveis tarefas a serem seguidas são A, B e D. Entre essas, a tarefa A é a que possui menor tempo de *setup* a ser seguida pela C, sendo então escolhida para ser a próxima da sequência. Após a A, deve-se escolher a tarefa B, pois, entre B e D, é a que possui menor tempo de preparação após a A. Assim, a tarefa D é a próxima a ser sequenciada. Para fechar o ciclo, deve-se preparar a máquina para processar a tarefa C no início do próximo dia. Dessa forma, a sequência é C-A-B-D-C, e o tempo total fica 2 + 4 + 8 + 9 = 23.

Escolhendo arbitrariamente a tarefa D, tem-se que as possíveis tarefas a serem seguidas são A, B e C. Entre essas, escolhe-se a tarefa B, porque possui menor tempo após a tarefa D. Após a B, deve-se escolher a tarefa A. Assim, a tarefa C é a próxima a ser sequenciada. Para fechar o ciclo, deve-se preparar a máquina para processar a tarefa D no início do próximo dia. Dessa forma, a sequência é D-B-A-C-D, e o tempo total fica 3 + 5 + 5 + 3 = 16.

A melhor escolha fica entre as sequências B-A-C-D-B e D-B-A-C-D, ambas com tempo total de *setup* igual a 16.

 Considere a Tabela 6.12, a seguir, com os tempos de processamento em minutos de quatro tarefas em duas máquinas. Todas as tarefas passam primeiro pela máquina 1 e somente depois pela máquina 2. Qual a sequência que minimiza o *makespan*?

Tabela 6.12 Dados das Tarefas

Máquina	Tarefas			
	1	2	3	4
1	5	6	4	2
2	8	7	3	1

Solução

Nota-se pelo enunciado que este é um caso em que há um *flow-shop* (pois todas as tarefas têm o mesmo roteiro) com duas máquinas. Como o objetivo é minimizar o *makespan*, então a solução é dada pelo algoritmo de Johnson (1954):

Passo 1. Entre as tarefas ainda não sequenciadas, o menor $\{p_{i1}, p_{i2}\}$ é $\{2,1\}$ referente à tarefa 4. As posições disponíveis na sequência são: ( )-( )-( )-( ).
Passo 2b. Como o tempo mínimo (de 1 minuto) é na máquina 2, coloca-se a tarefa 4 na última posição disponível da sequência. Desse modo, o sequenciamento parcial fica ( )-( )-( )-(4).
Passo 1. O menor $\{p_{i1}, p_{i2}\}$, entre as tarefas não sequenciadas, é $\{4,3\}$ referente à tarefa 3.
Passo 2b. Como o tempo mínimo (de 3 minutos) é na máquina 2, coloca-se a tarefa 3 na última posição disponível da sequência. Sendo assim, o sequenciamento parcial fica ( )-( )-(3)-(4).
Passo 1. O menor $\{p_{i1}, p_{i2}\}$, entre as tarefas não sequenciadas, é $\{5,8\}$ referente à tarefa 1.
Passo 2a. Como o tempo mínimo (de 5 minutos) é na máquina 1, coloca-se a tarefa 1 na primeira posição disponível da sequência. Assim, o sequenciamento parcial fica (1)-( )-(3)-(4).

Uma vez que sobrou somente uma tarefa e uma posição disponível na sequência, automaticamente atribui-se a tarefa 2 a essa posição, e o sequenciamento final que minimiza o *makespan* fica: 1-2-3-4.

 Faça um gráfico de Gantt do resultado do Exercício 7. Faça também um gráfico de Gantt para a sequência 4-3-2-1. Compare os resultados em termos do *makespan*.

Solução

O gráfico de Gantt da sequência 1-2-3-4 fica da maneira como na Figura 6.7:

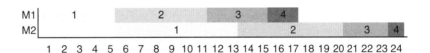

Figura 6.7 Gráfico da sequência 1-2-3-4.

Vê-se que o *makespan* é igual a 24.
O gráfico de Gantt da sequência 4-3-2-1 fica da maneira como na Figura 6.8:

Figura 6.8 Gráfico da sequência 4-3-2-1.

Vê-se que o *makespan* é igual a 27.

É nítido que na sequência 4-3-2-1 há tempos ociosos relativamente grandes entre as tarefas 4 e 3 e entre as tarefas 3 e 2, na máquina 2. Esses tempos de espera aumentam o *makespan* relativamente à sequência 1-2-3-4.

 Determinada empresa fabrica contra testas de fechaduras. Há duas etapas para fabricar essa peça: corte e perfuração. Algumas contra testas somente são cortadas e algumas somente são perfuradas. Dependendo do tipo de peça, é necessário cortar e depois perfurar ou então perfurar e depois cortar. Considerando A como cortar e B como perfurar, de acordo com os dados da Tabela 6.13 a seguir, qual deve ser o sequenciamento das tarefas para terminá-las o mais rapidamente possível?

Tabela 6.13 Dados das Tarefas

Tarefa	1	2	3	4	5	6	7	8
Roteiro	AB	BA	BA	B	A	AB	AB	BA
p_{i1}	4	2	11	0	2	8	1	9
p_{i2}	7	10	12	1	0	6	5	10

Solução

Pelo enunciado, percebe-se que se trata de um *job-shop* com duas máquinas em que se deseja minimizar o *makespan*. Sabe-se, pela teoria, que a solução desse problema é dada pelo algoritmo de Jackson (1956):

Os conjuntos de tarefas são: {A} = {5}; {B} = {4}; {AB} = {1,6,7}; {BA} = {2,3,8}.
Ordenando AB pelo algoritmo de Johnson, tem-se a Tabela 6.14:

Tabela 6.14 Ordenação pelo Algoritmo de Johnson

Tarefa	1	6	7
Roteiro	AB	AB	AB
p_{i1}	4	8	1
p_{i2}	7	6	5

O menor p_{ij} é 1, referente à tarefa 7 na máquina 1. Portanto, a tarefa 7 vai para o início da sequência; o segundo menor p_{ij} é 4, referente à tarefa 1 na máquina 1. Portanto, a tarefa 1 vai para o segundo lugar na sequência. Consequentemente, a tarefa 6 deverá ficar em terceiro lugar nessa sequência. O resultado é a seguinte sequência: 7-1-6.

Ordenando BA pela ordem inversa do algoritmo de Johnson, tem-se a Tabela 6.15:

Tabela 6.15 Ordenação Inversa pelo Algoritmo de Johnson

Tarefa	2	3	8
Roteiro	BA	BA	BA
p_{i1}	2	11	9
p_{i2}	10	12	10

O menor p_{ij} é 2, referente à tarefa 2 na máquina 1. Portanto, a tarefa 2 vai para o final da sequência (inverso da regra de Johnson!); o segundo menor p_{ij} é 9, referente à tarefa 8 na máquina 1. Portanto, a tarefa 8 vai para o segundo lugar na sequência (inverso da regra de Johnson!). Consequentemente, a tarefa 3 deverá ficar em primeiro lugar nessa sequência. O resultado é a seguinte sequência: 3-8-2.

Dessa forma, o sequenciamento na máquina A fica: 7-1-6-5-3-8-2 e o sequenciamento na máquina B fica: 3-8-2-4-7-1-6. O gráfico de Gantt da Figura 6.9, a seguir, ilustra o resultado, tendo como *makespan* 51.

Figura 6.9 Gráfico de Gantt.

---

10) Seja a Tabela 6.16, a seguir, referente aos tempos de processamento de nove tarefas.

Tabela 6.16 Dados das Tarefas

Tarefa	1	2	3	4	5	6	7	8	9
p_i	6	3	4	5	7	1	2	8	3

Havendo três máquinas idênticas em um determinado centro de trabalho, determine a sequência ótima das tarefas para minimizar o tempo médio de fluxo e calcule o tempo médio de fluxo resultante.

Solução

Este é um caso de três máquinas paralelas idênticas em que se quer minimizar o tempo médio de fluxo. Portanto, é utilizado o seguinte algoritmo:

Passo 1. Pela regra SPT, as tarefas têm a seguinte ordenação: 6-7-2-9-3-4-1-5-8.

Passo 2. Inicialmente, como não há nenhuma tarefa alocada, as três máquinas têm a mesma quantidade de processamento atribuído (0). Portanto, arbitrariamente a tarefa 6 é alocada à máquina 1.

Passo 2. Agora os processamentos já alocados são: máquina 1 = 1; máquina 2 = 0; máquina 3 = 0. Portanto, a próxima tarefa, a tarefa 7, deve ser alocada ou na máquina 2 ou na máquina 3. Arbitrariamente a tarefa 7 é alocada na máquina 2.

Passo 2. Agora os processamentos já alocados são: máquina 1 = 1; máquina 2 = 2; máquina 3 = 0. Portanto, a próxima tarefa, a tarefa 2, deve ser alocada na máquina 3.

Passo 2. Agora os processamentos já alocados são: máquina 1 = 1; máquina 2 = 2; máquina 3 = 3. Portanto, a próxima tarefa, a tarefa 9, deve ser alocada na máquina 1.

Passo 2. Agora os processamentos já alocados são: máquina 1 = 4; máquina 2 = 2; máquina 3 = 3. Portanto, a próxima tarefa, a tarefa 3, deve ser alocada na máquina 2.

Passo 2. Agora os processamentos já alocados são: máquina 1 = 4; máquina 2 = 6; máquina 3 = 3. Portanto, a próxima tarefa, a tarefa 4, deve ser alocada na máquina 3.

Passo 2. Agora os processamentos já alocados são: máquina 1 = 4; máquina 2 = 6; máquina 3 = 8. Portanto, a próxima tarefa, a tarefa 1, deve ser alocada na máquina 1.

Passo 2. Agora os processamentos já alocados são: máquina 1 = 10; máquina 2 = 6; máquina 3 = 8. Portanto, a próxima tarefa, a tarefa 5, deve ser alocada na máquina 2.

Passo 2. Agora os processamentos já alocados são: máquina 1 = 10; máquina 2 = 13; máquina 3 = 8. Portanto, a próxima tarefa, a tarefa 8, deve ser alocada na máquina 3.

Passo 3 Como todas as tarefas já foram alocadas, é o fim do algoritmo.

O gráfico de Gantt, a seguir, mostra o resultado final das alocações.

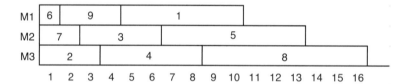

Figura 6.10 Gráfico de Gantt.

O tempo médio de fluxo é dado por:

$$\bar{F} = \frac{F}{n} = \frac{\sum_{i=1}^{9} F_i}{9} = \frac{1+2+3+4+6+8+10+13+16}{9} = 7.$$

6.3 Exercícios propostos

Para os exercícios desta seção, considere $r_i = 0$, $\forall i$.

1. Na Tabela 6.17, a seguir, estão listadas seis tarefas, seus respectivos tempos de processamento e datas devidas.
   Determine o tempo médio de fluxo, o tempo de atraso médio e o número de tarefas atrasadas se as tarefas forem sequenciadas de acordo com a regra:

   a. FIFO
   b. SPT

c. EDD
d. CR
e. LPT (*Longest Processing Time*). *Dica*: A regra LPT é inversa à regra SPT.

Tabela 6.17 Dados das Tarefas

Número da tarefa	Tempo de processamento	Data devida
1	10	60
2	28	50
3	30	45
4	20	40
5	12	20
6	14	30

2. Uma franquia de bordados customizados em bonés recebeu sete pedidos que variam de tamanho e número de cores. O primeiro pedido, com muitas cores e tamanho grande, tem tempo de processamento estimado de 48 minutos; o segundo pedido tem tempo estimado de 12 minutos; o terceiro pedido, 30 minutos; o quarto pedido, 25 minutos; o quinto pedido, 15 minutos; o sexto pedido, 36 minutos; e o sétimo pedido, 5 minutos. Considerando que o gerente da franquia exige sempre que os pedidos fiquem o menor tempo possível em processo, qual deve ser o sequenciamento? Qual o tempo total de fluxo para o sequenciamento adotado? Calcule também o tempo total de fluxo da sequência 48 minutos, 12 minutos, 30 minutos, 25 minutos, 15 minutos, 36 minutos e 5 minutos, para comparar com o resultado obtido anteriormente.

3. Determine a sequência que minimiza o tempo total de fluxo ponderado para as dez tarefas a serem processadas em uma máquina, de acordo com os pesos e tempos de processamento dados na Tabela 6.18, a seguir. Calcule o tempo total de fluxo ponderado para a sequência determinada.

Tabela 6.18 Dados das Tarefas

Tarefa	1	2	3	4	5	6	7	8	9	10
p_i	20	25	6	16	22	8	15	6	9	12
w_i	2	3	1	3	1	1	3	2	2	3

4. Uma indústria farmacêutica tem como principal gargalo um processo de resfriamento, antes da embalagem final dos produtos. Para essa empresa, o custo por pedido atrasado é muito maior que os demais custos existentes. Para o próximo mês o gerente de produção deverá sequenciar seis pedidos (P1, P2, P3, P4, P5 e P6) na câmera de resfriamento para atender seis clientes diferentes. Os tempos necessários para resfriar cada pedido são 3, 1, 2, 1, 3 e 4 dias, respectivamente, e as datas de entrega contratadas são dia 15, 9, 6, 5, 4 e 7, respectivamente. Qual o algoritmo que melhor se aplica nesta situação? Por quê? Determine a sequência que minimiza os custos de atendimento desses pedidos, utilizando o algoritmo identificado.

5. Uma fábrica de brinquedos possui como seu principal produto o ioiô. São produzidas cinco cores diferentes: branco, amarelo, verde, azul e preto. Há uma máquina dedicada à fabricação dos ioiôs e que, a cada troca de cor, precisa de uma rigorosa limpeza cujo tempo depende da última cor produzida e da próxima cor a ser produzida. A matriz de *setup* dada pela Tabela 6.19, a seguir, mostra esses tempos de preparação.

Tabela 6.19 Matriz de *Setup*

	Cor	Para				
		Branco	Amarelo	Verde	Azul	Preto
De	Branco	∞	5	4	3	2
	Amarelo	10	∞	6	5	4
	Verde	15	11	∞	5	4
	Azul	18	14	10	∞	5
	Preto	20	16	12	8	∞

Utilizando a regra SST, determine a melhor sequência para minimizar o tempo total de *setup*.

6. O fabricante de roupas íntimas Belezura tem duas máquinas em sequência, uma que corta e outra que costura as peças. Nenhuma peça pode ser costurada se não for cortada antes. O gerente de produção precisa determinar a programação de um lote de cinco peças diferentes para entregá-las para um de seus principais clientes. O objetivo é responder ao cliente qual o prazo de entrega mais cedo possível que esse lote pode ser entregue. Os tempos de processamento nas máquinas de corte e costura são apresentados na Tabela 6.20, a seguir. Qual o algoritmo que melhor se aplica nesta situação? Utilize o algoritmo identificado para determinar o menor prazo de entrega possível a partir da programação das cinco tarefas e do gráfico de Gantt. Não há tempos de *setup*.

Tabela 6.20 Dados das Tarefas

Peça	Máquina de corte	Máquina de costura
1	4	3
2	1	2
3	5	4
4	2	3
5	5	6

7. Programe as tarefas dadas pela Tabela 6.21, a seguir, relativas a um *flow-shop* com duas máquinas para obter o mínimo *makespan*.

Tabela 6.21 Dados das Tarefas

Tarefa i	1	2	3	4	5	6
p_{i1}	10	2	4	8	5	12
p_{i2}	2	4	5	8	6	9

8. A Baruque é uma empresa que compra toalhas semiacabadas para processá-las e vendê-las. Algumas toalhas são tingidas. Outras não são tingidas, mas são bordadas. Alguns clientes exigem pintura após o bordado ser feito, e outros clientes exigem que o bordado seja feito após a pintura. A Tabela 6.22, a seguir, mostra dez pedidos, seus roteiros e tempos de processamento para bordar (B) e pintar (P). Qual deve ser o sequenciamento das tarefas para que o tempo de conclusão da última tarefa seja o menor possível? Qual é esse tempo?

Tabela 6.22 Dados das Tarefas

Tarefa	1	2	3	4	5	6	7	8	9	10
Roteiro	BP	BP	P	B	B	BP	PB	PB	P	PB
p_{iP}	10	4	1	0	0	3	1	7	4	4
p_{iB}	8	2	0	3	7	9	5	6	0	2

9. Se no Exercício 8 todos os pedidos do tipo BP e do tipo PB fossem cancelados antes do início do processamento, que sequenciamento você sugeriria para que o tempo médio de fluxo dos pedidos fosse o menor possível?

10. Qual é o menor tempo médio de fluxo das tarefas dadas pela Tabela 6.23, a seguir, sabendo que há quatro máquinas paralelas idênticas para processá-las?

Tabela 6.23 Dados das Tarefas

Tarefa	A	B	C	D	E	F	G	H
p_i	10	4	3	12	4	2	8	7

11. Quantos diferentes sequenciamentos são possíveis em um *job-shop* com m máquinas e n tarefas?

12. A Tabela 6.24, a seguir, mostra os dados para quatro tarefas e três máquinas com fluxo *job-shop*. A primeira operação da tarefa 1 toma quatro minutos na máquina 1, o que é mostrado por 4(1) na tabela, assim como para as demais tarefas. Todas as tarefas são liberadas no momento $t = 0$.

Tabela 6.24 Dados das Tarefas

Tarefa	Tempo de processamento/número da máquina		
	1ª operação	2ª operação	3ª operação
1	4(1)	3(2)	2(3)
2	1(2)	4(1)	4(3)
3	3(3)	2(2)	3(1)
4	3(2)	3(3)	1(1)

Considere a sequência 2-1-4-3 na máquina 1, 2-4-3-1 na máquina 2, e 3-4-2-1 na máquina 3. Faça o gráfico de Gantt.

13. Considere o *job-shop*, a seguir, com cinco tarefas e duas máquinas. Na Tabela 6.25 de roteiros, o número entre parênteses representa a ordem entre as operações de cada tarefa em cada máquina, e o outro número representa o tempo de processamento em minutos. Por exemplo, a primeira operação da tarefa J3 é na máquina M2 e consome seis minutos, e a segunda operação da tarefa J3 é na máquina M1 e consome três minutos. Nas matrizes de *setup* das Tabelas 6.26 e 6.27 estão os tempos de preparação necessários para preparar as máquinas M1 e M2, respectivamente, de acordo com a última tarefa processada ("De") e a próxima tarefa a ser processada ("Para"). Por exemplo, na máquina M1, após terminar a tarefa J1, para iniciar a tarefa J3 são necessários três minutos de *setup*. Faça um gráfico de Gantt de acordo com a regra FIFO, para a seguinte ordem de chegada: J1-J2-J3-J4-J5. Suponha que as máquinas M1 e M2 já estejam preparadas para iniciar a tarefa J1 no instante $t = 0$. Suponha também que o *setup* possa ser realizado antecipadamente à chegada da tarefa na máquina. Qual o *makespan*?

Tabela 6.25 Roteiros

	M1	M2
J1	(1) 1	(2) 2
J2	(2) 2	(1) 2
J3	(2) 3	(1) 6
J4	–	10
J5	4	–

Tabela 6.26 Matriz de *Setup* de M1

		Para			
		J1	J2	J3	J5
De	J1	–	5	3	1
	J2	2	–	3	4
	J3	1	4	–	2
	J5	2	2	4	–

Tabela 6.27 Matriz de *Setup* de M2

		Para			
		J1	J2	J3	J4
De	J1	–	3	1	4
	J2	1	–	1	4
	J3	2	2	–	5
	J4	3	1	1	–

14. Considere o gráfico de Gantt a seguir. Sendo as datas de entrega das tarefas de A, B, C e D iguais a 16, 10, 14 e 8, respectivamente, determine o tempo total de fluxo e o adiantamento total.

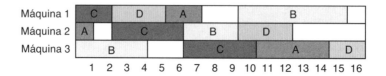

Figura 6.11 Gantt do problema.

15. Sabendo-se que a regra SPT minimiza o tempo total de fluxo quando se tem uma única máquina e datas de liberação iguais a zero, demonstre que tal regra também minimiza o atraso total.

16. Faça a programação dos três *jobs* abaixo em um gráfico de Gantt, iniciando cada um dos *jobs* assim que disponíveis. Calcule os atrasos.

Tabela 6.28 Dados das Tarefas

Job	r_i	d_i	Operação 1 m_i	Operação 1 p_i	Operação 2 m_i	Operação 2 p_i	Operação 3 m_i	Operação 3 p_i	Operação 4 m_i	Operação 4 p_i
A	0	11	1	3	3	2	–	–	–	–
B	1	10	3	1	2	3	3	3	1	2
C	3	8	3	1	–	–	–	–	–	–

17. A regra EDD é sabidamente a regra de minimizar o maior tempo de atraso ($T_{máximo}$) para qualquer número n de tarefas a serem processadas em uma única máquina. Considerando as seis tarefas dadas na Tabela 6.29, abaixo, determine:

  a. O $T_{máximo}$ para a sequência 1-2-3-4-5-6.
  b. O $T_{máximo}$ para a sequência EDD.

Tabela 6.29 Dados das Tarefas

Tarefa	1	2	3	4	5	6
p_i	10	10	1	6	5	7
d_i	11	20	8	15	5	14

18. Determinada pizzaria promete a seus clientes que entrega a pizza solicitada pelo serviço de *delivery* em até 30 minutos e, caso o tempo seja maior, o cliente ganha um desconto de R$ 10,00 na sua próxima compra. Ainda, como parte de sua estratégia para satisfação total dos clientes, a pizzaria faz as entregas individuais, ou seja, uma pizza de cada vez. Suponha que cinco pedidos foram feitos ao mesmo tempo e que possuem as seguintes estimativas de tempo de entrega (já considerando o melhor caminho para entregá-las e o tempo de ida e volta): 5 minutos, 5 minutos, 10 minutos, 8 minutos e 10 minutos, respectivamente, para os pedidos de 1 a 5. Qual a melhor sequência de entrega desses pedidos?

19. A regra *Minimum Slack* ou MS determina que as tarefas sejam sequenciadas em ordem crescente do tempo de folga, calculado pela diferença entre a data prometida e o tempo de processamento.

Tabela 6.30 Dados das Tarefas

Tarefa	A	B	C	D	E	F	G	H	I	J
p_i	6	8	4	12	2	5	2	9	10	1
d_i	10	12	14	18	4	16	13	22	11	9

Dadas as tarefas da Tabela 6.30, responda:

  a. Qual a sequência pela regra MS?
  b. Qual o tempo médio de fluxo pela regra MS?
  c. Quantas tarefas tem $T_i > 0$?
  d. Se a regra fosse SPT, quais seriam os resultados para (a), (b) e (c)?

20. Considere o problema de sequenciamento de n tarefas em uma única máquina. Se $[j]$ corresponde à j-ésima tarefa a ser processada, então $C_{[j]}$ será a data de conclusão e $T_{[j]} = C_{[j]} - d_{[j]}$ o tempo de atraso da j-ésima tarefa da sequência. Para que a tarefa k seja a j-ésima a ser processada, defina a variável $x_{[j]k} = 1$; caso contrário, $x_{[j]k} = 0$. Sendo este um problema de programação inteira com o objetivo de minimizar o tempo de atraso total, e sendo $T_{[j]} \geq 0$ (não negatividade), responda:

a. Como deve ser escrita a função objetivo?
b. Quais são as restrições do problema?
c. Sejam as tarefas X, Y e Z com tempos de processamento iguais a 7, 4 e 6, respectivamente, e datas de entrega iguais a 5, 3 e 6, respectivamente, modele a função objetivo e restrições e resolva o problema utilizando uma planilha eletrônica. Qual o tempo de atraso da sequência ótima?

7

Respostas dos exercícios propostos

Observação: Os cálculos foram realizados utilizando-se uma planilha eletrônica, por isso os resultados, se comparados com cálculos realizados em calculadoras de mão, podem ser diferentes.

CAPÍTULO 1

1. 116,11 mil.
2. 68,12; 86,11. Utilizando o método de Winters, com inicialização de acordo com Sipper e Bulfin (1997) e valores médios para os fatores de sazonalidade. Se for utilizada a forma de inicialização de acordo com Makridakis *et al.* (1998), os valores serão 63,40 e 83,97. Se a demanda real para o período 17 for 76, então a nova previsão para o período 18 será 87,37 (utilizando o fator de sazonalidade F_{14} para calcular a nova previsão e com base nos valores obtidos de acordo com Sipper e Bulfin, 1997).
3. Comportamento de tendência (descendente). A previsão para o período 9 é 224,22 (inicialização segundo Sipper e Bulfin, 1997) ou 210,58 (inicialização segundo Makridakis *et al.*, 1998).
4.

	Janeiro	Fevereiro	Março	Abril	Maio	Junho	Julho
Erro	–20,00	40,00	–60,00	–150,00	20,00	–45,00	10,00
Et	–20,00	20,00	–40,00	–190,00	–170,00	–215,00	–205,00
Desvio Absoluto	20,00	40,00	60,00	150,00	20,00	45,00	10,00
DAM	20,00	30,00	40,00	67,50	58,00	55,83	49,29
PMA	0,118	0,192	0,22	0,35	0,36	0,39	0,37
SR	–1,00	0,67	–1,00	–2,81	–2,93	–3,85	–4,16

Observando os valores de SR, percebemos um valor decrescente e que ultrapassa o limite de 4, o que evidencia que os erros não estão sendo causados somente por aleatoriedade.

5. Outubro.
6. 324,13.
7. Agosto = 104,75; Dezembro = 80,87. Considerando sazonalidade e permanência.
8. **a.** $P_{11} = P_{12} = P_{13} = 811,2$ **b.** $P_{11} = P_{12} = P_{13} = 812,6$
   c. $P_{11} = P_{12} = P_{13} = 807,5$
9. **a.** $P_{11} = P_{12} = P_{13} = 810,6$ **b.** $P_{11} = P_{12} = P_{13} = 810,5$
   c. $P_{11} = P_{12} = P_{13} = 810,5$
10. $\alpha = 0,1$ (com DAM = 12,9).
11. 8.
12. Exponencial ($r^2 = 0,9244$). $P_{300} = 6.058.349.347$
13. 3219,6.
14. O ponto "fora" é o da semana 11. Para usar a série completa, ou seja, calculando o fator de sazonalidade médio dos quatro períodos de sazonalidade, pode-se substituir o valor da demanda do período 11 pela média dos valores das demandas dos períodos equivalentes, que é igual a 57,3 (neste caso há uma sazonalidade com permanência com ciclo de quatro semanas, então as demandas equivalentes são as das semanas 3, 7 e 15). A previsão para o período 19 é igual a 62,17.
15. Sazonalidade com tendência de crescimento. A sazonalidade ocorre em ciclos de 12 períodos. Fazendo-se um gráfico em que cada grupo de 12 períodos está separado entre si,

comprova-se a existência da tendência de crescimento, pois cada curva apresenta-se ligeiramente acima da outra.

16. Produto A = permanência; Produto B = sazonalidade e permanência; Produto C = tendência; Produto D = sazonalidade e tendência.

17. **a.** São adequados os métodos de média (simples, móvel, móvel ponderada) e de suavização exponencial simples.

    b. Usando o método da média simples, as previsões para os períodos 25, 26 e 27 são 852.

18. **a.** É adequado o método para séries com sazonalidade e permanência.

    b. Usando tal método, as previsões para os períodos 25, 26 e 27 são 83, 96 e 103, respectivamente.

19. **a.** É adequado o método de Holt (pode-se também tentar utilizar a regressão linear).

    b. Usando o método de Holt e iniciando-se o modelo de acordo com o apresentado em Makridakis *et al.* (1998), as previsões para os períodos 25, 26 e 27 são 189,1, 187,8 e 186,6, respectivamente.

20. **a.** É adequado o método de Winters.

    b. Usando tal método e iniciando-se o modelo de acordo com o apresentado em Makridakis *et al.* (1998), as previsões para os períodos 25, 26 e 27 são 168,31, 188,62 e 199,90, respectivamente.

CAPÍTULO 2

1. R$ 467.133,42.
2. R$ 117.318,00.
3. R$ 127.626,00.
4. R$ 149.508,00. Considerando a demanda do mês de janeiro igual a 1400 (pois há 200 em estoque).
5. R$ 109.996,00.
6. **a.** R$ 321.170,00   **b.** R$ 339.920,00
   c. R$ 357.920,00
7. **a.** R$ 291.492,00   **b.** R$ 287.222,00
8. **a.** R$ 68.980,00   **b.** R$ 66.080,00
9. **a.** 120 horas de crédito   **b.** R$ 1.445.760,00
   c. R$ 1.527.840,00
10. **a.** R$ 822.000,00   **b.** 800 quilos R$ 823.400,00
    c. Uma possibilidade é antecipar as férias dos 20 trabalhadores no período 7 para o período 2, pois com os 20 restantes não seria necessário contratar temporários neste mês para produzir 800 quilos e evita-se contratar 20 temporários no mês 7.
11. **a.** Plano 1- 20 trabalhadores   **b.** 1) –196; 2) –338;
    Plano 2- 18 trabalhadores   3) –216; 4) 0; 5) 160;
                                                       6) 0.
    c. 1) 266; 2) 203; 3) 0; 4) 0;
    5) 0; 6) 224.

11. d.

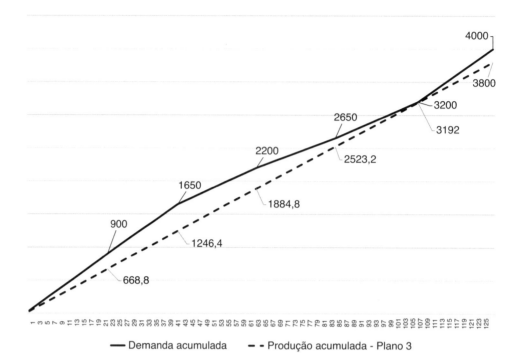

Figura 7.1

Horas extras necessárias: 1) 1156; 2) 1162; 3) 0; 4) 0; 5) 0; 6) 960.

12.

	Jan	Fev	Mar	Abr	Maio	Jun
Centro 1	82%	86%	86%	91%	88%	89%
Centro 2	70%	74%	72%	77%	72%	72%
Centro 3	92%	99%	97%	102%	98%	98%
Centro 4	90%	96%	94%	99%	94%	94%
Centro 5	85%	93%	88%	96%	91%	91%

13.

	Jan	Fev	Mar	Abr	Maio	Jun	Jul	Ago	Set	Out	Nov	Dez
D1	95%	98%	100%	102%	103%	105%	90%	88%	87%	85%	84%	82%
D2	43%	47%	49%	51%	53%	55%	49%	47%	45%	43%	41%	39%
D3	83%	87%	89%	91%	93%	95%	82%	80%	78%	76%	74%	72%

Alterações possíveis: aumentar a eficiência da fábrica para 85%; produzir 100, 130, 130, 130, 130, 130, 130, 150, 150, 150, 120 e 100 da família A nos meses de janeiro a dezembro, respectivamente.

14. Sequência: P2, P3 e P1. Capacidade utilizada 63 horas.

15. $D_i = 500$.

16. Devem-se produzir 2700, 2820, 3080, 3016, 3080 e 3080 nos períodos 1, 2, 3, 4, 5 e 6, respectivamente. Não é possível atender a demanda do período 5, faltando 104 unidades, e não é possível atender a demanda do período 6, faltando 220 unidades.

17. a. Deveria ter produzido 475, 375, 325 e 395 nos meses de janeiro, fevereiro, março e abril, respectivamente.
  b. Cinco dias de suprimento.
  c. R$ 3.600.000,00 para o atual e para o ajustado também.

18. a. 720 **b.** 810 **c.** 530 **d.** 590 **e.** 20

19. a. São necessários 58, 101, 100, 57 e 58 consultores nos meses de janeiro, fevereiro, março, abril e maio, respectivamente.
  b. Os custos para os meses de janeiro, fevereiro, março, abril e maio são, respectivamente, R$ 261.000,00, R$ 454.500,00, R$ 450.000,00, R$ 256.500,00 e R$ 261.000,00.
  c.

Mês	Janeiro	Fevereiro	Março	Abril	Maio
Consultores	56	97	96	55	56
Estagiários	5	10	10	5	5
Custos com salário dos consultores	R$ 252.000,00	R$ 436.500,00	R$ 432.000,00	R$ 247.500,00	R$ 252.000,00
Custos com bolsa dos estagiários	R$ 7.500,00	R$ 15.000,00	R$ 15.000,00	R$ 7.500,00	R$ 7.500,00

20. a.

	Julho	Agosto	Setembro	Outubro	Novembro	Dezembro
Injeção	22	27	31	34	36	36,5
Montagem	62,4	78,4	90,2	99,8	105,2	106,8
Embalagem	13,2	16,2	18,6	20,4	21,6	21,9

b.

	Julho	Agosto	Setembro	Outubro	Novembro	Dezembro
Montagem	31,2	39,2	45,1	49,9	52,6	53,4

c.

	Julho	Agosto	Setembro	Outubro	Novembro	Dezembro
Injeção	33	40,5	46,5	51	54	54,5
Montagem	53,2	66,2	76,1	83,9	88,6	89,4
Embalagem	19,8	24,3	27,9	30,6	32,4	32,7

CAPÍTULO 3

1. Custo total mínimo = R$ 464,00

t	1	2	3	4	5	6	7	8
Q_{1t}	0	200	50	50	200	250	100	100
Q_{2t}	150	100	100	40	40	40	40	30

2. a. R$ 2.934,00 **b.** R$ 1.074,00

3.

Item	Período							
	1	2	3	4	5	6	7	8
alfa	450	0	0	0	0	0	0	300
beta	175	125	0	0	250	0	0	0
gama	0	220	0	0	200	180	0	0
delta	0	105	245	0	0	252	198	0
épsilon	0	0	95	205	0	0	35	165
zeta	0	0	0	230	0	0	350	0

4.

Semana	1	2	3	4
Carga horária (h)	548,05	470,5	414,45	408,3

5.

Período	1	2	3	4	5	6	7	8
Estoque	410	540	480	760	620	320	0	180

6. 967; 915; 1483; 164; 535; 648.

7. Produção de 1 a 4 = 278; Produção de 5 a 8 = 357; Estoque médio de 1 a 8 = 87,25.

8.

Período	1	2	3	4	5	6	7	8	9	10	11	12
Estoque	3550	2300	1000	0	4230	2700	1110	0	5574	3560	1468	0
MPS	3950	0	0	0	5700	0	0	0	7510	0	0	0

9. a. Estoque projetado para o período 1; **b.** O ATP acumulado até o período 4;
c. A demanda efetiva do período 6.

10.

Período	1	2	3	4	5	6
MPS Planejado	855,7	927,8	804,1	711,3	567,0	505,2

11.

Período	0	1	2	3	4	5	6	7	8
Estoque	95	210	310	760	75	280	455	645	55
Disponível para promessa (ATP)		395	330	198	–	716	796	800	–
ATP acumulado		395	725	923	923	1639	2435	3235	3235
Programa Mestre de Produção (MPS)		800	800	800	0	800	800	800	0

12.

Período	0	1	2	3	4	5	6	7	8
Estoque	540	50	80	100	160	280	380	490	110
Disponível para promessa (ATP)		50	30	80	240	450	500	500	–
ATP acumulado		50	80	160	400	850	1350	1850	1850
Programa Mestre de Produção (MPS)		0	500	500	500	500	500	500	0

Não é possível atender ao pedido de 200 chuveiros no período 3, pois tanto o ATP como o ATP acumulado são inferiores a 200.

13.

Período	1	2	3	4	5	6	7	8
Estoque	700	950	500	850	500	200	700	500
ATP	600	0	–	270	–	–	800	–
MPS	800	800	0	800	0	0	800	0

14.

Centros de Trabalho	Semanas								
	1	2	3	4	5	6	7	8
X	17,50%	25,00%	8,75%	11,25%	18,75%	6,25%	0,00%	0,00%
Y	118,75%	78,13%	0,00%	18,75%	71,88%	56,25%	0,00%	0,00%
Z	40,00%	22,50%	37,50%	12,50%	0,00%	22,50%	22,50%	0,00%

15. Utilização em horas:

Semana	1	2	3	4	5	6	7	8
D11	16	38	24	48	28	48	24	0
D12	34	24	42	28	46	24	0	0
D13	13	40	14	40	16	16	0	0
D14	26	40	20	38	20	26	0	0

Exemplo de MPS para tornar o plano exequível (somente modificando o MPS de A)

Semana	1	2	3	4	5	6	7	8
MPS Produto A	100	100	50	100	50	120	70	120

16. a.

Produto/período	1	2	3	4	5	6	7	8
A	0	200	400	250	0	0	0	0
B	0	0	0	0	1000	1400	0	1600
C	0	0	0	300	300	0	500	0
D	400	200	0	0	0	50	150	0

b.

Produto	Total
A	850
B	4000
C	1100
D	800

17. a.

Período	0	1	2	3	4	5	6
Previsão		872	916	960	872	763	807
Carteira		995	851	829	545	109	0
Demanda		995	916	960	872	763	807
Estoque	340	245	229	269	297	234	227
MPS		900	900	1000	900	700	800

b., **c.**, **d.** e **e.** A resposta a seguir é para o seguinte conjunto de lançamentos do dado: (1,5), (4,3), (3,6), (4,2), (4,2), (1,1).

Período	0	1	2	3	4	5	6
Previsão		872	916	960	872	763	807
Carteira		995	851	829	545	109	0
Real		768	990	816	916	802	791
Demanda		995	916	960	872	763	807
Estoque	340	472	182	366	250	248	257
MPS		900	700	1000	800	800	800

18. a. Item A

Período	0	1	2	3	4	5	6
ATP		200	200	290	556	648	784
ATP Acumulado		200	400	690	1246	1894	2678

Item B

Período	0	1	2	3	4	5	6
ATP		40	292	205	400	600	400
ATP Acumulado		40	332	537	937	1537	1937

b. Sim, pois o ATP acumulado de ambos os itens é superior ao pedido de 520 unidades.

c. Nada precisa ser mudado no MPS do item A. No MPS do item B basta produzir 500 unidades no quarto período, o que proporciona um ATP acumulado, até este período, de 1037.

19. a. Devem-se montar 195 camas somente no período 3 para ajustar o estoque de segurança para 60 unidades, pois não se pode mudar o plano da semana 2 em respeito ao *time fence* (congelamento do plano da semana atual e seguinte).

b. Não se deve alterar o plano, pois nenhum de seus parâmetros foram afetados pelos novos pedidos.

c. Devem-se montar 220 camas somente no período 6 para ajustar o estoque de segurança para 60 unidades.

d. Há duas opções neste caso: ou se mantém 220 como plano de produção da semana 6 para evitar um ATP negativo nesta mesma semana ou, para reduzir o estoque projetado para exatamente a quantidade do estoque de segurança, pode-se planejar a produção de 190 camas no período 6 (isso acarretará um ATP negativo de 30 na semana 6).

20. a. Na semana 3, pois o plano não pode ser mudado nas semanas 1 e 2 e o ATP acumulado é superior a 150 somente na semana 3.

b. Deveriam ser entregues 76 unidades na semana 1, 65 unidades na semana 2 e 9 unidades na semana 3, respeitando os ATPs de cada semana, totalizando 150.

c.

Semana	1	2	3	4	5	6	7
Horas no gargalo	25,5	19,5	19,5	18,5	18,5	36,5	36,5

CAPÍTULO 4

1.

Semana	1	2	3	4	5	6	7	8
Lib. Plan. Ordens P2		80	90			90	90	
Lib. Plan. Ordens P21		200				200		
Lib. Plan. Ordens P22				200				
Lib. Plan. Ordens P23	200				200			

2.

Período	1	2	3	4	5
Ocupação	43,8%	53,1%	121,9%	96,9%	129,4%

Para tornar o plano viável, uma das alternativas é antecipar a produção de 40 unidades do item 2 da semana 3 para a semana 1 e antecipar a produção de 40 unidades do item 2 da semana 5 para a semana 2.

3.

Semana	1	2	3	4	5	6	7	8
Lib. Plan. Ordens B			500		500		500	
Lib. Plan. Ordens B11		1200		1600		1200		
Lib. Plan. Ordens B12	200		500		500			
Lib. Plan. Ordens B31	1000		1600		1200			

4. Supondo haver estoque de hastes.

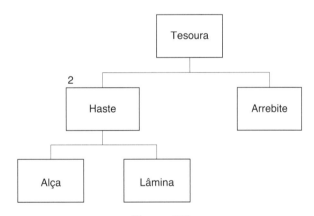

Figura 7.2

5.

Semana	1	2	3	4	5	6	7	8
Lib. Plan. Ordens A	500	500	500	500	500	500	500	
Lib. Plan. Ordens B		1000	1000	1000	1000	1000		
Lib. Plan. Ordens C	500	500	500	500	500			
Lib. Plan. Ordens D		1500	1500	1000				

6.

Semana	1	2	3	4	5	6	7	8
Lib. Plan. Ordens C	500	500	500	600	500			
Lib. Plan. Ordens D		1600	1500	1000				

Capítulo 7

7. a. 14 semanas; **b.** 9 semanas.

8.

Semana	1	2	3	4
Lib. Plan. Ordens Seringa	0	10000	0	0
Lib. Plan. Ordens Cilindro	0	0	0	0
Lib. Plan. Ordens Haste	0	0	0	0
Lib. Plan. Ordens Pistão	10000	0	0	0

9. a. 50; **b.** Múltiplos de 100; **c.** 2 semanas; **d.** Aproximadamente 117, aproximadamente 84; **e.** Eliminar o estoque de segurança, supondo que seja possível.

10.

Semana	1	2	3	4	5	6	7	8
Lib. Plan. Ordens	260	420	280	180	80			

11.

Semana	1	2	3	4	5	6
Lib. Plan. Ordens 1		500		500	500	
Lib. Plan. Ordens 2			500	500		
Lib. Plan. Ordens 3	500		500	500		
Lib. Plan. Ordens Fantasma			500	500		
Lib. Plan. Ordens 4		1000				

12.

Semana	1	2	3	4	5	6
Carga horária necessária	0	60	125	185	60	0
Carga horária disponível	160	160	160	160	160	160
Ocupação	0,0%	37,5%	78,1%	115,6%	37,5%	0,0%

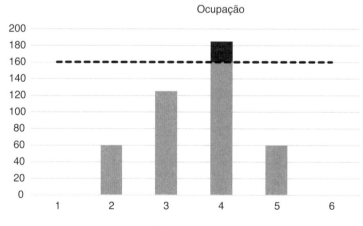

Figura 7.3

13.

Semana	1	2	3	4	5	6	7	8
Lib. Plan. Ordens	350	400	400	400	400			

14. a. Será possível entregar a quantidade de A já em estoque (10 unidades), mais o quanto for possível montar de A em uma semana de acordo com as relações entre A e os itens filhos do nível 1 limitados pelos estoques em mãos:

B: 10 unidades em estoque / 1 unidade para cada produto A = 10 unidades
C: 20 unidades em estoque / 4 unidades para cada produto A = 5 unidades
D: 50 unidades em estoque / 5 unidades para cada produto A = 10 unidades
E: 20 unidades em estoque / 1 unidade para cada produto A = 20 unidades

Desse modo, é possível entregar um total de 15 unidades de A na próxima semana (10 unidades prontas mais 5 que podem ser montadas).

b. De acordo com o raciocínio da resposta do item (a), agora seria possível montar apenas quatro unidades a partir do estoque da peça E (20 unidades em estoque / 5 unidades para cada produto a = 4 unidades). Assim, o total de produtos finais passaria a ser de 14.

c. Se cerca de 8% dos itens D estão com defeito, então, em vez de 50 itens úteis em estoque, espera-se que apenas 46 sejam bons. Dessa forma, de acordo com o raciocínio da resposta do item (a), agora seria possível montar apenas 9 unidades a partir do estoque da peça D (46 unidades em estoque / 5 unidades para cada produto a = 9 unidades). Assim, o total de produtos finais continuaria a ser de 15, pois o limitante continua sendo o estoque do item C.

15. X

Semana	0	1	2	3	4
Necessidades brutas		320		320	400
Recebimentos programados		40			
Estoque disponível/projetado	280	0	0	0	0
Necessidades líquidas				320	400
Nec. Líq. Def. LT			320	400	
Rec. ordens planejadas				320	400
Lib. planejada de ordens			320	400	

Y

Semana	0	1	2	3	4
Necessidades brutas	0	0	320	400	0
Recebimentos programados					
Estoque disponível/projetado	40	40	50	50	50
Necessidades líquidas			330	400	
Nec. Líq. Def. LT		330	400		
Rec. ordens planejadas			330	400	
Lib. planejada de ordens		330	400		

Z

Semana	0	1	2	3	4
Necessidades brutas		0	990	1200	0	0
Recebimentos programados					
Estoque disponível/projetado	2500	1510	310	310	310
Necessidades líquidas					
Nec. Líq. Def. LT					
Rec. ordens planejadas					
Lib. planejada de ordens					

16. a. Peão branco, 1440; peão preto, 1440; torre branca, 360; torre preta, 360; cavalo branco, 360; cavalo preto, 360; bispo branco, 360; bispo preto, 360; rainha branca, 180; rainha preta, 180; rei branco, 180; e rei preto, 180.
   b. Peão branco, 1455; e peão preto, 1455.
   c. Peão branco, 475; e peão preto, 645.
17. a. Peão, 2880; torre, 720; cavalo, 720; bispo, 720; rainha, 360; e rei, 360.
   b. Peão, 2910.
18. a. Caixa 20, cavalete 10, tarrachas 0, trastes 0, braço 10, rastilho 0 e tróculo 0.
   b. 5 semanas.
   c. 5 semanas.
   d. 10 semanas.
   e. Trastes 5, rastilho 10, e tróculo 5.
19. a. 1 G para 1 F.
   b. 2 H para 1 G.
   c. Não haverá nenhuma consequência para a produção dos itens G e F.
   d. Para o item G, uma ordem de somente 40 unidades poderá ser liberada na semana 2; não haverá nenhuma consequência para a produção do item F.
   e. A ordem de 40 unidades de F na semana 1 não poderá ser liberada; uma ordem de somente 60 unidades poderá ser liberada na semana 2.
20. a. Período 4, 10 unidades.
   b. Período 4, 40 unidades.
   c. Período 3, 10 unidades.
   d. (a) 52; (b) 58; e (c) 52.

CAPÍTULO 5

1. Classe A: 19, 17, 4 e 14; Classe B: 3 e 1; Classe C: demais peças.
2. Aproximadamente 5478 veículos por dia.
3. **a.** 126,49;   **b.** 379,47;   **c.** 379,47.
4. Deve pedir 200 ou mais, pois o custo total é menor. Além disso, 191 (lote econômico) está abaixo de 200 unidades.
5. 20 unidades.
6. $Q \to \infty$. A fonte de suprimento deve ser totalmente dedicada ao atendimento da demanda e nenhum estoque será formado.
7. $Q = 2236,07$.
8.

Heurística	\multicolumn{6}{c}{Período}	Total	Custo
	1	2	3	4	5	6		
Silver-Meal	115	0	120	75	100	200	610	325
Least Unit Cost	90	145	0	75	100	200	610	515
Part-Period Balancing	115	0	120	75	100	200	610	325
L4L	90	25	120	75	100	200	610	330

9.

Período	1	2	3	4	5	Custo total
(a) Lote	188	0	0	0	0	R$ 83,20
(b) Lote	100	78	0	0	10	R$ 64,00

10. a. R$ 5,00 **b.** R$ 15,00 **c.** 450 **d.** R$ 4800,00
11. 96,93% e 99,98%.
12.

NS	k	s	R
90,15	1,29	7,998	47,998
94,41	1,59	9,858	49,858
97,67	1,99	12,338	52,338
99,90	3,09	19,158	59,158

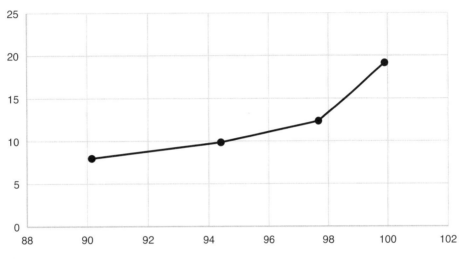

Figura 7.4

A relação entre o nível de serviço e o estoque de segurança é não linear, ou seja, níveis de serviço mais elevados requerem desproporcionalmente níveis de estoque de segurança mais elevados.

13. A cada 8 dias pedir Q = 1645 – estoque.
14. a. 2; **b.** 3.
15.

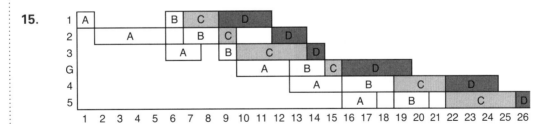

Figura 7.5

16. a. 20; **b.** 5; **c.** 3.
17. Aproximadamente 41%.
18. 1224,74; 1250.
19. 287,2.
20. Aumento de 25%.

CAPÍTULO 6

1.

Regra	Tempo de fluxo médio	Tempo de atraso médio	Nº de tarefas atrasadas
FIFO	69,67	39,17	4
SPT	53,67	21,17	5
EDD	63,00	24,17	4
CR	67,33	29,00	5
LPT	79,33	41,00	5

2. Sequência ótima – SPT: 5 min, 12 min, 15 min, 25 min, 30 min, 36 min e 48 min. Tempo total de fluxo do SPT = 492. Sequência 48 min, 12 min, 30 min, 25 min, 15 min, 36 min e 5 min – tempo total de fluxo = 780.
3. Sequência WSPT = 8-10-9-7-4-3-6-2-1-5; F_W = 1220.
4. Algoritmo de Moore (1968). Pois o custo será maior quanto maior for o número de pedidos atrasados (não importando o quanto estão atrasados). A sequência que minimiza o número de pedidos atrasados é P5-P4-P3-P2-P1-P6, com um pedido atrasado (P6).
5. SST = verde-preto-azul-amarelo-branco-verde, com tempo total de *setup* igual a 40.
6. Algoritmo de Johnson; a sequência ótima é 2-4-5-3-1, com *makespan* igual a 21.
7. A sequência ótima é 2-3-5-4-6-1 ou 2-3-5-6-4-1, ambas com *makespan* igual a 43.
8. Sequência na máquina P = 7-8-10-3-9-2-1-6 ou 7-8-10-9-3-2-1-6; sequência na máquina B = 2-1-6-4-5-7-8-10 ou 2-1-6-5-4-7-8-10. *Makespan* = 42.
9. Máquina P = 3-9, Máquina B = 4-5; ou seja, SPT em cada máquina, pois seria o equivalente a minimizar o tempo total de fluxo em cada uma das máquinas, minimizando o tempo médio de fluxo das quatro tarefas.
10. $\bar{F}$ = 7,875.
11. Existem $(n!)^m$ possíveis sequenciamentos.
12.

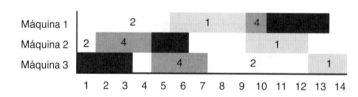

Figura 7.6

13.

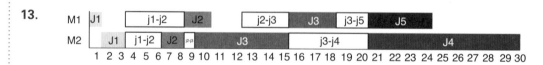

Figura 7.7

Makespan = 30

14. F = 55; E = 6.

15. O tempo total de fluxo, para uma única máquina e programação estática, é igual à soma dos tempos de fluxo das tarefas, ou seja, para uma programação 1-2-3-...-(n-1)-n, tem-se:

$$F = p_1 + (p_1+p_2) + (p_1+p_2+p_3) + \ldots + (p_1+p_2+\ldots+p_n).$$

Rearranjando, temos:

$$F = n(p_1) + (n-1)(p_2) + (n-2)(p_3) + \ldots + (1)(p_n)$$

Assim, fica evidente que, se nos termos da equação, os multiplicadores dos tempos de processamento diminuem, então para obter o menor valor de F devemos ordenar as tarefas em ordem crescente dos tempos de processamento, ou seja, segundo a regra SPT. Nesse caso, como $F_i = C_i$, a regra SPT também minimiza o tempo de conclusão e, consequentemente, o atraso total, pois:

$$\sum_{i=1}^{n} L_i = \sum_{i=1}^{n}(C_i - d_i) = \sum_{i=1}^{n} C_i - \sum_{i=1}^{n} d_i$$

Como as datas de entrega são as mesmas, qualquer que seja a sequência, então minimizar o tempo de conclusão de todas as tarefas também minimiza o atraso total.

16. $L_1 = -5$; $L_2 = 1$; $L_3 = -4$.

17. a. $T_{máximo} = 27$; **b.** $T_{máximo} = 19$.

18. Como o *makespan* será igual a 38 independentemente da sequência e porque todas as entregas têm data prometida de 30, pelo menos um dos pedidos ficará atrasado em oito minutos não importando a sequência. Uma regra interessante seria a SPT, pois minimiza o atraso total (ainda que pelo menos uma fique atrasada).

19. a. I-E-A-B-D-J-C-F-G-H. **b.** 34,3.

  c. Nove tarefas têm tempo de atraso maior que zero.

  d. J-E-G-C-F-A-B-H-I-D; 22,3; e cinco tarefas têm tempo de atraso maior que zero.

20. a. Função objetivo: Min $z = \sum_{j=1}^{n} T_{[j]}$

  b. Restrições

  $C_{[0]} = 0$

  $C_{[j]} = C_{[j-1]} + \sum_{k=1}^{n} x_{[j]k} p_k$

  $d_{[j]} = \sum_{k=1}^{n} x_{[j]k} d_k \quad j = 1,2,\ldots,n$

  $\sum_{k=1}^{n} x_{[j]k} = 1$

  $\sum_{j=1}^{n} x_{[j]k} = 1$

  $T_{[j]} \geq C_{[j]} - d_{[j]}$

  $x_{[j]k} \in \{0,1\}$

  $T_{[j]} \geq 0$

c. Função objetivo: Min $z = T_{[1]} + T_{[2]} + T_{[3]}$.
Restrições

- Datas de término

$C_{[1]} = 0 + p_1 = x_{[1]X}7 + x_{[1]Y}4 + x_{[1]Z}6$

$C_{[2]} = C_{[1]} + p_2 = C_{[1]} + x_{[2]X}7 + x_{[2]Y}4 + x_{[2]Z}6$

$C_{[3]} = C_{[2]} + p_3 = C_{[2]} + x_{[3]X}7 + x_{[3]Y}4 + x_{[3]Z}6$

- Tempos de atraso

$T_{[1]} = C_{[1]} - d_{[1]}$

$T_{[2]} = C_{[2]} - d_{[2]}$

$T_{[3]} = C_{[3]} - d_{[3]}$

- Cada ordem será processada apenas uma vez

$x_{[1]X} + x_{[2]X} + x_{[3]X} = 1$

$x_{[1]Y} + x_{[2]Y} + x_{[3]Y} = 1$

$x_{[1]Z} + x_{[2]Z} + x_{[3]Z} = 1$

- A *j*-ésima processada será apenas uma das três tarefas

$x_{[1]X} + x_{[1]Y} + x_{[1]Z} = 1$

$x_{[2]X} + x_{[2]Y} + x_{[2]Z} = 1$

$x_{[3]X} + x_{[3]Y} + x_{[3]Z} = 1$

- As datas de entrega são

$d_{[1]} = x_{[1]X}5 + x_{[1]Y}3 + x_{[1]Z}6$

$d_{[2]} = x_{[2]X}5 + x_{[2]Y}3 + x_{[2]Z}6$

$d_{[3]} = x_{[3]X}5 + x_{[3]Y}3 + x_{[3]Z}6$

- Não negatividade

$T_{[1]}, T_{[2]}, T_{[3]} \geq 0$

- Variável binária

$x_{[j]k} \in \{0,1\}$

$j = 1,2,3$

$k = X, Y, Z$

O tempo de atraso da sequência ótima é 17, sendo a sequência ótima Y-Z-X.

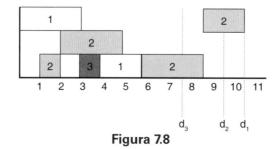

Figura 7.8

Anexo 1 Tabela da Distribuição Normal Reduzida

$$\Phi(y) = \frac{1}{\sqrt{2\pi}} \int_{-\infty}^{y} e^{-\frac{y^2}{2}} dy = P(Y \leq y)$$

y	0,0	0,01	0,02	0,03	0,04	0,05	0,06	0,07	0,08	0,09
0,0	0,5000	0,5040	0,5080	0,5120	0,5160	0,5199	0,5239	0,5279	0,5319	0,5359
0,1	0,5398	0,5438	0,5478	0,5517	0,5557	0,5596	0,5636	0,5675	0,5714	0,5753
0,2	0,5793	0,5832	0,5871	0,5910	0,5948	0,5987	0,6026	0,6064	0,6103	0,6141
0,3	0,6179	0,6217	0,6255	0,6293	0,6331	0,6368	0,6406	0,6443	0,6480	0,6517
0,4	0,6554	0,6591	0,6628	0,6664	0,6700	0,6736	0,6772	0,6808	0,6844	0,6879
0,5	0,6915	0,6950	0,6985	0,7019	0,7054	0,7088	0,7123	0,7157	0,7190	0,7224
0,6	0,7257	0,7291	0,7324	0,7357	0,7389	0,7422	0,7454	0,7486	0,7517	0,7549
0,7	0,7580	0,7611	0,7642	0,7673	0,7704	0,7734	0,7764	0,7794	0,7823	0,7852
0,8	0,7881	0,7910	0,7939	0,7967	0,7995	0,8023	0,8051	0,8078	0,8106	0,8133
0,9	0,8159	0,8186	0,8212	0,8238	0,8264	0,8289	0,8315	0,8340	0,8365	0,8389
1,0	0,8413	0,8438	0,8461	0,8485	0,8508	0,8531	0,8554	0,8577	0,8599	0,8621
1,1	0,8643	0,8665	0,8686	0,8708	0,8729	0,8749	0,8770	0,8790	0,8810	0,8830
1,2	0,8849	0,8869	0,8888	0,8907	0,8925	0,8944	0,8962	0,8980	0,8997	0,9015
1,3	0,9032	0,9049	0,9066	0,9082	0,9099	0,9115	0,9131	0,9147	0,9162	0,9177
1,4	0,9192	0,9207	0,9222	0,9236	0,9251	0,9265	0,9279	0,9292	0,9306	0,9319
1,5	0,9332	0,9345	0,9357	0,9370	0,9382	0,9394	0,9406	0,9418	0,9429	0,9441
1,6	0,9452	0,9463	0,9474	0,9484	0,9495	0,9505	0,9515	0,9525	0,9535	0,9545
1,7	0,9554	0,9564	0,9573	0,9582	0,9591	0,9599	0,9608	0,9616	0,9625	0,9633
1,8	0,9641	0,9649	0,9656	0,9664	0,9671	0,9678	0,9686	0,9693	0,9699	0,9706
1,9	0,9713	0,9719	0,9726	0,9732	0,9738	0,9744	0,9750	0,9756	0,9761	0,9767
2,0	0,9772	0,9778	0,9783	0,9788	0,9793	0,9798	0,9803	0,9808	0,9812	0,9817
2,1	0,9821	0,9826	0,9830	0,9834	0,9838	0,9842	0,9846	0,9850	0,9854	0,9857
2,2	0,9861	0,9864	0,9868	0,9871	0,9875	0,9878	0,9881	0,9884	0,9887	0,9890
2,3	0,9893	0,9896	0,9898	0,9901	0,9904	0,9906	0,9909	0,9911	0,9913	0,9916
2,4	0,9918	0,9920	0,9922	0,9925	0,9927	0,9929	0,9931	0,9932	0,9934	0,9936
2,5	0,9938	0,9940	0,9941	0,9943	0,9945	0,9946	0,9948	0,9949	0,9951	0,9952
2,6	0,9953	0,9955	0,9956	0,9957	0,9959	0,9960	0,9961	0,9962	0,9963	0,9964
2,7	0,9965	0,9966	0,9967	0,9968	0,9969	0,9970	0,9971	0,9972	0,9973	0,9974
2,8	0,9974	0,9975	0,9976	0,9977	0,9977	0,9978	0,9979	0,9979	0,9980	0,9981
2,9	0,9981	0,9982	0,9982	0,9983	0,9984	0,9984	0,9985	0,9985	0,9986	0,9986
3,0	0,9987	0,9987	0,9987	0,9988	0,9988	0,9989	0,9989	0,9989	0,9990	0,9990
3,1	0,9990	0,9991	0,9991	0,9991	0,9992	0,9992	0,9992	0,9992	0,9993	0,9993
3,2	0,9993	0,9993	0,9994	0,9994	0,9994	0,9994	0,9994	0,9995	0,9995	0,9995
3,3	0,9995	0,9995	0,9995	0,9996	0,9996	0,9996	0,9996	0,9996	0,9996	0,9997
3,4	0,9997	0,9997	0,9997	0,9997	0,9997	0,9997	0,9997	0,9997	0,9997	0,9998
3,5	0,9998	0,9998	0,9998	0,9998	0,9998	0,9998	0,9998	0,9998	0,9998	0,9998
3,6	0,9998	0,9998	0,9999	0,9999	0,9999	0,9999	0,9999	0,9999	0,9999	0,9999
3,7	0,9999	0,9999	0,9999	0,9999	0,9999	0,9999	0,9999	0,9999	0,9999	0,9999
3,8	0,9999	0,9999	0,9999	0,9999	0,9999	0,9999	0,9999	0,9999	0,9999	0,9999
3,9	1,0000	1,0000	1,0000	1,0000	1,0000	1,0000	1,0000	1,0000	1,0000	1,0000

Anexo 2 Tabela de valores de E(z)

E(z)	z	E(z)	z	E(z)	z	E(z)	z
4,500	−4,50	2,205	−2,20	0,399	0,00	0,004	2,30
4,400	−4,40	2,106	−2,10	0,351	0,10	0,003	2,40
4,300	−4,30	2,008	−2,00	0,307	0,20	0,002	2,50
4,200	−4,20	1,911	−1,90	0,267	0,30	0,001	2,60
4,100	−4,10	1,814	−1,80	0,230	0,40	0,001	2,70
4,000	−4,00	1,718	−1,70	0,198	0,50	0,001	2,80
3,900	−3,90	1,623	−1,60	0,169	0,60	0,001	2,90
3,800	−3,80	1,529	−1,50	0,143	0,70	0,000	3,00
3,700	−3,70	1,437	−1,40	0,120	0,80	0,000	3,10
3,600	−3,60	1,346	−1,30	0,100	0,90	0,000	3,20
3,500	−3,50	1,256	−1,20	0,083	1,00	0,000	3,30
3,400	−3,40	1,169	−1,10	0,069	1,10	0,000	3,40
3,300	−3,30	1,083	−1,00	0,056	1,20	0,000	3,50
3,200	−3,20	1,000	−0,90	0,046	1,30	0,000	3,60
3,100	−3,10	0,920	−0,80	0,037	1,40	0,000	3,70
3,000	−3,00	0,843	−0,70	0,029	1,50	0,000	3,80
2,901	−2,90	0,769	−0,60	0,023	1,60	0,000	3,90
2,801	−2,80	0,698	−0,50	0,018	1,70	0,000	4,00
2,701	−2,70	0,630	−0,40	0,014	1,80	0,000	4,10
2,601	−2,60	0,567	−0,30	0,011	1,90	0,000	4,20
2,502	−2,50	0,507	−0,20	0,008	2,00	0,000	4,30
2,403	−2,40	0,451	−0,10	0,006	2,10	0,000	4,40
2,303	−2,30	0,399	0,00	0,005	2,20	0,000	4,50

Bibliografia

BAKER, K. R. *Introducing to sequencing and scheduling*. New York: John Wiley & Sons, 1974.

BURBIDGE, J. L. *Planejamento e Controle da Produção*. São Paulo: Atlas, 1983.

CHASE, R. B.; JACOBS, F. R.; AQUILANO, N. J. *Administração da Produção e Operações para Vantagens Competitivas*. São Paulo: McGraw-Hill, 2006.

COLIN, E. C. *Pesquisa Operacional – 170 Aplicações em estratégia, finanças, logística, produção, marketing e vendas*. Rio de Janeiro: LTC, 2007.

CORRÊA, H. L.; GIANESI, I. G. N.; CAON, M. *Planejamento, Programação e Controle da Produção*, Atlas, 2001.

CORRÊA, H. L.; GIANESI, I. G. N. *Just-In-Time, MRPII e OPT: um enfoque estratégico*. São Paulo: Atlas, 1993.

FERNANDES, F. C. F.; GODINHO FILHO, M. *Planejamento e controle da produção: dos fundamentos ao essencial*. São Paulo: Atlas, 2010.

GAITHER, N.; FRAZIER, G. *Administração da Produção e Operações*. São Paulo: Pioneira Thomson Learning, 2002.

GHINATO, P. 'Sistema Toyota de Produção: Mais do que Simplesmente Just in time'. *Revista Produção*, v. 5, n. 2, 1995, p. 169-189.

HOPP, W.; SPEARMAN, M. *Factory Physics*. New York: McGraw Hill, 2001.

JACKSON, J. R. 'An extension of Johnson's results on job-lot scheduling'. *Naval Research Logistics Quarterly*, v. 3, p. 201-204, 1956.

JOHNSON, S. M. 'Optimal two and three stage production schedules with setup times included'. *Naval Research Logistics*, v. 1, p. 61-68, 1954.

JOHNSON, L. A.; MONTGOMERY, D. C. *Operations Research in Production Planning, Scheduling an Inventory Control*. New York: Wiley, 1974.

KRAJEWSKI, L.; RITZMAN, L.; MALHOTRA, M. *Administração de Produção e Operações*. São Paulo: Pearson Prentice Hall, 2009.

LAGE JUNIOR, M.; BONATO, F. K. *Minidicionário de Termos, Expressões e Siglas de Planejamento e Controle da Produção*. Goiânia: FUNAPE/DEPECAC, 2010.

LAURINDO, F. J. B.; MESQUITA, M. A. 'Material Requirements Planning: 25 Anos de História – Uma Revisão do Passado e Prospecção do Futuro'. *Gestão e Produção*, v. 7, n. 3, p. 320-337, 2000.

LITTLE, J. D. C. 'A proof for the queuing formula: L = λW'. *Operations research*, v. 9, n. 3, p. 383-387, 1961.

LUSTOSA, L. J.; MESQUITA, M. A.; QUELHAS, O.; OLIVEIRA, R. J. *Planejamento e controle da produção*. Rio de Janeiro: Elsevier, 2008.

MAKRIDAKIS, S.; WHEELWRIGHT, S. C.; HYNDMAN, R. J. *Forecasting: Methods and Applications*. John Wiley & Sons, 1998.

MONDEN, Y. 'Adaptable Kanban System Helps Toyota Maintain Just in time Production'. *Industrial Engineering*, v. 13, n. 5, 1981, p. 29-46.

MOORE, J. M. 'An n-job, one machine sequencing algorithm for minimizing the number of late jobs'. *Management Science*, v. 15, p. 102-109, 1968.

MOURA, R. A. *Kanban: A Simplicidade do Controle da Produção*. São Paulo: Imam, 1992.

NAHMIAS, S. *Production and Operations Analysis*. New York: McGraw-Hill, 2009.

PINEDO, M. *Planning and Scheduling in Manufacturing and Services*. New York: Springer, 2005.

Bibliografia

SILVER, E. A.; PYKE, D. F.; PETERSON, R. *Inventory Management and Production Planning and Scheduling*. John Wiley & Sons, 1998.

SIPPER, D.; BULFIN, R. L. Jr. *Production: planning, control, and integration*. New York: McGraw-Hill, 1997.

SLACK, N.; CHAMBERS, S.; JOHNSTON, R. *Administração da Produção*. São Paulo: Atlas, 2002.

SPEARMAN, M.; WOODRUFF, D.; HOPP, W. 'CONWIP: a pull alternative to kanban'. *International Journal of Production Research*, n. 28, 1990, p. 879-894.

VOLLMANN, T. E.; BERRY, W. L.; WHYBARK, D. C.; JACOBS, F. R. *Sistemas de Planejamento & Controle da Produção para o Gerenciamento da Cadeia de Suprimentos*. Porto Alegre: Bookman, 2006.

WANKE, P. *Gestão de estoques na cadeia de suprimento: decisões e modelos quantitativos*. São Paulo: Atlas, 2000.

Índice

A

Abordagem
 baseada em séries temporais, 2
 causal, 2
 qualitativa, 2
Acompanhamento da demanda, 69
Action bucket, 98
Algoritmo
 de Jackson, 196
 de Johnson, 181
 de Moore, 181
Amaciamento exponencial simples, 8
Análise
 de capacidade, 39
 de sensibilidade do LEC, 141
 grosseira, 70
Assembly To Order (ATO), 69
Available To Promise (ATP), 66, 67

B

Backlog list, 151
Backorder, 86
Bill Of Materials (BOM), 95
Blocos de períodos, 76

C

Cálculo do MRP, 96
Capacidade, 39
 finita, 69, 70
 infinita, 97
Capacity Requirements Planning (CRP), 94, 98
Carregamento
 finito, 178
 horizontal, 178
 infinito, 178
 vertical, 178
Cartão kanban, 138, 145, 149-151, 168, 173, 174
Classificação ABC, 139
Cobertura do estoque, 140
Coeficiente
 angular, 4
 de correlação, 4, 5
 de determinação, 4, 5
 linear, 4

Constante
 de suavização, 11
 de tendência, 9
Convenções de uso do MRP, 98
Correlação
 negativa, 4
 positiva, 4
Critical ratio, 179
Curva ABC, 139
Custo
 de estocagem, 38
 de falta, 38
 de *setup*, 68, 142
 total de estocagem, 139

D

Data
 de entrega mais próxima ou *Earliest Due Date* (EDD), 179
 de liberação, 177
 devida, 177
 prometida, 177
Demanda
 dependente, 2
 independente, 2
Desagregação do planejamento agregado, 39
Desvio absoluto médio (DAM), 12
Determinação do tamanho de lote, 140
Diagrama da estrutura do produto, 95
Disponível Para Promessa (DPP), 66
Distribuição normal, 146, 147, 166, 167, 173, 221
Due date, 177

E

Economic
 Order Quantity (EOQ), 140
 Production Quantity (EPQ), 142
Erros de previsão, 3, 12
Estoque, 97, 139
 de segurança, 67, 145
 posição do, 145
Explosão, 96

F

Fator
 de sazonalidade, 10
 de segurança, 146
 global de utilização de recursos, 39
First in First out (FIFO), 179, 182-184, 187, 188, 198, 202, 218
Flow-shop, 177

G

Giro, 140
Giro do estoque, 138, 140, 158, 159
Gráfico de Gantt, 153, 178

H

Heurística(s), 69
 de *Silver-Meal*, 69, 140, 142
 Least Total Cost (LTC), 143
 Least Unit Cost (LUC), 69, 140, 143
 Part-Period Balancing (PPB), 69, 140, 143

I

Item(ns)
 filhos, 95
 pai, 95

J

Jobs, 177
Job-shop, 177, 182, 189, 196, 201, 202

K

Kanban, 138, 145, 149-151, 168, 173, 174

L

Lead time, 67, 95, 96
Lei de Little, 151
Liberação planejada de ordens, 97
Lista indentada, 95

Índice

Lote(s)
   de pedido único, 144
   de período fixo, 96
   de produção, 67
   econômico
      de compra (LEC), 140
      de produção (LEP), 140-142
   máximo, 96
   mínimo, 96
Lot sizing, 96, 97
LPT (*Longest Processing Time*), 199

M

Make To Order, 69
Make To Stock, 69
Makespan, 182
Máquina única, 180,181,193
Máquinas paralelas, 177
Master Production Scheduling (MPS), 66
Material Requirements Planning (MRP), 94
Matriz de *setup*, 177, 178, 200, 202
Média
   móvel, 7
      ponderada, 8
      simples, 7
Menor tempo de processamento ou *Shortest Processing Time* (SPT), 179, 180
Menor tempo de processamento ponderado ou *Weighted Shortest Processing Time* (WSPT), 179, 181
Método(s)
   da mudança líquida ou *net change*, 97
   da regeneração, 97
   de planilhas, 37, 69
   exato, 35, 67
   heurísticos, 35
   não exatos, 69
Minimum Slack ou MS, 203
Modelo
   da *árvore* de natal – *christmas tree model*, 144
   do vendedor de jornais, 140

N

Necessidade
   bruta, 96
   líquida, 97
      defasada pelo *lead time*, 97
Netting, 96, 97

O

Offset, 71
Offsetting, 96, 97
Ordens, 177

P

Padrão(ões)
   básicos de comportamento das séries temporais, 2
   de chegada das tarefas, estático ou dinâmico, 178
Part-period, 144
Pedidos, 177
Perfil do recurso gargalo, 71
Período de revisão, 147
Planejamento
   agregado, 39
   de capacidade, 39
Plano
   agregado, 67
   desagregado, 69
   mestre, 67
      de produção (PMP), 66
Ponto de ressuprimento, 145
Porcentagem média absoluta (PMA), 12
Prazo de entrega, 177
Preempção das tarefas, 178
Primeiro que Entra é o Primeiro que Sai (PEPS), 179
Princípio(s)
   da teoria das restrições, 152
   de Pareto, 139
Problema
   de *scheduling*, 179
   do jornaleiro – *news vendor problem*, 144
Produção
   empurrada, 147
   nivelada, 69
   puxada, 147
Programação,
   para trás, 153, 169, 178
   para a frente, 153, 169, 170

R

Razão crítica, 179
Read time, 177
Recebimento(s)
   de ordens planejadas, 97
   programados, 96
Recurso
   gargalo, 70
   restritivo crítico, 70
Regra de sequenciamento, 179
Regressão
   curvilínea, 6
   linear, 3
   múltipla, 6
Release
   date, 177
   time, 177
Resource Requirements Planning (RRP), 39
Rough-Cut Capacity Planning (RCCP), 70

S

Sazonalidade, 10
   com permanência, 10
   com tendência, 2, 3, 11, 206, 207
Scheduling, 177
Segurança no MRP, 97
Série temporal, 2
Shortest Setup Time (SST), 181
Sinal de rastreamento (SR), 13
Sistema(s)
   Constant Work In Process (CONWIP), 151
   de coordenação de ordens, 145
   de revisão
      contínua, 145
      periódica, 145, 147
   Drum-Buffer-Rope (DBR), 152
   kanban, 145, 149
Somatório acumulado dos erros de previsão, 12
Suavização(ões)
   exponencial
      dupla (método de Holt), 9
      simples, 8
      tripla (método de Winters), 11

T

Tambor-Pulmão-Corda (TPC), 152
Taxa de abastecimento ou *fill-rate*, 147
Tempo(s)
   de esgotamento, 39
      agregado, 40
   de processamento, 177
   de *setup*, 68
Throughput, 151
Time
   buckets, 67
   fences, 67

U

Única máquina, 177

V

Variável
   dependente, 3
   independente, 3

W

Weighted Shortest Processing Time, 179,181

Pré-impressão, impressão e acabamento

grafica@editorasantuario.com.br
www.graficasantuario.com.br
Aparecida-SP